T0178180

MATHÉMATIQUES
&
APPLICATIONS

Directeurs de la collection :
G. Allaire et M. Benaïm

58

Grégoire Allaire

Conception optimale
de structures

Avec la participation de Marc Schoenauer (INRIA)
pour la rédaction du chapitre 8

 Springer

Grégoire Allaire

Centre de Mathématiques Appliquées
Ecole Polytechnique
91128 Palaiseau Cedex
France
e-mail: gregoire.allaire@polytechnique.fr

Library of Congress Control Number: 2006931794

Mathematics Subject Classification (2000): 49Q10, 65K10, 74P05, 74P15, 74P20, 65M99

ISSN 1154-483X
ISBN-10 3-540-36710-1 Springer Berlin Heidelberg New York
ISBN-13 978-3-540-36710-9 Springer Berlin Heidelberg New York

Springer est membre du Springer Science+Business Media
©Springer-Verlag Berlin Heidelberg 2007
springer.com
WMXDesign GmbH

Imprimé sur papier non acide 3100/SPi - 5 4 3 2 1 0 -

Avant-propos

Ce livre est issu d'un cours enseigné en troisième année de l'École Polytechnique à un public mixte d'étudiants mathématiciens appliqués et mécaniciens qui suivent une "majeure" d'enseignement dédiée aux sciences de l'ingénieur. Cette origine explique le parti prix de cet ouvrage qui se veut introductif, à caractère applicatif et numérique, et qui évite, autant que faire se peut, les difficultés mathématiques les plus théoriques ou les plus délicates. Par exemple, la notion de convergence faible n'est pas utilisée ici. On favorise systématiquement dans l'exposé une approche formelle, simple mais justifiable, à un formalisme mathématique, rigoureux mais parfois compliqué. Ce livre s'adresse donc à un public d'étudiants de Master plus intéressés par les applications numériques que par l'analyse mathématique (sans que ces deux aspects soient exclusifs l'un de l'autre). De ce point de vue, il est complémentaire d'ouvrages plus complets ou plus rigoureux mathématiquement parlant, comme [2], [29], [100].

Sur le fond, ce livre est une introduction à la conception optimale de structures, appelée aussi, plus généralement, optimisation de formes. Il s'agit de présenter et d'illustrer les méthodes mathématiques qui permettent d'automatiser la phase d'optimisation des structures mécaniques. Le point essentiel ici est "d'automatiser" ce processus, c'est-à-dire de trouver des méthodes et des algorithmes qui laissent l'ordinateur "travailler" à la place de l'ingénieur. En effet, un ingénieur compétent et intuitif est toujours capable d'optimiser "manuellement" une structure en procédant par "essais et erreurs" : après chaque évaluation d'une nouvelle forme il est capable par des heuristiques difficilement quantifiables (et fruit de son expérience) d'améliorer cette forme. Malheureusement cette façon de faire est très souvent lente, et il n'y a aucune garantie que l'ingénieur trouve un optimum absolu. Il est donc nécessaire de se donner des moyens de simulation et d'optimisation numériques qui déchargent l'ingénieur de cette tâche (ce qui lui laisse tout de même une importante marge de manoeuvre dans le choix des méthodes et dans l'appréciation de leur efficacité).

Comme nous l'avons déjà dit, pour ne pas alourdir l'exposé et rester à un niveau introductif sans négliger les applications, nous n'insisterons que très rarement sur les détails mathématiques qui permettent de donner un sens précis à tous nos développements. Rassurons le lecteur : tout ce qui suit peut se justifier rigoureusement, et nous renverrons souvent le lecteur curieux à la bibliographie qui est commentée à la fin de chaque chapitre. En particulier, ce cours n'abordera que très peu les questions théoriques (comme l'existence ou la régularité des formes optimales), et uniquement lorsque cela a des conséquences importantes du point de vue du calcul numérique. Un exemple d'une telle exception à notre démarche générale sera la présentation détaillée de contre-exemples à l'existence de formes optimales. En effet, ce phénomène de non-existence est en quelque sorte générique et systématique, il permet de comprendre certaines difficultés numériques surprenantes, et il motive l'introduction de méthodes de relaxation ou d'homogénéisation.

Le premier chapitre est consacré à une présentation des différents types d'optimisation de structures ou de modèles mécaniques utilisés dans ce cours. Bien que l'optimisation de formes soit utilisée dans de nombreux domaines des sciences de l'ingénieur (aéro- ou hydro-dynamique, acoustique, électromagnétisme, électronique, optique, etc.), nous nous contentons de la présenter et de l'illustrer dans le domaine de la mécanique des solides (c'est plus affaire de goût personnel que de choix délibéré et raisonné). C'est pourquoi nous utilisons systématiquement de manière équivalente les mots "forme" et "structure". Néanmoins, les méthodes proposées ici s'appliquent, *mutatis mutandis*, à l'ensemble des autres domaines évoqués ci-dessus. Mentionnons par ailleurs que les techniques de l'optimisation de formes sont très proches de celles des problèmes inverses, de l'assimilation de données ou du contrôle optimal. Les deuxième et troisième chapitres sont des rappels nécessaires sur l'analyse numérique des modèles mécaniques (principalement, la notion de formulation variationnelle et la méthode des éléments finis) et sur les concepts généraux d'optimisation. Que le lecteur ne soit pas effrayé par la richesse et la densité de ces chapitres : suivant l'adage "qui peut le plus peut le moins", seule une petite partie de ces chapitres sera effectivement utilisée dans la suite. Le quatrième chapitre est une brève introduction à la théorie du contrôle optimal. En fait, l'optimisation de formes peut être vue comme une branche particulière du contrôle optimal pour laquelle le contrôle ou la commande est la forme du domaine elle-même. En particulier, on retiendra de cette théorie les notions de Lagrangien et d'état adjoint qui seront capitales pour la suite. Les trois chapitres suivants étudient des situations de plus en plus compliquées d'optimisation de structures. Le cinquième chapitre porte sur l'optimisation paramétrique de formes, c'est-à-dire lorsque la forme est décrite par un nombre limité de paramètres qui permettent de se ramener à des calculs dans une géométrie fixe. Le sixième chapitre traite de l'optimisation géométrique de formes, c'est-à-dire lorsque l'on fait varier la frontière de la forme. On y présente la méthode d'Hadamard qui permet de définir une notion de dérivation par rapport au domaine. Malgré un certain succès, cette méthode présente l'inconvénient de ne jamais changer la topologie (c'est-à-dire le nombre de trous dans la structure) qui reste celle de la forme initiale. C'est pourquoi le septième chapitre est consacré à l'optimisation topologique de formes, c'est-à-dire lorsque la frontière et la topologie de la forme sont simultanément optimisées (on peut créer de nouvelles frontières ou en faire disparaître). Les contre-exemples de non-existence de formes optimales conduisent naturellement à la notion de matériaux composites qui généralise le concept classique de forme. Ces matériaux composites, caractérisés par la théorie de l'homogénéisation, permettent d'optimiser une densité de matière plutôt qu'une position de frontière. Cette méthode d'homogénéisation autorise ainsi l'optimisation de la topologie de la forme. Finalement, le huitième chapitre, rédigé par Marc Schoenauer, utilise des méthodes de l'optimisation stochastique (et non déterministe comme précédemment), et notamment des algorithmes évolutionnaires (ou génétiques), pour faire de l'optimisation géométrique et topologique qui soit globale, c'est-à-dire qui évite les minima locaux.

Les différentes approches de l'optimisation de formes sont très largement illustrées par des résultats d'applications numériques. Si la structure des algorithmes utilisés pour les obtenir est évidemment donnée dans le cours, de nombreux points pratiques d'implémentation ne sont pas discutés, faute de place. Par contre, le lecteur curieux de ces détails pratiques pourra facilement les retrouver dans les programmes informatiques qui ont permis de réaliser ces illustrations et qui sont disponibles sur le site web
`http ://www.cmap.polytechnique.fr/~allaire/cours_X_majeure.html`
où le lecteur pourra les télécharger librement. Ces programmes (réalisés en `FreeFem++`) sont en quelque sorte un "complément" naturel de ce cours, essentiel même pour les aspects d'implémentation informatique, et le lecteur est fortement encouragé à les utiliser pour réaliser des travaux pratiques. Le logiciel `FreeFem++` d'éléments finis en dimension deux, développé par F. Hecht et O. Pironneau, et disponible gratuitement sur le site web
`http ://www.freefem.org`
permet de programmer facilement des algorithmes d'optimisation de formes. Pour les tracés de figures `FreeFem++` a été couplé au logiciel graphique `xd3d`, développé par François Jouve à l'École Polytechnique et aussi disponible gratuitement sur le site web
`http ://www.cmap.polytechnique.fr/~jouve/xd3d`
Pour le lecteur curieux d'en savoir plus je recommande le site web dédié à l'optimisation de formes et aux recherches les plus récentes menées sur ce sujet à l'École Polytechnique
`http ://www.cmap.polytechnique.fr/~optopo.`
Le lecteur y trouvera de nombreuses illustrations numériques sous la forme de petits films, ainsi que des liens sur d'autres sites consacrés à ce sujet (notamment ceux des logiciels commerciaux d'optimisation de formes qui témoignent de l'importance industrielle du sujet).

Ce livre ne contient pas d'exercices afin de ne pas alourdir son format, et peut-être aussi pour ne pas favoriser les aspects théoriques par rapport

VIII   Avant-propos

aux aspects pratiques et numériques de l'optimisation de forme. Néanmoins,
l'étudiant qui voudrait tester ses connaissances pourra trouver plusieurs problèmes, ainsi que leurs corrigés, sur le même site web
`http ://www.cmap.polytechnique.fr/~allaire/cours_X_majeure.html`
où il pourra les télécharger librement.

Je remercie François Jouve pour certaines illustrations numériques de ce
cours, ainsi que Marc Schoenauer pour sa contribution essentielle à ce livre. Je
remercie tout particulièrement Olivier Pantz qui m'a aidé pour la réalisation
des programmes `FreeFem++`, qui a relu avec soin le manuscrit et qui a participé
activement à l'enseignement de ce cours à l'École Polytechnique. Malgré tout
le soin que j'ai pu apporter à sa réalisation ce livre contient probablement des
erreurs et je remercie à l'avance tous ceux qui me les signaleront, par exemple
par courrier électronique à l'adresse
`gregoire.allaire@polytechnique.fr`.

Paris,
28 Janvier 2006   *Grégoire Allaire*

Table des matières

1

Introduction à l'optimisation de formes

1.1 Généralités

Un problème de conception optimale de structures, ou d'optimisation de formes en mécanique, est défini par trois données :

1. un **modèle** (typiquement une équation aux dérivées partielles) qui permet d'évaluer (on dit aussi d'analyser) le comportement mécanique d'une structure,

2. un **critère** que l'on cherche à minimiser ou maximiser, et éventuellement plusieurs critères (on parle aussi de fonction objectif ou coût),

3. un **ensemble admissible** de variables d'optimisation qui tient compte d'éventuelles contraintes que l'on impose aux variables.

Un problème d'optimisation de formes est un problème où les variables d'optimisation sont les formes des structures elles-mêmes. L'optimisation de formes est évidemment essentielle dans de nombreuses applications, mais est nettement plus compliquée que l'optimisation "traditionnelle" où les variables sont, par exemple, les propriétés mécaniques des matériaux.

Parmi les problèmes d'optimisation de formes on peut distinguer trois grandes catégories, du plus "facile" au plus "difficile" :

1. l'optimisation de formes **paramétrique** où les formes sont paramétrées par un nombre réduit de variables (par exemple, une épaisseur, un diamètre, des dimensions), ce qui limite considérablement la variété des formes possibles (ou admissibles),

2. l'optimisation de formes **géométrique** où, à partir d'une forme initiale, on s'autorise des variations de la position des frontières de la forme (sans toutefois changer la topologie de la forme, c'est-à-dire, en dimension deux d'espace, le nombre de composantes connexes de son bord ou plus simplement le nombre de "trous" dans la forme),

3. l'optimisation de formes **topologique** où l'on cherche, sans aucune restriction explicite ou implicite, la meilleure forme possible quitte à changer de topologie.

Ce dernier type d'optimisation est, bien sûr, le plus général mais aussi le plus difficile. Notons que, si la définition de la **topologie d'une forme** est assez simple en dimension deux d'espace (nombre de composantes connexes de son bord ou de trous), elle est nettement plus compliquée en dimension trois où ce qui compte n'est pas seulement le nombre de composantes connexes du bord de la forme (qui permet, par exemple, de différentier une boule pleine d'une couronne creuse) mais aussi, entre autres, son nombre "d'anses" ou de "boucles" (penser à la différence entre une boule, un tore, un bretzel, etc.). Pour éviter des complications techniques non nécessaires ici, nous éviterons de définir précisément cette notion de topologie.

Les questions que l'on peut se poser sur ces problèmes d'optimisation de formes sont les suivantes :

1. questions théoriques sur l'existence, l'unicité, ou les propriétés qualitatives des solutions ; nous n'en parlerons que très peu ici sauf lorsque cela a des implications directes sur les questions de calcul numérique,

2. conditions d'optimalité (nécessaires et/ou suffisantes) qui sont très importantes aussi bien du point de vue théorique, que du point de vue numérique (elles sont souvent à la base d'algorithmes numériques du type méthode de gradient),

3. calcul numérique de formes optimales approchées.

Nous allons principalement nous concentrer sur la mise au point d'algorithmes numériques d'optimisation de formes (ce qui nécessitera tout de même une bonne compréhension de la théorie sous-jacente). Remarquons tout de suite que nous allons privilégier une approche **continue** de ces problèmes, au détriment de l'approche **discrète** qui a ses partisans mais qui camoufle un peu les enjeux véritables et les points cruciaux de l'analyse. Par approche continue, nous voulons dire que nous allons supposer que le modèle mécanique est effectivement une équation aux dérivées partielles, ce qui va nous "obliger" à travailler avec des espaces de fonctions. Au contraire, l'approche discrète repose sur l'utilisation de modèles "simplifiés" à base d'équations algébriques. Si l'on est intéressé *in fine* par des simulations numériques où le modèle continu sera nécessairement discrétisé, l'approche discrète parait tout à fait appropriée. Mais c'est oublier que si l'on raffine la discrétisation (par exemple, en utilisant un maillage plus fin), alors le nombre de variables discrètes augmente considérablement et qu'à la limite on retombe sur un problème continu. D'autre part, l'approche discrète n'est pas intrinsèque, au sens où elle dépend du solveur de calcul utilisé, qui peut être très mal connu si on utilise un code en "boite noire" (voir à ce sujet la Remarque 5.28). En fait, l'approche discrète, plus simple en apparence, dissimule un certains nombres de faits essentiels qui ne sont bien compréhensibles que par l'approche continue. Il est néanmoins des cas où l'on ne peut utiliser en pratique que l'approche discrète (voir la Remarque 1.6 pour un exemple). Nous ferons une comparaison détaillée de ces deux approches à la Section 5.5.

Tout ceci est (pour l'instant) assez abstrait, mais nous allons l'expliquer plus en détail dans les exemples qui suivent. En ce qui concerne les **modèles**, nous nous limitons à des cas assez simples mais très représentatifs :

1. modèle de membrane, ou de cisaillement anti-plan, ou de conduction,

2. système de l'élasticité linéarisée,

3. écoulement potentiel de fluide parfait incompressible.

Par souci de simplification, nous ne considérons que des modèles linéaires et stationnaires en temps (mais il est possible de généraliser en grande partie ce qui suit). Tous ces exemples proviennent de la mécanique, mais l'optimisation de formes intervient dans presque tous les domaines des sciences de l'ingénieur : conception d'antennes ou de composants (électromagnétisme, électronique), cristaux photoniques (optique), panneaux anti-bruit (acoustique), etc.

Les critères d'optimisation sont innombrables et nous nous concentrerons par la suite sur les plus connus et les plus simples d'entre eux, à savoir :

1. travail des forces extérieures ou compliance,

2. critère de moindres carrés pour approcher un déplacement cible.

Pour d'autres fonctions objectifs, importantes en pratique, nous renvoyons à la discussion de la Sous-section 1.2.2.

1.2 Exemples

1.2.1 Optimisation de l'épaisseur d'une membrane

On considère une membrane élastique qui, au repos, occupe un domaine plan Ω, et que l'on suppose tendue et fixée sur son contour (on peut aussi étudier d'autres conditions aux limites). Lorsqu'elle est soumise à un chargement ou force verticale f, elle se déforme en dehors de son plan d'équilibre. Dans le cadre d'une théorie mécanique de petits déplacements et de petites déformations, et si l'on ne considère que des efforts de membranes (en négligeant ceux de flexion), la déformation de cette membrane est modélisé par son déplacement vertical $u(x) : \Omega \to \mathbb{R}$, solution de l'équation aux dérivées partielles suivante, dite **modèle de membrane**,

$$\begin{cases} -\operatorname{div}(A\nabla u) = f & \text{dans } \Omega \\ u = 0 & \text{sur } \partial\Omega, \end{cases} \tag{1.1}$$

où $A(x)$ est le coefficient (en toute généralité le tenseur) qui représente les propriétés de résistance mécanique en x. Ce coefficient varie en espace, reflétant ainsi une variation de l'épaisseur de la membrane ou bien un changement de matériau élastique. Nous supposons ici que le matériau est homogène isotrope, mais que l'épaisseur peut varier d'un point à un autre (voir la Figure 1.1). Dans ce cas le coefficient A est relié à l'épaisseur h par la formule

$$A(x) = \mu h(x) I,$$

où I est le tenseur identité, et $\mu > 0$ est le module de Young (constant) du matériau. D'un point de vue pratique l'épaisseur est limitée par des valeurs minimale et maximale

$$0 < h_{min} \leq h(x) \leq h_{max} < +\infty.$$

L'épaisseur h sera notre variable d'optimisation. Il reste à définir de ma-

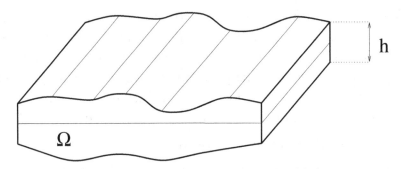

Fig. 1.1. Membrane d'épaisseur variable.

nière plus précise **l'ensemble des épaisseurs admissibles** en tenant compte d'éventuelles contraintes de ressource ou de faisabilité pratique. Par exemple, il est très fréquent d'imposer une contrainte sur le poids ou la masse totale de la membrane qui est donné (à la multiplication par une densité près) par

$$\text{poids} = \int_{\Omega} h(x) \, dx.$$

Selon le procédé de fabrication de la membrane, on peut autoriser des épaisseurs $h(x)$ discontinues, ou au contraire exiger que la pente $h'(x)$ soit bornée, voire que le rayon de courbure (relié à la dérivée seconde $h''(x)$) soit minoré (pour éviter d'avoir à usiner des détails trop petits). Comme on le voit, il y a de nombreuses possibilités et le choix de l'espace fonctionnel auquel appartiendra la fonction $h(x)$ est important. Pour l'instant, contentons nous de la seule contrainte de poids, sans préciser la régularité de $h(x)$. L'ensemble admissible est donc

$$\mathcal{U}_{ad} = \left\{ h(x) : \Omega \to \mathbb{R} \text{ tel que } h_{min} \leq h(x) \leq h_{max} \text{ et } \int_{\Omega} h(x) \, dx = h_0 |\Omega| \right\}, \tag{1.2}$$

où h_0 est une épaisseur moyenne imposée.

Remarque 1.1. On pourrait aussi découper, une fois pour toutes, le domaine Ω en une partition $(\omega_i)_{1 \leq i \leq n}$, qui vérifie

$$\overline{\Omega} = \bigcup_{i=1}^{n} \overline{\omega}_i, \quad \omega_i \bigcap \omega_j = \emptyset \text{ pour } i \neq j,$$

et exiger que l'épaisseur $h(x)$ soit constante, égale à h_i, dans chaque sous-domaine ω_i. L'avantage de cette approche est que la variable d'optimisation est désormais un vecteur $h = (h_i)_{1 \le i \le n} \in \mathbb{R}^n$, et non plus une fonction. Cela simplifie nettement l'analyse mais, bien sûr, cela camoufle les éventuelles difficultés qui surgissent lorsque n est très grand.   •

Il faut maintenant préciser le dernier ingrédient d'un problème d'optimisation, à savoir le **critère d'optimisation**. En général, on cherche à optimiser une propriété mécanique de la membrane qui est évaluée à l'aide du déplacement u, solution de (1.1). Un critère assez général est donc

$$J(h) = \int_\Omega j(u) \, dx, \tag{1.3}$$

où u dépend bien sûr de h à travers l'équation (1.1). Par exemple, la rigidité d'une structure est souvent mesurée par la **compliance**, ou travail des forces extérieures : moins la structure travaille, plus elle est rigide. Dans ce cas on a

$$j(u) = fu.$$

Un autre exemple consiste à obtenir (ou du moins s'approcher) d'un **déplacement cible** $u_0(x)$, auquel cas

$$j(u) = |u - u_0|^2.$$

Finalement, le problème d'optimisation d'une membrane en faisant varier son épaisseur s'écrit

$$\inf_{h \in \mathcal{U}_{ad}} J(h).$$

Dans ce problème on retrouve bien les trois ingrédients essentiels de tout problème d'optimisation de structures : un modèle (1.1), un ensemble admissible (1.2), un critère (1.3).

Remarquons qu'il s'agit d'un problème **d'optimisation de formes paramétrique** puisque la forme est paramétrée par l'épaisseur h. En réalité, il s'agit plus d'un problème d'optimisation "standard" que d'optimisation de formes, à proprement parler, puisque le domaine de référence Ω de la membrane ne varie jamais. En ce sens, ce problème d'optimisation est beaucoup plus facile que ceux qui suivent. Néanmoins, nous résoudrons ce premier problème pour mettre en valeur les difficultés supplémentaires de l'optimisation de formes géométrique ou topologique.

Remarque 1.2. Dans l'exemple ci-dessus nous avons considéré que le coefficient $A(x)$ est proportionnel à l'épaisseur $h(x)$, et que cette dernière variait continûment dans un intervalle $[h_{min}, h_{max}]$. Cependant, il existe des situations où l'épaisseur h ne peut prendre qu'un nombre discret de valeurs, par exemple seulement les deux valeurs h_{min}, h_{max} (la membrane est fabriquée en renforçant une épaisseur initiale h_{min} avec une couche $(h_{max} - h_{min})$).

Plus généralement, on peut supposer désormais que l'épaisseur est constante mais que la membrane est constituée de différents matériaux. Par exemple, on pourrait avoir deux matériaux, un solide mais lourd, et un autre fragile mais léger. Dans ce cas $A(x)$ peut prendre deux valeurs A_1 et A_2, correspondants à deux densités ρ_1 et ρ_2, et introduisant la fonction caractéristique $\chi(x)$ du domaine du matériau 1, on a

$$A(x) = \chi(x)A_1 + (1 - \chi(x))A_2 , \quad \text{poids} = \int_\Omega \big(\chi(x)\rho_1 + (1 - \chi(x))\rho_2\big)dx.$$

On peut aussi interpréter ce modèle en termes de conduction, thermique ou électrique, et de l'optimisation du mélange de deux conducteurs pour obtenir un matériau composite optimal. Lorsque A ou h ne prennent que des valeurs discrètes, l'optimisation de formes est beaucoup plus délicate que lorsque ces quantités varient continûment. $\bullet$

1.2.2 Quelques remarques sur les critères d'optimisation

L'exemple précédent sur l'optimisation de l'épaisseur d'une membrane va nous permettre de faire quelques remarques générales sur les critères d'optimisation, remarques valables pour la plupart des autres modèles en optimisation de formes. Bien que le critère (1.3) ait l'air assez général, il n'en est rien : de très nombreux critères essentiels du point de vue des applications ne se mettent pas sous la forme (1.3).

En premier lieu, il est possible de faire dépendre le critère, non seulement du déplacement u, mais aussi de ses dérivées. Par exemple, il est courant d'utiliser des critères portant sur le vecteur des contraintes, défini par

$$\sigma(x) = \mu h(x)\nabla u(x).$$

Un critère classique pour éviter l'endommagement ou la rupture est le **maximum des contraintes**

$$J(h) = \sup_{x\in\Omega} |\sigma(x)|, \tag{1.4}$$

où l'on a utilisé la norme du vecteur σ (en élasticité on utilisera plutôt la contrainte équivalente de Von Mises, voir par exemple [157]). La difficulté avec ce critère est sa non-différentiabilité : la fonction $h \to \max(a(h), b(h))$ n'est pas dérivable aux points h où $a(h) = b(h)$, même si les fonctions $a(h)$ et $b(h)$ sont individuellement très régulières. On lui préfère souvent le critère plus régulier suivant

$$J(h) = \left(\int_\Omega |\sigma|^p dx\right)^{1/p} \quad \text{avec } 1 \le p < +\infty.$$

Ce dernier critère redonne à la limite $p \to +\infty$ le critère sur le maximum des contraintes.

Les critères précédents correspondent à des chargements stationnaires en temps. En pratique de nombreuses structures sont soumises à des chargements cycliques ou à des vibrations. C'est pourquoi un autre critère très utilisé en pratique consiste à optimiser des **fréquences propres de vibration** . Rappelons qu'on appelle fréquence propre et mode propre le couple $\omega \in \mathbb{R}$ et $u(x) : \Omega \to \mathbb{R}$, solution du problème aux valeurs propres

$$\begin{cases} -\mathrm{div}\,(A\nabla u) = \rho h\,\omega^2 u & \text{dans } \Omega \\ u = 0 & \text{sur } \partial\Omega, \end{cases} \tag{1.5}$$

où $\rho > 0$ est la densité matérielle. On sait (voir [1]) qu'il existe un nombre dénombrable de fréquences et modes propres que l'on numérote par ordre croissant $0 < \omega_1 \leq \omega_2 \leq \dots \to +\infty$. En général, pour maximiser la rigidité des structures vibrantes on maximise la première fréquence propre, c'est-à-dire qu'on choisit de minimiser le critère

$$J(h) = -(\omega_1)^2. \tag{1.6}$$

On optimise $(\omega_1)^2$ plutôt que ω_1 (ce qui revient au même) car le carré de la fréquence est la valeur propre qui s'écrit simplement comme le minimum du quotient de Rayleigh

$$(\omega_1)^2 = \min_{\substack{v(x):\ \Omega \to \mathbb{R} \\ v = 0 \text{ sur } \partial\Omega}} \frac{\displaystyle\int_\Omega A\nabla v \cdot \nabla v\, dx}{\displaystyle\int_\Omega \rho h v^2 dx}.$$

Un critère similaire correspond à la charge critique de flambement qui est la plus petite valeur propre d'un système assez proche de (1.5) (voir par exemple [157]). Une difficulté avec le critère (1.6) est sa possible non-différentiabilité. Si la valeur propre ω_1^2 est simple (c'est-à-dire si la dimension de son sous-espace propre est 1), alors le critère est différentiable. Par contre, si la valeur propre ω_1^2 est multiple (c'est-à-dire si la dimension de son sous-espace propre est strictement plus grande que 1), alors elle n'est pas différentiable. Cette situation délicate est déjà visible sur les valeurs propres d'une matrice dépendant d'un paramètre [150]. Pour des exemples en optimisation de formes nous renvoyons à [70], [82], [116], [124], [136], [152], [163].

On peut aussi avoir plusieurs critères différents à optimiser : on parle alors **d'optimisation multi-critères**. Par exemple, on peut vouloir minimiser à la fois la compliance et le maximum des contraintes d'une membrane. On peut, soit agréger ces deux critères en une seule combinaison linéaire (mais comment choisir les poids des différents critères individuels ?), soit imposer une valeur maximale à un premier critère et optimiser sous contrainte le deuxième (mais comment choisir la valeur maximale ?), soit chercher un optimum au sens de Pareto, c'est-à-dire une solution telle que l'on ne peut pas améliorer un critère sans en détériorer un autre. Dans ce dernier cas, les optima de Pareto forment un "front" c'est-à-dire un ensemble d'optima qui pondèrent différemment les divers critères. La notion de front de Pareto sera plus détaillée au Chapitre 8.

Jusqu'ici nous n'avons optimisé la membrane que pour un seul chargement, c'est-à-dire une seule force f. Pourtant, il est assez rare qu'une structure ne soit soumise en permanence qu'à un seul chargement, ou bien que les forces auxquelles elle est soumise soient uniques et bien déterminées. On préfère donc parfois pratiquer une **optimisation multi-chargements**. Pour chaque force donnée $(f_i)_{1 \leq i \leq n}$ (n est le nombre de chargements considérés), on introduit le déplacement u_i solution de

$$\begin{cases} -\mathrm{div}\,(A\nabla u_i) = f_i & \text{dans } \Omega \\ u_i = 0 & \text{sur } \partial\Omega, \end{cases}$$

avec $A(x) = \mu h(x)I$ et $h \in \mathcal{U}_{ad}$. On ne change pas la définition de l'ensemble admissible $\mathcal{U}_{ad}$ mais on introduit un nouveau critère qui tient compte de toutes les situations envisagées, par exemple

$$J(h) = \sum_{i=1}^{n} c_i \int_{\Omega} j(u_i)\,dx,$$

où les c_i sont des coefficients fixés et j est un critère du type précédent (on peut aussi avoir un critère différent pour chaque chargement). On peut aussi remplacer la somme par un maximum de manière à optimiser la pire des situations

$$J(h) = \max_{1 \leq i \leq n} \left(\int_{\Omega} j(u_i)\,dx \right).$$

Dans ce cas aussi on peut utiliser la notion de front de Pareto comme expliqué ci-dessus pour l'optimisation multi-critères.

Remarque 1.3. Nous venons de rencontrer un certain nombre de critères qui ont la mauvaise propriété de ne pas être différentiables par rapport à la variable d'optimisation. Or, à l'exception du Chapitre 8, tous les algorithmes d'optimisation que nous allons présenter utilisent de manière cruciale la différentiabilité du critère. Comment faire alors pour optimiser ces critères non-différentiables ? En fait, ces critères admettent tous des dérivées directionnelles (différentes suivant la direction) ou plus généralement des sous-gradients [27], [49]. Il est possible de généraliser les algorithmes de gradients en des algorithmes de sous-gradients, ou méthodes de faisceaux, qui sont techniquement plus compliqués. Afin de rester à un niveau introductif nous ne disons rien de ces méthodes d'optimisation "non-lisse" et nous nous contentons d'étudier des critères différentiables. ●

1.2.3 Optimisation de la forme d'une membrane

Nous reprenons le modèle d'une membrane élastique mais, pour simplifier, nous ne considérons plus de force volumique mais seulement des forces

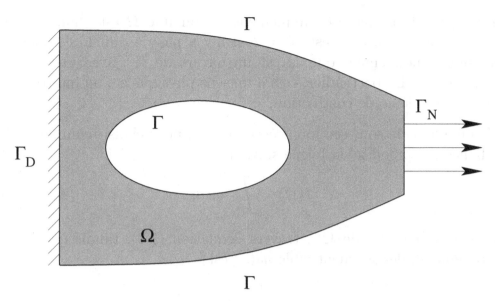

Γ_D Γ Γ Γ_N Ω Γ

Fig. 1.2. Définition d'une forme admissible.

de traction g sur une partie du bord. Désormais l'épaisseur et le matériau constituant la membrane sont fixés et c'est la forme de la membrane qui est la variable d'optimisation. Un domaine de référence de la membrane est noté Ω, et son bord est divisé en trois parties disjointes

$$\partial\Omega = \Gamma \cup \Gamma_N \cup \Gamma_D,$$

où Γ est la partie variable de la frontière, Γ_D est une partie fixe de la frontière sur laquelle la membrane est fixée (condition aux limites de Dirichlet), et Γ_N est aussi une partie fixe de la frontière sur laquelle sont appliqués les efforts g (condition aux limites de Neumann). On suppose que la partie variable Γ de la frontière est libre de tout effort (condition aux limites de Neumann homogène). Autrement dit, le déplacement vertical u est solution du **modèle de membrane**

$$\begin{cases} -\Delta u = 0 & \text{dans } \Omega \\ u = 0 & \text{sur } \Gamma_D \\ \frac{\partial u}{\partial n} = g & \text{sur } \Gamma_N \\ \frac{\partial u}{\partial n} = 0 & \text{sur } \Gamma, \end{cases} \tag{1.7}$$

où, par rapport à la section précédente, on a pris le tenseur d'élasticité $A = I$ (ce qui est loisible par un adimensionnement des quantités physiques). Une forme admissible doit nécessairement avoir une frontière qui contienne les bords fixés Γ_D et Γ_N (seul Γ peut varier ; voir la Figure 1.2). En général on rajoute une contrainte sur le poids ou la masse de la membrane qui est proportionnel au volume de Ω. **L'ensemble des formes admissibles** est donc

$$\mathcal{U}_{ad} = \left\{ \Omega \subset \mathbb{R}^N \text{ tel que } \Gamma_D \bigcup \Gamma_N \subset \partial\Omega \text{ et } \int_\Omega dx = V_0 \right\}, \tag{1.8}$$

où V_0 est un volume imposé.

Remarque 1.4. Bien que mécaniquement le domaine Ω est plan, c'est-à-dire que la dimension d'espace est $N = 2$, il n'y a pas de difficulté conceptuelle à dire plus généralement que Ω est un ouvert de $\mathbb{R}^N$ avec une dimension d'espace $N \geq 1$. En particulier, cela a un sens physique si l'on interprète (1.7) comme un problème de conduction. •

Comme dans la sous-section précédente, on peut choisir comme critère la compliance qui prend ici la forme suivante

$$J(\Omega) = \int_{\Gamma_N} gu\, dx, \tag{1.9}$$

où u dépend bien sûr de Ω à travers l'équation (1.7), tandis que le critère pour obtenir un déplacement cible $u_0(x)$ est

$$J(\Omega) = \int_{\Omega} |u - u_0|^2 dx.$$

On peut, bien sûr, considérer tous les autres critères déjà entrevus : multi-chargements, fréquence propre, contrainte maximale, etc. Finalement, le problème d'optimisation de la forme d'une membrane s'écrit

$$\inf_{\Omega \in \mathcal{U}_{ad}} J(\Omega).$$

Dans ce problème on retrouve encore les trois ingrédients essentiels de tout problème d'optimisation de structures : un modèle (1.7), un ensemble admissible (1.8), un critère (1.9). Notons aussi que les nombreuses remarques de la sous-section précédente s'appliquent encore ici.

On voit tout de suite la différence et la difficulté supplémentaire pour ce problème d'optimisation de formes par rapport au problème d'optimisation purement paramétrique de la sous-section précédente. Le domaine de calcul Ω est ici variable. Plus précisément, c'est son bord libre Γ qui est la variable d'optimisation. Le problème clé est ici de choisir une représentation (ou une paramétrisation) de Ω ou de Γ. Cette question est intimement liée à la façon dont on va pouvoir faire des variations du domaine Ω, c'est-à-dire étudier la continuité et la différentiabilité de $J(\Omega)$ à l'aide d'une topologie (ou d'une distance) bien choisie dans $\mathcal{U}_{ad}$. C'est évidemment un point essentiel d'un point de vue pratique (et pas seulement théorique) puisque la plupart des algorithmes numériques de calcul de formes optimales repose sur une méthode de gradient (il faut donc pouvoir dériver $J(\Omega)$). Il existe en fait de nombreuses possibilités de paramétrisation du domaine Ω qui conduisent à des approches différentes de l'optimisation de formes : paramétrique, géométrique, ou topologique.

Optimisation paramétrique

L'approche la plus simple consiste à représenter la forme par un petit nombre de paramètres. Par exemple, si l'on décide de chercher a priori la forme optimale dans la classe des rectangles plans, il suffit de deux paramètres (hauteur et largeur) pour caractériser toute forme admissible. De manière un peu plus générale, on représente la frontière variable Γ par un type de courbes données (par exemple des splines ou des fonctions polynomiales) qui sont entièrement caractérisées par quelques paramètres réels qui jouent le rôle de variables d'optimisation. Dans ce cas, par une transformation géométrique adéquate on peut se ramener à un domaine fixe où la "trace" de la géométrie sera dans les coefficients de l'équation aux dérivées partielles qui contiendront les jacobiens du changement de variable effectué. Les méthodes d'optimisation sont alors très semblables à celles utilisées pour l'optimisation de l'épaisseur d'une membrane (voir la Sous-section 1.2.1).

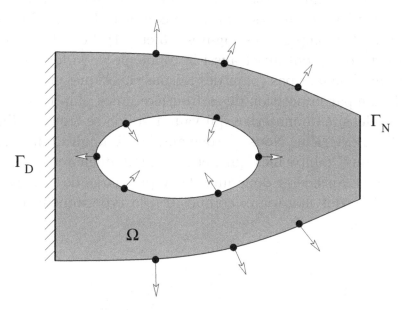

Fig. 1.3. Noeuds de contrôle pour l'optimisation géométrique.

Optimisation géométrique

Une approche un peu plus générale consiste à chercher la frontière optimale Γ dans une classe assez large de courbes (pour se fixer les idées on se place dans le plan). Plus précisément, on fixe la topologie de Ω (c'est-à-dire qu'en dimension deux d'espace, on fixe le nombre de composantes connexes de Γ) et on fait varier la position de cette frontière Γ pour minimiser le critère à optimiser. En pratique on maille le domaine Ω dont la frontière libre Γ est donc discrétisée en un nombre fini de segments de droites. Le domaine est donc entièrement caractérisé par les noeuds du maillage sur le bord Γ que l'on appelle **noeuds de contrôle** et que l'on déplace au cours de l'optimisation (voir la Figure 1.3). Il est possible, bien sûr, de ne pas retenir tous les noeuds du bord comme noeuds de contrôle et d'interpoler entre ces noeuds de contrôle par des splines ou des fonctions polynomiales. Si le nombre total de noeuds de contrôle est faible, on retrouve alors l'approche paramétrique de l'optimisation de formes. Mais, en général, le nombre de variables d'optimisation est ici beaucoup plus important.

Optimisation topologique

L'approche précédente présente l'inconvénient majeur de ne jamais changer de topologie. En effet, on déforme une configuration initiale sans changer le nombre de composantes connexes de la frontière variable Γ. Cela est raisonnable si on une idée a priori de la topologie optimale (ce qui est le cas, par exemple, pour un profil d'aile d'avion), mais ce qui peut être très mauvais dans d'autres cas, comme les structures "en treillis" de certaines constructions mécaniques, où l'on ne sait pas à l'avance combien de "trous" comportera la structure optimale (comparer les Figures 1.3 et 1.4). Le but de l'optimisation topologique est donc d'optimiser aussi la topologie de la forme Ω. Pour cela, nous verrons qu'il ne faut pas (pour des raisons théoriques et pratiques) représenter une forme par la position de sa frontière, mais plutôt par une fonction indicatrice ou densité de matériau qui vaut 1 si l'on se trouve à l'intérieur de la forme et 0 à l'extérieur. Nous verrons aussi qu'il faudra tenir compte de la présence de "trous" minuscules qui permettent d'améliorer les performances de la structure et considérer donc une classe plus large de formes admissibles qui pourront être des matériaux composites de type milieux poreux micro-perforés.

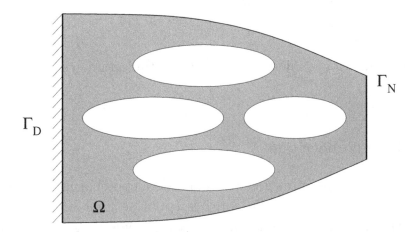

Fig. 1.4. Structure "à trous" en optimisation topologique.

1.2.4 Optimisation de forme en élasticité

L'exemple précédent de la membrane élastique est assez simple et permet de bien comprendre les enjeux de l'optimisation de forme, mais il est assez académique. Nous l'utiliserons souvent par souci pédagogique, mais rassurons tout de suite le lecteur en affirmant qu'on le généralise sans trop de difficulté au système de l'élasticité linéarisée (nettement plus réaliste du point de vue des applications mécaniques). On considère désormais une structure élastique bi- ou tri-dimensionnelle occupant un domaine Ω de $\mathbb{R}^N$ (avec $N = 2, 3$ en général). On suppose encore que le bord du domaine est divisé en trois parties disjointes

$$\partial\Omega = \Gamma \cup \Gamma_N \cup \Gamma_D,$$

où Γ est la partie variable de la frontière, Γ_D est une partie fixe de la frontière sur laquelle le corps est fixé (condition aux limites de Dirichlet), et Γ_N est aussi une partie fixe de la frontière sur laquelle sont appliqués des efforts g (condition aux limites de Neumann). Pour simplifier, on suppose qu'il n'y a pas de forces volumiques.

Le matériau dont est constitué Ω est supposé élastique homogène et isotrope, caractérisé par des coefficients de Lamé μ et λ. Autrement dit, dans le cadre du **modèle de l'élasticité linéarisée** (voir la Section 2.3), les tenseurs de contraintes σ et de déformations $e(u) = \frac{1}{2}\big(\nabla u + (\nabla u)^t\big)$ sont reliés par la relation linéaire (loi de Hooke)

$$\sigma = 2\mu e(u) + \lambda\big(\operatorname{tr} e(u)\big) I.$$

Le champ de déplacement $u(x) : \Omega \to \mathbb{R}^N$ est la solution du système d'équations aux dérivées partielles

$$\begin{cases} \sigma = 2\mu e(u) + \lambda\big(\operatorname{tr} e(u)\big) I & \text{dans } \Omega, \\ -\operatorname{div}\sigma = 0 & \text{dans } \Omega, \\ u = 0 & \text{sur } \Gamma_D, \\ \sigma n = g & \text{sur } \Gamma_N, \\ \sigma n = 0 & \text{sur } \Gamma. \end{cases} \tag{1.10}$$

Comme précédemment, on exige des formes admissibles que leur frontière contienne les bords fixés Γ_D et Γ_N (le reste Γ peut varier). En général on rajoute une contrainte sur le poids ou la masse de la membrane qui est proportionnel au volume de Ω. **L'ensemble des formes admissibles** est donc

$$\mathcal{U}_{ad} = \left\{ \Omega \subset \mathbb{R}^N \text{ tel que } \Gamma_D \bigcup \Gamma_N \subset \partial\Omega \text{ et } \int_\Omega dx = V_0 \right\},$$

où V_0 est un volume imposé. Dans ce cas, le critère de compliance est

$$J(\Omega) = \int_{\Gamma_N} g \cdot u \, dx,$$

où u dépend bien sûr de Ω à travers l'équation (1.10), tandis que le critère pour obtenir un déplacement cible $u_0(x)$ est

$$J(\Omega) = \int_\Omega |u - u_0|^2 dx.$$

Le problème d'optimisation de forme s'écrit toujours

$$\inf_{\Omega \in \mathcal{U}_{ad}} J(\Omega).$$

Comme dans la sous-section précédente, on peut distinguer trois approches de l'optimisation de formes : paramétrique, géométrique, ou topologique. Le modèle de l'élasticité linéarisée étant plus compliqué que celui de membrane, l'analyse théorique autant que numérique en sera plus compliquée.

1.2.5 Optimisation de la forme d'un profil aérodynamique

Un problème classique d'optimisation de formes en mécanique des fluides est l'optimisation d'un profil d'aile d'avion, de coque de bateau, ou de véhicule dans un écoulement [130]. Par exemple, pour un avion on cherche à augmenter sa portance, tout en diminuant sa traînée aérodynamique. En tout généralité le modèle qu'il faudrait utiliser est celui des équations de Navier-Stokes pour décrire les écoulements de fluides visqueux compressibles. Néanmoins, afin de simplifier l'exposé nous allons utiliser un modèle beaucoup plus rudimentaire, dit des écoulements potentiels, qui est une simplification des équations de Navier-Stokes pour un fluide parfait incompressible et irrotationnel en régime stationnaire. Ce modèle n'est plus guère utilisé dans les applications industrielles, mais toutes les idées que nous allons présenter sur ce modèle se généralisent au modèle de Navier-Stokes. La vitesse U d'un tel fluide vérifie donc la condition d'irrotationalité

$$\mathrm{rot} U = 0,$$

d'où l'on déduit qu'elle dérive d'un potentiel scalaire ϕ

$$U = \nabla \phi.$$

Jointe à la condition d'incompressibilité $\mathrm{div} U = 0$ (ou conservation de la quantité de masse), on obtient l'équation du potentiel

$$\Delta \phi = 0.$$

L'équation de conservation de la quantité de mouvement permet de trouver la pression p en fonction de ce potentiel ϕ (loi de Bernoulli)

$$p = p_0 - \frac{1}{2} |\nabla \phi|^2,$$

où p_0 est une pression de référence.

Plaçons nous dans le cas d'un profil d'aile d'avion qui, en première approximation, est baigné par un écoulement en milieu infini (pour une voiture il faudrait tenir compte de la route, et pour un bateau de la surface libre de la mer). Si l'on note P le profil (un domaine borné), le fluide occupe le domaine

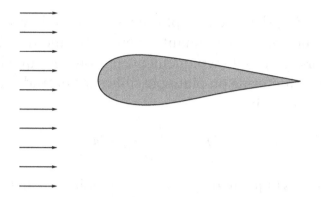

Fig. 1.5. Coupe plane d'un profil d'aile d'avion.

extérieur $\Omega = \mathbb{R}^N \setminus P$ (voir la Figure 1.5). On se place dans un référentiel lié au profil qui se déplace à vitesse constante. Par conséquent, à l'infini la vitesse du fluide est constante égale à $U_0 \in \mathbb{R}^N$, autrement dit, à l'infini le potentiel est asymptotiquement égal à $U_0 \cdot x$. Sur le bord du profil P la vitesse normale du fluide est nulle (condition de non-pénétration), c'est-à-dire que la dérivée normale du potentiel ϕ est nulle sur ∂P. L'équation du modèle d'écoulement potentiel est donc

$$\begin{cases} -\Delta\phi = 0 & \text{dans } \Omega \\ \lim_{|x|\to+\infty} (\phi(x) - U_0 \cdot x) = 0 & \text{à l'infini} \\ \frac{\partial\phi}{\partial n} = 0 & \text{sur } \partial P, \end{cases} \tag{1.11}$$

où n désigne la normale unité extérieure au domaine.

La force appliquée au profil P par l'écoulement est uniquement une force de pression (il n'y a pas de viscosité dans le modèle) qui vaut

$$F = -\int_{\partial P} p\, n\, ds \tag{1.12}$$

où n est toujours la normale unité pointant à l'extérieur du domaine fluide (donc à l'intérieur du profil). La traînée est la composante de la force F dans la direction de la vitesse de l'écoulement à l'infini U_0. La portance est la composante de la force F dans la direction orthogonale à la vitesse U_0. Plus grande est la traînée, plus grande est la consommation en carburant de l'avion. Plus grande est la portance, plus facilement l'avion vole. Typiquement, on cherche un profil qui minimise la traînée avec une contrainte de portance minimale afin que l'avion puisse voler.

Malheureusement, le paradoxe de d'Alembert affirme que la traînée est **toujours nulle** dans un écoulement potentiel autour d'un profil ! (De plus, le principe de Kutta-Joukowski relie linéairement (en dimension $N = 2$) la portance à la circulation autour du profil.) On voit donc que le modèle d'écoulement potentiel est bien mal adapté à l'optimisation de la traînée ! Néanmoins, on peut contourner cette difficulté par une approche plus qualitative du choix du critère d'optimisation (voir [143]). Les "bons" profils d'aile ont une couche limite visqueuse qui se détachent le plus en aval possible vers le bord de fuite. Cette propriété peut être reliée qualitativement à une distribution idéale de pression sur le bord du profil (typiquement, on souhaite que la distribution de pression soit la plus uniforme ou plate possible sur l'extrados et sur l'intrados). On considère donc un critère

$$J(P) = \int_{\partial P} j(p)\, ds,$$

où la fonction j est typiquement un critère de moindre carré pour obtenir une "pression cible" sur le profil

$$j(p) = |p - p_{cible}|^2.$$

Rappelons que $p = p_0 - \frac{1}{2}|\nabla\phi|^2$ où ϕ est le potentiel solution de (1.11). **L'ensemble des formes admissibles** est simplement

$$\mathcal{U}_{ad} = \big\{ P \subset \mathbb{R}^N \text{ tel que } P \text{ a un bord de fuite et une corde donnée} \big\}.$$

Comme précédemment, le problème d'optimisation de forme s'écrit

$$\inf_{P \in \mathcal{U}_{ad}} J(P). \tag{1.13}$$

Tel que nous l'avons présenté il s'agit clairement d'un problème **d'optimisation de forme géométrique**. En général, la topologie du profil est fixée une fois pour toute... Il n'y a donc pas lieu d'appliquer ici une approche d'optimisation topologique.

Remarque 1.5. En pratique, on ne calcule pas l'écoulement dans tout l'espace, mais on introduit un "grand" domaine borné D sur le bord duquel on suppose que l'écoulement est donné par la vitesse à l'infini, ce qui revient à imposer une condition aux limites de Neumann pour le potentiel. D'un point de vue numérique on remplace l'équation (1.11) par

$$\begin{cases} -\Delta\phi = 0 & \text{dans } D \setminus P \\ \frac{\partial\phi}{\partial n} = U_0 \cdot n & \text{sur } \partial D \\ \frac{\partial\phi}{\partial n} = 0 & \text{sur } \partial P. \end{cases}$$

•

Remarque 1.6. Le problème (1.13) d'optimisation aérodynamique est un exemple pour lequel l'approche discrète est plus efficace en pratique que l'approche continue que nous suivons dans tout ce qui suit. En effet, les différentes formes admissibles de profils d'aile sont géométriquement très proches les unes des autres. Par conséquent les variations de la fonction objectif sont très faibles et peuvent être complètement dominées par les erreurs de discrétisation d'un gradient continu (cf. la discussion à ce sujet dans la Section 1.1). C'est pourquoi on préfère, en général, utiliser un gradient discret pour résoudre numériquement (1.13). •

Il est intéressant sur cet exemple de voir comment la modélisation permet de passer d'un problème **d'optimisation de forme géométrique** à un problème **d'optimisation de forme paramétrique** sous une hypothèse simplificatrice. On suppose donc que le profil P est "mince" et on va se ramener ainsi à une approche paramétrique de l'optimisation de formes. En dimension $N = 2$ (pour simplifier), considérons un profil mince P (c'est-à-dire de faible épaisseur par rapport à sa corde de longueur L) dont le bord supérieur (extrados) est défini par la courbe

$$y = f^+(x) \quad \text{pour} \quad 0 \le x \le L,$$

et le bord inférieur (intrados) est défini par la courbe

$$y = f^-(x) \quad \text{pour} \quad 0 \le x \le L.$$

On suppose aussi que la vitesse à l'infini U_0 est alignée dans la direction de l'axe des x. La condition aux limites de Neumann pour le potentiel sur le profil s'écrit

$$\frac{\partial \phi}{\partial y} - \frac{df^\pm}{dx}\frac{\partial \phi}{\partial x} = 0 \tag{1.14}$$

puisque le vecteur normal n est parallèle au vecteur de composantes $(-\frac{df^\pm}{dx}, 1)$. Si le profil est mince, alors en première approximation le profil est un segment aligné dans la direction de l'écoulement et la vitesse est uniformément égale à la vitesse infinie U_0. On remplace donc la vitesse horizontale $\frac{\partial \phi}{\partial x}$ par U_0 dans (1.14) pour obtenir une condition aux limites approchée

$$\frac{\partial \phi}{\partial y} = U_0 \frac{df^\pm}{dx}.$$

Si on note Σ la corde du profil, c'est-à-dire le segment $[0, L]$, et Σ^+ sa face supérieure, Σ^- sa face inférieure, on a donc simplifié (1.11) en

$$\begin{cases} -\Delta\phi = 0 & \text{dans } \Omega \\ \lim_{|x|\to+\infty} (\phi(x) - U_0 \cdot x) = 0 & \text{à l'infini} \\ \frac{\partial \phi}{\partial y} = U_0 \frac{df^+}{dx} & \text{sur } \Sigma^+ \\ \frac{\partial \phi}{\partial y} = U_0 \frac{df^-}{dx} & \text{sur } \Sigma^-. \end{cases} \tag{1.15}$$

L'avantage de (1.15) est que le domaine de calcul $\Omega = \mathbb{R}^N \setminus \Sigma$ est fixe, et que la variable d'optimisation est désormais l'équation de la cambrure du profil $f^\pm(x)$ qui n'intervient que comme un coefficient dans la condition aux limites sur le profil mince. On modifie le critère en

$$J(f^\pm) = \int_{\Sigma^+} j^+(p)\,ds + \int_{\Sigma^-} j^-(p)\,ds,$$

et on obtient ainsi un problème **d'optimisation paramétrique**, beaucoup plus simple que le problème initial d'optimisation géométrique,

$$\inf_{f^{\pm} \in \mathcal{U}_{ad}} J(f^{\pm}),$$

avec

$$\mathcal{U}_{ad} = \left\{ \begin{array}{l} f^+(x) : [0, L] \to \mathbb{R}^+ \\ f^-(x) : [0, L] \to \mathbb{R}^- \end{array} , \text{ tel que } \begin{array}{l} f^+(0) = f^+(L) = 0 \\ f^-(0) = f^-(L) = 0 \end{array} \right\}.$$

1.3 Remarques sur la modélisation

Comme nous l'avons déjà dit, un problème d'optimisation de formes est la réunion de trois ingrédients essentiels : un modèle, un critère, et un ensemble admissible de formes. Le mathématicien ou le numéricien travaille à partir de ces données pour concevoir une méthode ou un algorithme de résolution de ce problème. C'est aussi ce que nous allons faire dans cet ouvrage. Cependant, il faut garder à l'esprit qu'en pratique, les choses sont beaucoup plus compliquées, comme souvent par rapport à un idéal mathématisé. En effet, le choix des trois ingrédients ci-dessus est rarement évident et "naturel" et constitue une partie non négligeable du travail de l'optimisation. Jamais le vieil adage "Bien poser le problème, c'est le résoudre à moitié" n'a été aussi vrai !

Tout d'abord le choix du modèle doit être un compromis entre un modèle précis, mais certainement coûteux en temps de calcul, et un modèle plus grossier, mais plus économique du point de vue du calcul. Un tel compromis s'impose car la résolution numérique de problèmes d'optimisation de formes est fondamentalement itérative et nécessite donc de nombreuses évaluations du modèle. On améliore une succession de formes et pour chacune d'entre elles on calcule sa performance en résolvant le modèle.

Le choix du critère n'est pas plus simple. Il existe des facteurs de performance non quantifiables mathématiquement (par exemple, la beauté, le plaisir, ou tout ce qui est du ressort des sensations). Sans même en arriver à ces extrémités, certains critères physiques ou mécaniques sont difficilement traduisibles en termes mathématiques. Par exemple, qu'est ce que la solidité ? Ou bien, si l'on veut minimiser le risque de ruine d'une structure, il est difficile de trouver un critère absolu car les origines de la rupture sont nombreuses (endommagement, plasticité, fissuration, etc.).

Finalement, la définition d'un ensemble de formes admissibles est encore plus délicat. Très souvent, on doit imposer des contraintes de "faisabilité", difficiles à quantifier précisément, ou bien on doit tenir compte de limitations imposées par d'autres phénomènes physiques. Ainsi, minimiser la traînée d'un profil d'aile (à portance fixée) n'a pas de sens si on oublie que l'aile doit supporter des contraintes mécaniques en liaison avec le reste de l'avion. Un des aspects difficile mais essentiel de l'optimisation de formes est justement son caractère pluridisciplinaire. Lorsque l'on pousse l'optimalité d'une forme (pour un critère donné) au-delà des limites connues, on remet parfois en cause la pertinence de la forme pour un autre critère, jusque là totalement ignoré.

Il est fréquent qu'une forme optimale soit rejetée par l'ingénieur qui pourtant avait lui-même spécifié le problème car elle viole une "contrainte", tellement évidente qu'elle n'était pas imposée (voire pas imposable).

En conclusion, les problèmes d'optimisation de formes sont souvent "incomplètement posés" au sens où ils sont posés de manière partielle ou incomplète. Néanmoins, cette remarque étant faite, nous nous empressons de l'oublier et nous admettrons désormais que nous disposons de "bons" modèle, critère et ensemble admissible.

Remarque 1.7. Dans ce cours nous identifierons toujours un modèle à une équation aux dérivées partielles (ou une discrétisation de celle-ci, voir par exemple la Section 5.5). C'est en quelque sorte le cas idéal, et le plus fréquent, où l'on dispose d'une modélisation précise, ou "exacte", de la réalité. Néanmoins, il peut arriver dans certaines situations très complexes qu'un tel modèle soit inutilisable car trop coûteux, voire impossible, à évaluer. C'est particulièrement vrai en optimisation multidisciplinaire où l'on considère en fait plusieurs modèles concurremment : par exemple, un avion dont on optimise les propriétés aérodynamiques, acoustiques, structurelles et électromagnétiques (signature radar). Dans une telle éventualité une approche populaire est d'utiliser un **modèle de substitution** (ou "surrogate" en anglais). L'idée est de remplacer le modèle exact par un modèle très simplifié (typiquement un polynôme des variables d'optimisation) dont les paramètres sont ajustés afin de minimiser l'erreur d'approximation. On parle aussi de méthode de surfaces de réponse. La conception optimale a lieu alors en deux étapes : premièrement, un certain nombre d'évaluations du modèle exact permet d'établir un modèle de substitution; deuxièmement, on optimise la structure à l'aide de ce modèle simplifié. En général, la seconde étape ne pose pas de problèmes, et toutes les difficultés sont concentrées dans la première. Pour plus de détails nous renvoyons à [87]. •

1.4 Bibliographie

Il existe une vaste littérature sur la conception optimale de structures ou l'optimisation de formes. Nous nous contentons ici d'indiquer quelques livres qui peuvent servir de points d'entrée dans ce domaine. Pour un point de vue de mécanique des structures le lecteur pourra consulter, par exemple, [65], [99], [111], [145], [153], [155]. La plupart de ces références insistent particulièrement sur le problème spécifique de l'optimisation des treillis de barres ("trusses" en anglais). Il s'agit d'un cas particulier où la simplification de la modélisation mécanique permet un traitement simple et efficace de l'optimisation.

Pour une approche plus mathématique nous renvoyons à [14], [96], [117], [130], [133], [143], [170] en ce qui concerne l'optimisation paramétrique ou géométrique, et à [2], [18], [23], [45], [176] pour l'optimisation topologique.

Pour des applications plus orientées vers la mécanique des fluides nous renvoyons à [117], [130]. Comme nous l'avons déjà dit, les techniques de l'optimisation de formes sont très proches de celles des problèmes inverses [25], [64], [177], ou de celles du contrôle optimal [118], [144].

2
Rappels d'analyse numérique

Nous faisons des rappels sur la modélisation à l'aide d'équations aux dérivées partielles et leur analyse aussi bien numérique que théorique. La plupart des résultats sont donnés sans démonstration et nous renvoyons le lecteur désireux d'en savoir plus à [1], [47], [148].

2.1 Espaces de Sobolev

2.1.1 Définitions et propriétés

Les espaces de Sobolev sont les espaces "naturels" des solutions d'équations aux dérivées partielles. On les appelle aussi **espaces d'énergie** car ils s'interprètent naturellement comme des espaces de fonctions d'énergie bornée. Soit Ω un ouvert de $\mathbb{R}^N$. On rappelle que $L^2(\Omega)$ est l'espace des fonctions mesurables de carré sommable dans Ω qui, muni du produit scalaire $\langle f, g \rangle = \int_{\Omega} f(x)g(x)\,dx$, est un espace de Hilbert. On note $\|f\|_{L^2(\Omega)} = \sqrt{\langle f, f \rangle}$ la norme correspondante. Plus généralement, on peut définir les espaces $L^p(\Omega)$ avec $1 \leq p \leq +\infty$. Pour $1 \leq p < +\infty$, $L^p(\Omega)$ est l'espace des fonctions mesurables de puissance p-ème intégrable sur Ω. Muni de la norme

$$\|f\|_{L^p(\Omega)} = \left(\int_{\Omega} |f(x)|^p dx \right)^{1/p}, \tag{2.1}$$

$L^p(\Omega)$ est un espace de Banach, c'est-à-dire un espace vectoriel normé complet. Pour $p = +\infty$, $L^\infty(\Omega)$ est l'espace des fonctions mesurables f essentiellement bornées sur Ω, c'est-à-dire qu'il existe une constante $C > 0$ telle que $|f(x)| \leq C$ presque partout dans Ω. Muni de la norme

$$\|f\|_{L^\infty(\Omega)} = \inf \left\{ C \in \mathbb{R}^+ \text{ tel que } |f(x)| \leq C \text{ p.p. dans } \Omega \right\}, \tag{2.2}$$

$L^\infty(\Omega)$ est un espace de Banach. Rappelons que, si Ω est un ouvert borné, alors $L^p(\Omega) \subset L^q(\Omega)$ pour $1 \leq q \leq p \leq +\infty$.

Définition 2.1. *L'espace de Sobolev $H^1(\Omega)$ est défini par*

$$H^1(\Omega) = \left\{ v \in L^2(\Omega) \ tel \ que, \ \forall i \in \{1, ..., N\}, \ \frac{\partial v}{\partial x_i} \in L^2(\Omega) \right\},$$

où $\frac{\partial v}{\partial x_i}$ est la dérivée partielle de v au sens faible ou au sens des distributions.

Muni du produit scalaire

$$\langle u, v \rangle = \int_\Omega \Big(u(x)v(x) + \nabla u(x) \cdot \nabla v(x) \Big) dx \qquad (2.3)$$

et de la norme $\|u\|_{H^1(\Omega)} = \sqrt{\langle u, u \rangle}$, $H^1(\Omega)$ est un espace de Hilbert.

Remarque 2.2. En dimension $N \geq 2$, les fonctions de $H^1(\Omega)$ ne sont pas continues comme le montre le contre-exemple suivant. Soit B la boule unité ouverte de $\mathbb{R}^N$. Si $N = 2$, on vérifie que la fonction $u(x) = |\log(|x|)|^\alpha$ appartient à $H^1(B)$ pour $0 < \alpha < 1/2$, mais n'est pas bornée au voisinage de l'origine. Si $N \geq 3$, on vérifie que la fonction $u(x) = |x|^{-\beta}$ appartient à $H^1(B)$ pour $0 < \beta < (N-2)/2$, mais n'est pas bornée au voisinage de l'origine. En dimension $N = 1$ la situation est différente puis que les fonctions de $H^1(\Omega)$ sont continues lorsque $\Omega \subset \mathbb{R}$. •

Si les fonctions de $H^1(\Omega)$ ne sont pas régulières, elles sont par contre aussi proches que l'on veut de fonctions régulières d'après le théorème suivant.

Théorème 2.3. *Si Ω est un ouvert borné régulier, alors l'espace $C^\infty(\overline{\Omega})$ des fonctions de classe C^∞ dans le fermé $\overline{\Omega}$, est dense dans $H^1(\Omega)$.*

Remarque 2.4. Sans entrer dans des détails techniques, disons qu'un ouvert est régulier si son bord est une surface régulière sans "fissures" ou points de rebroussement. •

En dimension $N \geq 2$ les fonctions de $H^1(\Omega)$ ne sont pas nécessairement continues. Or, pour une fonction seulement mesurable, on ne peut parler de ses valeurs ponctuelles que "presque partout" dans Ω. Comme le bord $\partial\Omega$ est de mesure (volumique) nulle, le théorème suivant est nécessaire pour pouvoir définir la valeur au bord, ou trace, d'une fonction de $H^1(\Omega)$.

Théorème 2.5 (de trace). *Soit Ω un ouvert borné régulier. On définit l'application "trace"*

$$H^1(\Omega) \cap C(\overline{\Omega}) \to L^2(\partial\Omega) \cap C(\overline{\partial\Omega})$$
$$v \qquad\qquad \to v_{|\partial\Omega}.$$

Cette application "trace" se prolonge par continuité en une application linéaire continue de $H^1(\Omega)$ dans $L^2(\partial\Omega)$. En particulier, il existe une constante $C > 0$ telle que, pour toute fonction $v \in H^1(\Omega)$, on a

$$\|v_{|\partial\Omega}\|_{L^2(\partial\Omega)} \leq C\|v\|_{H^1(\Omega)}.$$

Le Théorème de trace 2.5 permet d'établir une formule de Green.

Théorème 2.6 (Formule de Green). *Soit Ω un ouvert borné régulier. Si u et v sont des fonctions de $H^1(\Omega)$, elles vérifient*

$$\int_\Omega u(x)\frac{\partial v}{\partial x_i}(x)\,dx = -\int_\Omega v(x)\frac{\partial u}{\partial x_i}(x)\,dx + \int_{\partial\Omega} u(x)v(x)n_i(x)\,ds, \quad (2.4)$$

où $n = (n_i)_{1\le i\le N}$ est la normale unité extérieure à $\partial\Omega$. De même, si σ est une fonction vectorielle de $L^2(\Omega)^N$ telle que $\mathrm{div}\,\sigma \in L^2(\Omega)$, et si $u \in H^1(\Omega)$, alors

$$\int_\Omega u(x)\mathrm{div}\,\sigma(x)\,dx = -\int_\Omega \nabla u(x)\cdot\sigma(x)\,dx + \int_{\partial\Omega} u(x)\sigma(x)\cdot n(x)\,ds, \quad (2.5)$$

Définition 2.7. *Soit Ω un ouvert borné régulier. L'espace de Sobolev $H^1_0(\Omega)$ est défini comme le sous-espace de $H^1(\Omega)$ constitué des fonctions dont la trace sur le bord $\partial\Omega$ est nulle.*

Muni du produit scalaire (2.3) de $H^1(\Omega)$, l'espace de Sobolev $H^1_0(\Omega)$ est un espace de Hilbert et les fonctions régulières à support compact y sont denses.

Théorème 2.8. *L'espace $C_c^\infty(\Omega)$ des fonctions de classe C^∞ à support compact dans Ω est dense dans $H^1_0(\Omega)$.*

Un résultat très important pour la suite est l'inégalité suivante.

Proposition 2.9 (Inégalité de Poincaré). *Soit Ω un ouvert borné régulier de $\mathbb{R}^N$. Soit $\partial\Omega_D$ une partie de $\partial\Omega$ de mesure non nulle. Il existe une constante $C > 0$ telle que, pour toute fonction $v \in H^1(\Omega)$ qui vérifie $v = 0$ sur $\partial\Omega_D$,*

$$\int_\Omega |v(x)|^2 dx \le C \int_\Omega |\nabla v(x)|^2 dx.$$

Nous rappelons maintenant une propriété de compacité connue sous le nom de théorème de Rellich.

Théorème 2.10 (de Rellich). *Si Ω est un ouvert borné régulier, alors de toute suite bornée de $H^1(\Omega)$ on peut extraire une sous-suite convergente dans $L^2(\Omega)$.*

Plus généralement, on peut définir des espaces de Sobolev $W^{1,p}(\Omega)$ pour un réel $1 \le p \le +\infty$. Ces espaces sont construits sur l'espace de Banach $L^p(\Omega)$ (voir (2.1) et (2.2)) et définis par

$$W^{1,p}(\Omega) = \left\{ v \in L^p(\Omega) \text{ tel que, } \forall i \in \{1,...,N\}, \; \frac{\partial v}{\partial x_i} \in L^p(\Omega) \right\}. \quad (2.6)$$

Muni de la norme $\|u\|_{W^{1,p}(\Omega)} = \|u\|_{L^p(\Omega)} + \|\nabla u\|_{L^p(\Omega)^N}$, on vérifie que $W^{1,p}(\Omega)$ est un espace de Banach.

Remarque 2.11. Le Théorème 2.10 de Rellich admet une généralisation pour les espaces de Sobolev $W^{1,p}(\Omega)$ pour tout $1 \le p \le +\infty$. Si Ω est un ouvert borné régulier, alors de toute suite bornée dans $W^{1,p}(\Omega)$ on peut extraire une sous-suite qui converge dans $L^p(\Omega)$. •

On peut aussi généraliser la définition de l'espace de Sobolev $H^1(\Omega)$ aux fonctions qui sont $m \ge 0$ fois dérivables au sens faible. Commençons par donner une convention d'écriture bien utile. Soit $\alpha = (\alpha_1, ..., \alpha_N)$ un multi-incide, c'est-à-dire un vecteur à N composantes entières positives $\alpha_i \ge 0$. On note $|\alpha| = \sum_{i=1}^{N} \alpha_i$ et, pour une fonction v,

$$\partial^\alpha v(x) = \frac{\partial^{|\alpha|} v}{\partial x_1^{\alpha_1} \cdots \partial x_N^{\alpha_N}}(x).$$

Pour tout entier $m \ge 0$, l'espace de Sobolev $H^m(\Omega)$ est défini par

$$H^m(\Omega) = \left\{ v \in L^2(\Omega) \text{ tel que, } \forall \alpha \text{ avec } |\alpha| \le m, \ \partial^\alpha v \in L^2(\Omega) \right\}.$$

Muni du produit scalaire

$$\langle u, v \rangle = \int_\Omega \sum_{|\alpha| \le m} \partial^\alpha u(x) \partial^\alpha v(x) \, dx$$

et de la norme $\|u\|_{H^m(\Omega)} = \langle u, u \rangle^{1/2}$, l'espace de Sobolev $H^m(\Omega)$ est un espace de Hilbert. Si l'ouvert Ω est régulier, les fonctions régulières sont denses dans $H^m(\Omega)$ (ce qui généralise le Théorème de densité 2.3).

Les fonctions de $H^m(\Omega)$ ne sont pas toujours continues ou régulières : cela dépend de m et de la dimension N comme le montre le résultat suivant.

Théorème 2.12. *Si Ω est un ouvert borné régulier, et si $m > N/2$, alors $H^m(\Omega)$ est un sous-espace de l'ensemble $C(\overline{\Omega})$ des fonctions continues sur $\overline{\Omega}$.*

La "morale" du Théorème 2.12 est que plus m est grand, plus les fonctions de $H^m(\Omega)$ sont régulières, c'est-à-dire dérivables au sens usuel. En effet, par application réitérée du Théorème 2.12 à une fonction et à ses dérivées, on peut montrer que s'il existe un entier $k \ge 0$ tel que $m - N/2 > k$, alors $H^m(\Omega)$ est un sous-espace de l'ensemble $C^k(\overline{\Omega})$ des fonctions k fois différentiables sur $\overline{\Omega}$.

Remarque 2.13. Le Théorème 2.12 admet une généralisation pour les espaces de Sobolev $W^{1,p}(\Omega)$. Si Ω est un ouvert borné régulier et si $p > N$, alors $W^{1,p}(\Omega)$ est un sous-espace de l'ensemble $C(\overline{\Omega})$ des fonctions continues sur $\overline{\Omega}$. •

2.1.2 Théorie de Lax-Milgram

On rappelle la notion de formulation variationnelle dans un espace de Hilbert. On note V un espace de Hilbert réel de produit scalaire $\langle , \rangle$ et de norme $\| \ \|$. On appelle **formulation variationnelle** le problème suivant :

$$\text{trouver } u \in V \text{ tel que } a(u,v) = L(v) \text{ pour toute fonction } v \in V. \qquad (2.7)$$

Les hypothèses sur a et L sont

1. $L(\cdot)$ est une forme linéaire continue sur V, c'est-à-dire que $v \to L(v)$ est linéaire de V dans $\mathbb{R}$ et il existe $C > 0$ tel que

$$|L(v)| \leq C\|v\| \text{ pour tout } v \in V;$$

2. $a(\cdot,\cdot)$ est une forme bilinéaire sur V, c'est-à-dire que $w \to a(w,v)$ est une forme linéaire de V dans $\mathbb{R}$ pour tout $v \in V$, et $v \to a(w,v)$ est une forme linéaire de V dans $\mathbb{R}$ pour tout $w \in V$;

3. $a(\cdot,\cdot)$ est continue, c'est-à-dire qu'il existe $M > 0$ tel que

$$|a(w,v)| \leq M\|w\|\,\|v\| \text{ pour tout } w,v \in V;$$

4. $a(\cdot,\cdot)$ est coercive (ou elliptique), c'est-à-dire qu'il existe $\nu > 0$ tel que

$$a(v,v) \geq \nu\|v\|^2 \text{ pour tout } v \in V.$$

Théorème 2.14 (Lax-Milgram). *Soit V un espace de Hilbert réel, $L(\cdot)$ une forme linéaire continue sur V, $a(\cdot,\cdot)$ une forme bilinéaire continue coercive sur V. Alors la formulation variationnelle (2.7) admet une unique solution. De plus cette solution dépend continûment de la forme linéaire L.*

Une formulation variationnelle possède souvent une interprétation physique, en particulier si la forme bilinéaire est symétrique. En effet dans ce cas, la solution de la formulation variationnelle (2.7) réalise le minimum d'une énergie (très naturelle en physique ou en mécanique).

Proposition 2.15. *On se place sous les hypothèses du Théorème 2.14 de Lax-Milgram. On suppose en plus que la forme bilinéaire est symétrique $a(w,v) = a(v,w)$ pour tout $v,w \in V$. Soit $J(v)$ l'énergie définie pour $v \in V$ par*

$$J(v) = \frac{1}{2}a(v,v) - L(v).$$

Soit $u \in V$ la solution unique de la formulation variationnelle (2.7). Alors u est aussi l'unique point de minimum de l'énergie, c'est-à-dire que

$$J(u) = \min_{v \in V} J(v).$$

Réciproquement, si $u \in V$ est un point de minimum de l'énergie $J(v)$, alors u est la solution unique de la formulation variationnelle (2.7).

2.2 Laplacien à coefficients variables

Dans cette section on va résoudre une équation aux dérivées partielles elliptique du deuxième ordre, appelée Laplacien à coefficients variables. Cette équation intervient dans de très nombreux domaines pour modéliser la conduction ou la diffusion stationnaire (indépendante du temps) de la chaleur, du courant électrique, d'une concentration chimique, etc. L'interprétation que nous retiendrons ici est celle du modèle de membrane élastique. On note Ω le domaine occupé par la membrane. Comme nous choisissons de mélanger les conditions aux limites de Dirichlet et de Neumann, on décompose le bord $\partial\Omega$ en deux parties disjointes non vides (plus précisément de mesure superficielle non nulle, voir la Figure 2.1)

$$\partial\Omega = \partial\Omega_D \cup \partial\Omega_N, \quad \text{avec} \quad \partial\Omega_D \cap \partial\Omega_N = \emptyset.$$

On note u le déplacement vertical de la membrane (une fonction de $\Omega \subset \mathbb{R}^N$ à valeurs dans $\mathbb{R}$) soumise à une force volumique f et fixée sur la partie $\partial\Omega_D$ de son bord (condition aux limites de Dirichlet). Par ailleurs, on appelle g la force surfacique appliquée sur l'autre partie du bord : on obtient ainsi une condition aux limites de Neumann qui exprime que la composante normale des contraintes $\sigma = A\nabla u$ est égale à g sur $\partial\Omega_N$. En toute généralité on suppose que la membrane est constitué par un matériau élastique anisotrope et non-homogène, c'est-à-dire que ses propriétés élastiques sont représentées par une matrice de fonctions $A(x) = (a_{ij}(x))_{1 \leq i,j \leq N}$ qui sont les coefficients de l'équation. Le modèle est alors

$$\begin{cases} -\text{div}(A\nabla u) = f & \text{dans } \Omega, \\ u = 0 & \text{sur } \partial\Omega_D, \\ A\nabla u \cdot n = g & \text{sur } \partial\Omega_N, \end{cases} \tag{2.8}$$

où l'on a défini l'opérateur

$$-\text{div}(A\nabla \cdot) = -\sum_{i,j=1}^{N} \frac{\partial}{\partial x_i}\left(a_{ij}(x)\frac{\partial}{\partial x_j}\cdot\right).$$

On suppose que la matrice A est uniformément coercive, ou elliptique, sur Ω, c'est-à-dire qu'il existe une constante $\alpha > 0$ telle que, presque partout dans Ω,

$$A(x)\xi \cdot \xi = \sum_{i,j=1}^{N} a_{ij}(x)\xi_i\xi_j \geq \alpha|\xi|^2 \text{ pour tout } \xi \in \mathbb{R}^N. \tag{2.9}$$

2.2.1 Formulation variationnelle

Nous allons montrer comment la notion de formulation variationnelle (qui n'est rien d'autre que le principe des travaux virtuels en mécanique) permet

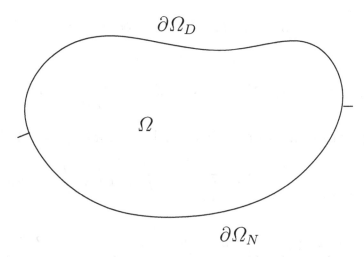

$\partial\Omega_D$

Ω

$\partial\Omega_N$

Fig. 2.1. Partition en deux parties disjointes du bord d'un ouvert.

de démontrer l'existence et d'unicité de la solution de (2.8). Remarquons que cette notion sera aussi importante pour mettre en oeuvre la méthode numérique des éléments finis.

On introduit l'espace suivant, intermédiaire entre $H^1(\Omega)$ et $H_0^1(\Omega)$,

$$V = \left\{ u \in H^1(\Omega) \text{ tel que } u = 0 \text{ sur } \partial\Omega_D \right\}. \qquad (2.10)$$

Théorème 2.16. *Soit Ω un ouvert borné régulier de $\mathbb{R}^N$. Soit $f \in L^2(\Omega)$ et g la trace sur $\partial\Omega_N$ d'une fonction de V, espace défini par (2.10). On suppose que les coefficients (a_{ij}) appartiennent à $L^\infty(\Omega)$ et sont coercifs, c'est-à-dire qu'ils vérifient (2.9). Alors, il existe une unique solution $u \in V$ de (2.8) qui dépend linéairement et continûment de $f \in L^2(\Omega)$ et $g \in V$. En particulier, il existe une constante $C > 0$ telle que, pour tout $f \in L^2(\Omega)$ et $g \in V$, on a*

$$\|u\|_{H^1(\Omega)} \le C \left(\|f\|_{L^2(\Omega)} + \|g\|_{H^1(\Omega)} \right).$$

Démonstration. Elle s'opère en trois étapes.

Étape 1. On propose une formulation variationnelle du type (2.7) qui est formellement équivalente au problème aux limites (2.8). Pour cela on multiplie l'équation (2.8) par une fonction test régulière v et on intègre par parties. Ce calcul est principalement formel au sens où l'on suppose l'existence et la régularité de la solution u afin que tous les calculs effectués soient licites. En intégrant par parties et en utilisant la formule de Green (2.5), on trouve

$$\int_\Omega fv\,dx = -\int_\Omega \operatorname{div}(A\nabla u)\,v\,dx = \int_\Omega A\nabla u \cdot \nabla v\,dx - \int_{\partial\Omega} A\nabla u \cdot n\,v\,ds. \quad (2.11)$$

Comme u doit satisfaire la condition aux limites de Dirichlet, $u = 0$ sur $\partial\Omega_D$, on choisit des fonctions tests v appartenant à l'espace V qui ;a vérifie aussi (voir la définition (2.10)). Par contre, on n'inscrit pas la condition aux limite de Neumann dans l'espace V, mais on l'impose variationnellement, c'est-à-dire qu'on l'utilise dans la formule (2.11). Par conséquent, pour $v \in V$, l'égalité (2.11) devient

$$\int_\Omega f(x)v(x)\,dx = \int_\Omega A(x)\nabla u(x) \cdot \nabla v(x)\,dx - \int_{\partial\Omega_N} g(x)v(x)\,ds. \qquad (2.12)$$

On propose donc la formulation variationnelle suivante pour (2.8) :

$$\text{Trouver } u \in V \text{ tel que } \int_\Omega A\nabla u \cdot \nabla v\,dx = \int_\Omega fv\,dx + \int_{\partial\Omega_N} gv\,ds,\ \forall v \in V.$$
$$(2.13)$$

Étape 2. On vérifie que la formulation variationnelle (2.13) admet une solution unique à l'aide du Théorème de Lax-Milgram 2.14. Il suffit donc d'en vérifier les hypothèses avec les notations

$$a(u,v) = \int_\Omega A\nabla u \cdot \nabla v\,dx \text{ et } L(v) = \int_{\partial\Omega_N} gv\,ds + \int_\Omega fv\,dx.$$

En utilisant l'inégalité de Cauchy-Schwarz et à l'aide du Théorème de trace 2.5, on voit clairement que a est une forme bilinéaire continue sur V et que L est une forme linéaire continue sur V. De plus, grâce à l'hypothèse (2.9) de coercivité de la matrice A et à l'inégalité de Poincaré (voir la Proposition 2.9 ; on utilise ici le caractère borné de l'ouvert Ω), la forme bilinéaire a est coercive, c'est-à-dire qu'il existe $\nu > 0$ tel que

$$\int_\Omega A\nabla u \cdot \nabla u\,dx \geq \alpha \int_\Omega |\nabla u|^2 dx \geq \nu \|u\|^2_{H^1(\Omega)}.$$

Comme V est un espace de Hilbert, toutes les hypothèses du Théorème de Lax-Milgram 2.14 sont satisfaites et on peut donc conclure qu'il existe une unique solution $u \in V$ de la formulation variationnelle (2.13).

Étape 3. On vérifie que la solution unique de la formulation variationnelle (2.13) est bien une solution du problème aux limites (2.8), dans un sens à préciser. Pour cela on procède aux mêmes intégrations par parties qui ont conduit à la formulation variationnelle, mais en sens inverse. Pour simplifier l'exposé nous allons supposer que la matrice A et la solution u sont régulières. Pour commencer on utilise la formule de Green (2.5) avec $\sigma = A\nabla u$

$$\int_\Omega \operatorname{div}(A\nabla u)\,v\,dx = -\int_\Omega A\nabla u \cdot \nabla v\,dx + \int_{\partial\Omega} A\nabla u \cdot n\,v\,ds. \qquad (2.14)$$

Si on choisit la fonction test v à support compact dans (2.14), on en déduit avec (2.13) que

$$\int_\Omega (\operatorname{div}(A\nabla u) + f)\,v\,dx = 0 \quad \forall v \in C_c^\infty(\Omega),$$

donc

$$-\text{div}(A\nabla u) = f \text{ presque partout dans } \Omega.$$

Si maintenant la fonction test v est quelconque dans V, on déduit de (2.13) et (2.14) que

$$\int_{\partial\Omega_N} (g - A\nabla u \cdot n)\,v\,ds = \int_{\Omega} (\text{div}(A\nabla u) + f)v\,dx = 0 \qquad (2.15)$$

puisque $-\text{div}(A\nabla u) = f$. En choisissant v quelconque régulière sur $\partial\Omega_N$, on obtient

$$g - A\nabla u \cdot n = 0 \quad \text{presque partout sur } \partial\Omega_N.$$

De plus, par définition de V on a aussi $u = 0$ presque partout sur $\partial\Omega_D$. Finalement, la linéarité de l'application $(f, g) \to u$ est évidente, et sa continuité découle du choix $v = u$ dans la formulation variationnelle (2.13)

$$\int_{\Omega} A\nabla u \cdot \nabla u\,dx = \int_{\partial\Omega_N} gu\,ds + \int_{\Omega} fu\,dx.$$

On majore les termes de droite à l'aide de l'inégalité de Cauchy-Schwarz, et on minore celui de gauche par la coercivité de la forme bilinéaire

$$\nu\|u\|_{H^1(\Omega)}^2 \leq \|g\|_{H^1(\Omega)}\|u\|_{H^1(\Omega)} + \|f\|_{L^2(\Omega)}\|u\|_{H^1(\Omega)},$$

d'où l'on déduit le résultat. $\square$

Remarque 2.17. La différence de traitement des conditions aux limites de Dirichlet et de Neumann dans la formulation variationnelle (2.13) est très importante. La condition aux limites de Dirichlet est inscrite dans le choix de l'espace V alors que la condition de Neumann apparaît dans la forme linéaire mais pas dans l'espace V. La condition de Dirichlet est dite **essentielle** car elle est forcée par l'appartenance à un espace, tandis que la condition de Neumann est dite **naturelle** car elle découle de l'intégration par parties qui conduit à la formulation variationnelle. Cette différence se retrouve dans l'implémentation pratique de la méthode des éléments finis.   •

Suivant la Proposition 2.15, lorsque la matrice A est symétrique, la résolution de la formulation variationnelle (2.13) est équivalente à la minimisation d'une énergie (très naturelle en mécanique).

Proposition 2.18. *On suppose que la matrice $A(x)$ est symétrique en tout point de Ω. Soit $J(v)$ l'énergie définie pour $v \in V$ par*

$$J(v) = \frac{1}{2}\int_{\Omega} A\nabla v \cdot \nabla v\,dx - \int_{\Omega} fv\,dx - \int_{\partial\Omega_N} gv\,ds. \qquad (2.16)$$

Soit $u \in V$ la solution unique de la formulation variationnelle (2.13). Alors u est aussi l'unique point de minimum de l'énergie, c'est-à-dire que

$$\min_{v \in V} J(v) = J(u) = -\frac{1}{2} \int_{\Omega} A\nabla u \cdot \nabla u \, dx = -\frac{1}{2} \left(\int_{\Omega} fu \, dx + \int_{\partial\Omega_N} gu \, ds \right).$$

Réciproquement, si $u \in V$ est un point de minimum de l'énergie $J(v)$, alors u est la solution unique de la formulation variationnelle (2.13).

Remarque 2.19. Supposons pour simplifier que Ω est connexe. Si $\partial\Omega_D$ est vide (ou est de mesure surfacique nulle), alors il n'existe de solution que sous une condition de compatibilité

$$\int_{\Omega} f(x) \, dx + \int_{\partial\Omega} g(x) \, ds = 0 \qquad (2.17)$$

qui s'interprète comme une condition d'équilibre : f correspond à une force volumique, et g à une force de bord. Pour qu'il existe un état stationnaire ou d'équilibre (c'est-à-dire une solution), il faut que ces deux termes se balancent parfaitement. Remarquons aussi que, dans ce cas, si u est solution alors $u+C$, avec $C \in \mathbb{R}$, est aussi solution. En fait, (2.17) est une condition nécessaire et suffisante d'existence d'une solution dans $H^1(\Omega)$, unique à l'addition d'une constante près. Cette unicité "à une constante additive près" correspond à l'absence d'origine de référence sur l'échelle qui mesure les valeurs de u.   •

Nous donnons maintenant un résultat de régularité, c'est-à-dire que la solution d'un problème aux limites elliptique est plus régulière que prévue si les données sont plus régulières que nécessaire.

Théorème 2.20 (de régularité). *Soit un entier $m \geq 0$. Soit Ω un ouvert borné régulier de $\mathbb{R}^N$ et une matrice $A(x)$ dont les coefficients appartiennent à $C^{m+1}(\overline{\Omega})$. Soit $f \in H^m(\Omega)$ et $g \in H^{m+1}(\Omega)$. Alors, l'unique solution $u \in V$ de (2.8) appartient à $H^{m+2}(\Omega)$.*

Par application immédiate du Théorème de régularité 2.20 et du Théorème 2.12 (sur la continuité des fonctions de $H^m(\Omega)$), on obtient que les solutions du Laplacien à coefficients variables sont régulières (c'est-à-dire dérivables au sens classique) si les données sont suffisamment régulières.

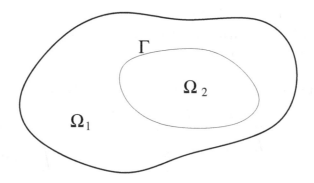

Fig. 2.2. Interface entre deux sous-domaines et condition de transmission.

Remarque 2.21 (Conditions de transmission à travers une interface). Le Théorème 2.16 ne requiert pas que la matrice $A(x)$ soit régulière, mais seulement que ses coefficients a_{ij} soient bornés et mesurables, c'est-à-dire appartiennent à l'espace $L^\infty(\Omega)$. En particulier, le cas des coefficients discontinus est autorisé, ce qui permet de modéliser un milieu constitué de plusieurs matériaux différents. Considérons un exemple où (Ω_1, Ω_2) est une partition de Ω et la matrice des coefficients est constante par morceaux

$$A(x) = k_i I \text{ pour } x \in \Omega_i, \ i = 1, 2.$$

On note $\Gamma = \partial\Omega_1 \cap \partial\Omega_2$ l'interface (supposée régulière et incluse dans Ω) entre Ω_1 et Ω_2 (voir la Figure 2.2). Un intérêt de la formulation variationnelle de (2.8) est qu'elle contient implicitement les **conditions de transmission** à l'interface Γ. Comme les coefficients sont constants dans chacun des sous-domaines Ω_1 et Ω_2, la restriction $u_i = u_{|\Omega_i}$ de la solution de (2.8) vérifie

$$-k_i \Delta u_i = f \text{ dans } \Omega_i, \ i = 1, 2. \tag{2.18}$$

Tout d'abord, comme $u \in H^1(\Omega)$, on a $u_1 = u_2$ sur Γ par application du Théorème de trace 2.5. D'autre part, si $f \in L^2(\Omega)$, alors $u_i \in H^2(\Omega_i)$ à cause du Théorème de régularité 2.20 et on peut utiliser la formule de Green (2.5) dans chaque sous-domaine. Par intégration par parties on en déduit $\sigma_1 \cdot n = \sigma_2 \cdot n$ sur Γ avec $\sigma_i = k_i \nabla u_i$. Par conséquent, si u est solution de (2.8), alors u_1 et u_2 sont solutions de

$$\begin{cases} -k_i \Delta u_i = f & \text{dans } \Omega_i, \ i = 1, 2 \\ u_1 = u_2 & \text{sur } \Gamma \\ k_1 \nabla u_1 \cdot n = k_2 \nabla u_2 \cdot n & \text{sur } \Gamma \\ u_i = 0, \ i = 1, 2 & \text{sur } \partial\Omega. \end{cases} \tag{2.19}$$

On appelle conditions de transmission les conditions imposées sur l'interface Γ (continuité du déplacement u et de la composante normale des contraintes $\sigma \cdot n = A\nabla u \cdot n$) dans (2.19). Réciproquement, il est facile de vérifier que (2.19) est un problème équivalent à (2.8). Il est tout à fait remarquable que la formulation variationnelle de (2.8) contienne implicitement ces conditions de transmission. $\bullet$

2.2.2 Énergie duale ou complémentaire

Lorsque la matrice A est symétrique, la Proposition 2.18 affirme que la résolution du problème aux limites (2.8) est équivalent à la minimisation de l'énergie

$$\min_{v \in V} \left\{ J(v) = \frac{1}{2} \int_\Omega A\nabla v \cdot \nabla v \, dx - \int_\Omega fv \, dx - \int_{\partial\Omega_N} gv \, ds \right\}. \tag{2.20}$$

On se propose de montrer que la théorie de la dualité (voir la Section 3.3) permet d'associer à (2.8) un **deuxième principe de minimisation** mettant en jeu une énergie, dite duale ou **complémentaire** en mécanique, dont la signification physique est tout aussi importante que celle de (2.20). Dans toute cette section nous supposons que la matrice A est symétrique.

Nous allons introduire un Lagrangien associé à l'énergie primale (2.20) bien que celle-ci ne présente pas de contraintes (pour plus de détails sur cette notion nous renvoyons au Chapitre 3 sur l'optimisation). Pour ce faire nous utilisons une petite astuce en introduisant une variable intermédiaire $e \in L^2(\Omega)^N$ et une contrainte $e = \nabla v$. Alors (2.20) est équivalent à

$$\min_{\substack{v \in V , \ e \in L^2(\Omega)^N \\ e = \nabla v}} \left\{ \tilde{J}(v,e) = \frac{1}{2} \int_\Omega Ae \cdot e \, dx - \int_\Omega fv \, dx - \int_{\partial\Omega_N} gv \, ds \right\}.$$

On introduit un Lagrangien intermédiaire pour ce problème

$$\mathcal{M}(e,v,\tau) = \tilde{J}(v,e) + \int_\Omega \tau \cdot (\nabla v - e) \, dx,$$

avec un multiplicateur de Lagrange $\tau \in L^2(\Omega)^N$. On élimine maintenant e pour obtenir le Lagrangien recherché

$$\mathcal{L}(v,\tau) = \min_{e \in L^2(\Omega)^N} \mathcal{M}(e,v,\tau).$$

Comme la fonction $e \to \mathcal{M}(e,v,\tau)$ est fortement convexe, elle admet un unique point de minimum $e^* = A^{-1}\tau$, et un calcul facile montre que

$$\mathcal{L}(v,\tau) = -\frac{1}{2} \int_\Omega A^{-1}\tau \cdot \tau \, dx - \int_\Omega fv \, dx - \int_{\partial\Omega_N} gv \, ds + \int_\Omega \tau \cdot \nabla v \, dx. \quad (2.21)$$

On vérifie sans peine que le problème primal associé au Lagrangien (2.21) est bien (2.20)

$$\left(\max_{\tau \in L^2(\Omega)^N} \mathcal{L}(v,\tau) \right) = J(v),$$

et que le problème dual est

$$G(\tau) = \min_{v \in V} \mathcal{L}(v,\tau) = \begin{cases} -\frac{1}{2} \int_\Omega A^{-1}\tau \cdot \tau \, dx \text{ si } \begin{cases} -\mathrm{div}\tau = f \text{ dans } \Omega \\ \tau \cdot n = g \quad \text{ sur } \partial\Omega_N \end{cases} \\ -\infty \qquad\qquad\qquad \text{ sinon} \end{cases}$$

$$(2.22)$$

puisque $v \in V$ ne s'annule que sur $\partial\Omega_D$. On peut maintenant énoncer le résultat principal.

Théorème 2.22. *Il existe un unique point selle* (u,σ) *du Lagrangien* $\mathcal{L}(v,\tau)$ *sur* $V \times L^2(\Omega)^N$

$$\mathcal{L}(u,\sigma) = \max_{\tau \in L^2(\Omega)^N} \min_{v \in V} \mathcal{L}(v,\tau) = \min_{v \in V} \max_{\tau \in L^2(\Omega)^N} \mathcal{L}(v,\tau).$$

*Autrement dit, u est l'unique point de minimum de J(v) dans V, σ est l'unique
point de maximum de G(τ) dans $L^2(\Omega)^N$,*

$$J(u) = \min_{v \in V} J(v) = \max_{\tau \in L^2(\Omega)^N} G(\tau) = G(\sigma),$$

et ils sont reliés par la relation σ = A∇u.

Remarque 2.23. Le problème dual (2.22) a une interprétation physique claire.
Comme $\max G(\tau) = -\min(-G(\tau))$, il s'agit de minimiser l'énergie (dite complémentaire) des contraintes mécaniques $\frac{1}{2}\int_\Omega A^{-1}\tau \cdot \tau dx$ parmi l'ensemble
des champs de contraintes **statiquement admissibles**, c'est-à-dire vérifiant
l'équilibre des forces $-\text{div}\tau = f$ dans Ω et $\tau \cdot n = g$ sur $\partial\Omega_N$. En pratique,
on écrit la formulation duale sous la forme

$$\min_{\begin{cases} \tau \in L^2(\Omega)^N \\ -\text{div}\tau = f \text{ dans } \Omega \\ \tau \cdot n = g \text{ sur } \partial\Omega_N \end{cases}} \frac{1}{2}\int_\Omega A^{-1}\tau \cdot \tau\, dx. \tag{2.23}$$

Dans cette formulation duale, le déplacement u apparaît comme le multiplicateur de Lagrange de la contrainte d'équilibre $-\text{div}\tau = f$ et $\tau \cdot n = g$. Une
autre conséquence du Théorème 2.22 est qu'on a toujours $G(\tau) \leq J(v)$ ce qui
permet d'obtenir des bornes sur les énergies primale ou duale. Remarquons
que l'on a aussi

$$J(u) = G(\sigma) = \frac{1}{2}\int_\Omega fu\, dx + \frac{1}{2}\int_{\partial\Omega_N} gu\, ds$$

qui n'est rien d'autre que la moitié du travail des forces extérieures.   ●

Démonstration. Par construction on a

$$G(\tau) \leq \mathcal{L}(v, \tau) \leq J(v),$$

et on sait que les problèmes primal et dual admettent un unique point de
minimum u et σ, respectivement. Or, comme u est solution de l'équation
(2.8), une simple intégration par parties montre que

$$J(u) = \frac{1}{2}\int_\Omega A\nabla u \cdot \nabla u\, dx - \int_\Omega fu\, dx - \int_{\partial\Omega_N} gu\, ds$$
$$= -\frac{1}{2}\int_\Omega A\nabla u \cdot \nabla u\, dx = -\frac{1}{2}\int_\Omega fu\, dx - \frac{1}{2}\int_{\partial\Omega_N} gu\, ds.$$

Si on définit $\sigma = A\nabla u$, on déduit de (2.8) que $-\text{div}\sigma = f$, et on obtient donc

$$G(\tau) \leq J(u) = G(\sigma),$$

c'est-à-dire que σ maximise G, donc (u, σ) est le point selle de $\mathcal{L}(v, \tau)$.   □

2.3 Système de l'élasticité

2.3.1 Modélisation

Le système des équations de l'élasticité linéarisée modélise les petites déformations et petits déplacements d'un solide qui au repos occupe un domaine Ω (un ouvert borné de $\mathbb{R}^N$). On décompose son bord $\partial\Omega$ (voir la Figure 2.1) en deux parties disjointes non vides (et de mesure superficielle non nulle)

$$\partial\Omega = \partial\Omega_D \cup \partial\Omega_N, \quad \text{avec} \quad \partial\Omega_D \cap \partial\Omega_N = \emptyset.$$

Sous l'action d'une force volumique f dans Ω et d'une force surfacique g sur $\partial\Omega_N$ le solide se déforme, et chaque point x se déplace en $x + u(x)$. Les forces $f(x)$ et $g(x)$ sont des fonctions vectorielles à valeurs dans $\mathbb{R}^N$, comme le déplacement $u(x)$ (qui est l'inconnue du problème). La modélisation mécanique fait intervenir le tenseur des déformations, noté $e(u)$, qui est une fonction à valeurs dans l'ensemble des matrices symétriques

$$e(u) = \frac{1}{2}\Big(\nabla u + (\nabla u)^t\Big) = \frac{1}{2}\left(\frac{\partial u_i}{\partial x_j} + \frac{\partial u_j}{\partial x_i}\right)_{1\leq i,j\leq N},$$

ainsi que le tenseur des contraintes σ (une autre fonction à valeurs dans l'ensemble des matrices symétriques) qui est relié à $e(u)$ par la loi de Hooke

$$\sigma = 2\mu e(u) + \lambda \text{tr}\,(e(u))I,$$

où λ et μ sont les coefficients de Lamé du matériau isotrope qui occupe Ω. Pour des raisons thermodynamiques les coefficients de Lamé vérifient

$$\mu > 0 \ \text{ et } \ 2\mu + N\lambda > 0.$$

Si le matériau est homogène ces coefficients sont constants. On ajoute à cette loi constitutive le bilan des forces dans le solide et sur sa paroi chargée

$$\begin{cases} -\text{div}\sigma = f & \text{dans } \Omega \\ \sigma n = g & \text{sur } \partial\Omega_N \end{cases}$$

où, par définition, la divergence de σ est le vecteur de composantes

$$\text{div}\sigma = \left(\sum_{j=1}^{N} \frac{\partial \sigma_{ij}}{\partial x_j}\right)_{1\leq i\leq N}.$$

Utilisant le fait que $\text{tr}\,(e(u)) = \text{div}u$, on en déduit les équations pour $1 \leq i \leq N$

$$-\sum_{j=1}^{N} \frac{\partial}{\partial x_j}\left(\mu\left(\frac{\partial u_i}{\partial x_j} + \frac{\partial u_j}{\partial x_i}\right) + \lambda(\text{div}u)\delta_{ij}\right) = f_i \text{ dans } \Omega \qquad (2.24)$$

avec f_i et u_i, pour $1 \leq i \leq N$, les composantes de f et u dans la base canonique de $\mathbb{R}^N$. En ajoutant une condition aux limites de Dirichlet sur $\partial\Omega_D$ (qui traduit le fait que le solide est supposé fixé et immobilisé sur cette partie du bord), et en utilisant des notations vectorielles, le problème aux limites considéré est

$$
\begin{cases}
-\operatorname{div}\left(2\mu e(u) + \lambda \operatorname{tr}(e(u))I\right) = f & \text{dans } \Omega \\
u = 0 & \text{sur } \partial\Omega_D \\
\sigma n = g & \text{sur } \partial\Omega_N.
\end{cases}
\tag{2.25}
$$

Nous avons choisi ici des conditions aux limites **mêlées** qui sont de Dirichlet sur $\partial\Omega_D$ et de Neumann sur $\partial\Omega_N$. Là où $g = 0$, aucune force ne s'applique et le bord peut bouger sans restriction : on dit que le bord est libre.

2.3.2 Analyse

On applique l'approche variationnelle pour démontrer l'existence et l'unicité de la solution du système de l'élasticité linéarisée.

Théorème 2.24. *Soit Ω un ouvert borné connexe régulier de $\mathbb{R}^N$. Soit $f \in L^2(\Omega)^N$ et $g \in L^2(\partial\Omega_N)^N$. On définit l'espace*

$$
V = \left\{ v \in H^1(\Omega)^N \text{ tel que } v = 0 \text{ sur } \partial\Omega_D \right\}.
\tag{2.26}
$$

Il existe une unique solution $u \in V$ de (2.25) qui dépend linéairement et continûment des données f et g.

Démonstration. Pour trouver la formulation variationnelle on multiplie chaque équation (2.24) par une fonction test v_i (qui s'annule sur le bord $\partial\Omega_D$ pour prendre en compte la condition aux limites de Dirichlet) et on intègre par parties pour obtenir

$$
\int_\Omega \mu \sum_{j=1}^N \left(\frac{\partial u_i}{\partial x_j} + \frac{\partial u_j}{\partial x_i} \right) \frac{\partial v_i}{\partial x_j}\,dx + \int_\Omega \lambda \operatorname{div} u \frac{\partial v_i}{\partial x_i}\,dx = \int_\Omega f_i v_i\,dx + \int_{\partial\Omega_N} g_i v_i\,ds.
$$

On somme alors ces équations, pour i allant de 1 à N, afin de faire apparaître la divergence de la fonction $v = (v_1, ..., v_N)$ et de simplifier la première intégrale car

$$
\sum_{i,j=1}^N \left(\frac{\partial u_i}{\partial x_j} + \frac{\partial u_j}{\partial x_i} \right) \frac{\partial v_i}{\partial x_j} = \frac{1}{2} \sum_{i,j=1}^N \left(\frac{\partial u_i}{\partial x_j} + \frac{\partial u_j}{\partial x_i} \right) \left(\frac{\partial v_i}{\partial x_j} + \frac{\partial v_j}{\partial x_i} \right) = 2e(u) \cdot e(v).
$$

On obtient alors la formulation variationnelle : trouver $u \in V$ tel que

$$
\int_\Omega 2\mu e(u) \cdot e(v)\,dx + \int_\Omega \lambda \operatorname{div} u \operatorname{div} v\,dx = \int_\Omega f \cdot v\,dx + \int_{\partial\Omega_N} g \cdot v\,ds \;\; \forall v \in V.
\tag{2.27}
$$

Pour pouvoir appliquer le Théorème de Lax-Milgram 2.14 à la formulation variationnelle (2.27), la seule hypothèse délicate à vérifier est la coercivité de la forme bilinéaire. Tout d'abord, on montre que

$$\int_{\Omega} 2\mu |e(v)|^2 dx + \int_{\Omega} \lambda |\mathrm{div}v|^2 dx \geq \nu \int_{\Omega} |e(v)|^2 dx,$$

avec $\nu = \min(2\mu, (2\mu + N\lambda)) > 0$. Pour cela, on utilise une décomposition orthogonale de toute matrice réelle symétrique A sous la forme

$$A = A^d + A^h \text{ avec } A^d = A - \frac{1}{N}(\mathrm{tr}\,A)I \text{ et } A^h = \frac{1}{N}(\mathrm{tr}\,A)I,$$

qui vérifie $A^d \cdot A^h = 0$ et $|A|^2 = |A^d|^2 + |A^h|^2$ (avec $A \cdot B = \sum_{i,j=1}^{N} a_{ij}b_{ij}$). On a alors

$$2\mu |A|^2 + \lambda (\mathrm{tr}\,A)^2 = 2\mu |A^d|^2 + (2\mu + N\lambda)|A^h|^2 \geq \nu |A|^2$$

avec $\nu = \min(2\mu, (2\mu + N\lambda))$, ce qui donne le résultat pour $A = e(u)$. Puis on utilise l'inégalité de Korn (voir le Lemme 2.25 ci-dessous) pour obtenir

$$\int_{\Omega} 2\mu |e(v)|^2 dx + \int_{\Omega} \lambda |\mathrm{div}v|^2 dx \geq \nu \int_{\Omega} |e(v)|^2 dx \geq C\|v\|_{H^1(\Omega)}^2$$

pour tout $v \in V$. Le Théorème de Lax-Milgram 2.14 donne donc l'existence et l'unicité de la solution de la formulation variationnelle (2.27). Finalement, pour montrer que la solution unique de (2.27) est bien une solution du problème aux limites (2.25), on procède comme lors de la démonstration du Théorème 2.16.   □

Lemme 2.25 (Inégalité de Korn). *Soit Ω un ouvert borné, connexe, et régulier de $\mathbb{R}^N$. On suppose que la mesure superficielle de $\partial\Omega_D$ est non nulle. Alors, il existe une constante $C > 0$ telle que, pour tout $v \in V$, défini par (2.26), on a*

$$\|v\|_{H^1(\Omega)} \leq C\|e(v)\|_{L^2(\Omega)}. \tag{2.28}$$

L'hypothèse cruciale dans le Lemme 2.25 est que les fonctions de V s'annulent sur $\partial\Omega_D$. En effet, cette hypothèse élimine les **mouvements de corps rigides** c'est-à-dire les déplacements v non nuls mais de déformation $e(v)$ nulle. Rappelons le résultat classique suivant sur ces mouvements de corps rigides.

Lemme 2.26. *Soit Ω un ouvert connexe de $\mathbb{R}^N$. Soit l'ensemble $\mathcal{R}$ des "mouvements rigides" de Ω défini par*

$$\mathcal{R} = \left\{ v(x) = b + Mx \text{ avec } b \in \mathbb{R}^N, M = -M^t \text{ matrice antisymétrique} \right\}. \tag{2.29}$$

Alors $v \in H^1(\Omega)^N$ vérifie $e(v) = 0$ dans Ω si et seulement si $v \in \mathcal{R}$.

Remarque 2.27. Soit Ω un ouvert borné connexe de $\mathbb{R}^N$. On considère le système de l'élasticité avec une condition de Neumann partout (i.e. $\partial\Omega = \partial\Omega_N$ et $\partial\Omega_D = \emptyset$). Alors la condition d'équilibre,

$$\int_\Omega f \cdot v \, dx + \int_{\partial\Omega} g \cdot v \, ds = 0 \quad \forall v \in \mathcal{R},$$

où $\mathcal{R}$ est l'ensemble des mouvements rigides défini par (2.29), est une condition nécessaire et suffisante d'existence et d'unicité d'une solution dans $H^1(\Omega)^N$ (l'unicité étant obtenue "à un mouvement de corps rigide" près dans $\mathcal{R}$). •

Nous avons déjà dit que la formulation variationnelle n'est rien d'autre que le principe des travaux virtuels en mécanique. Poursuivant cette analogie, l'espace V est l'espace des déplacements v cinématiquement admissibles, et l'espace des tenseurs symétriques $\sigma \in L^2(\Omega)^{N^2}$, tels que $-\mathrm{div}\,\sigma = f$ dans Ω et $\sigma n = g$ sur $\partial\Omega_N$, est celui des tenseurs de contraintes statiquement admissibles. Par application de la Proposition 2.15 la solution de la formulation variationnelle (2.27) réalise le minimum de l'énergie mécanique.

Proposition 2.28. *Soit $J(v)$ l'énergie définie pour $v \in V$ par*

$$J(v) = \frac{1}{2}\int_\Omega \left(2\mu|e(v)|^2 + \lambda|\mathrm{div}v|^2\right) dx - \int_\Omega f \cdot v \, dx - \int_{\partial\Omega_N} g \cdot v \, ds. \quad (2.30)$$

Soit $u \in V$ la solution unique de la formulation variationnelle (2.27). Alors u est aussi l'unique point de minimum de l'énergie, c'est-à-dire que

$$J(u) = \min_{v \in V} J(v).$$

Réciproquement, si $u \in V$ est un point de minimum de l'énergie $J(v)$, alors u est la solution unique de la formulation variationnelle (2.27).

On peut aussi définir une énergie duale ou complémentaire pour l'élasticité

$$\begin{cases} \min_{\substack{\tau \in L^2(\Omega)^{N \times N} \\ -\mathrm{div}\tau = f \text{ dans } \Omega \\ \tau n = g \text{ sur } \partial\Omega_N}} & \left\{ G(\tau) = -\frac{1}{2}\int_\Omega |\tau|^2 dx \right\}, \end{cases}$$

et on obtient les mêmes résultats que dans le Théorème 2.22.

2.4 Éléments finis

2.4.1 Approximation variationnelle interne

On considère une formulation variationnelle générale

$$\text{Trouver } u \in V \text{ tel que } a(u,v) = L(v) \quad \forall v \in V, \qquad (2.31)$$

où V est un espace de Hilbert, $a(u,v)$ une forme bilinéaire continue et coercive, et $L(v)$ une forme linéaire continue. Une **approximation variationnelle interne** de (2.31) consiste à remplacer l'espace de Hilbert V par un sous-espace de dimension finie V_h, c'est-à-dire à chercher la solution de

$$\text{Trouver } u_h \in V_h \text{ tel que } a(u_h, v_h) = L(v_h) \quad \forall v_h \in V_h. \qquad (2.32)$$

La résolution de (2.32) est facile comme le montre le lemme suivant. Le principe de la méthode des éléments finis est de construire des sous-espaces V_h adéquats.

Lemme 2.29. *On suppose que V_h est un sous-espace de dimension finie de V. L'approximation variationnelle interne (2.32) admet une unique solution u_h qui s'obtient en résolvant un système linéaire de matrice définie positive (et symétrique si $a(u,v)$ est symétrique).*

Démonstration. On introduit une base $(\phi_j)_{1 \leq j \leq N_h}$ de V_h. On pose $u_h = \sum_{j=1}^{N_h} u_j \phi_j$, avec $U_h = (u_1, ..., u_{N_h}) \in \mathbb{R}^{N_h}$. Le problème (2.32) est équivalent à

$$\text{Trouver } U_h \in \mathbb{R}^{N_h} \text{ tel que } a \left(\sum_{j=1}^{N_h} u_j \phi_j, \phi_i \right) = L(\phi_i) \quad \forall 1 \leq i \leq N_h,$$

ce qui s'écrit sous la forme d'un système linéaire

$$\mathcal{K}_h U_h = b_h, \qquad (2.33)$$

où la matrice $\mathcal{K}_h$, dite de **rigidité**, est définie par

$$(\mathcal{K}_h)_{ij} = a(\phi_j, \phi_i), \quad (b_h)_i = L(\phi_i) \quad 1 \leq i, j \leq N.$$

La coercivité de la forme bilinéaire $a(u,v)$ entraîne le caractère défini positif de la matrice de rigidité $\mathcal{K}_h$ qui est donc inversible. De même, la symétrie de $a(u,v)$ implique celle de $\mathcal{K}_h$. $\square$

2.4.2 Éléments finis $\mathbb{P}_1$ en dimension $N = 1$

Pour simplifier l'exposition nous commençons par présenter la méthode des éléments finis $\mathbb{P}_1$ en une dimension d'espace. Sans perte de généralité nous choisissons le domaine $\Omega =]0, 1[$. On commence par construire un maillage qui, en dimension 1, est simplement une collection de points $(x_j)_{0 \leq j \leq n+1}$ tels que

$$x_0 = 0 < x_1 < ... < x_n < x_{n+1} = 1.$$

Le maillage sera dit uniforme si les points x_j sont équidistants, c'est-à-dire que

$$x_j = jh \quad \text{avec} \quad h = \frac{1}{n+1}, \ 0 \le j \le n+1.$$

Les points x_j sont aussi appelés les sommets du maillage. Nous considérons le problème modèle suivant

$$\begin{cases} -u'' = f \text{ dans }]0,1[\\ u(0) = u(1) = 0, \end{cases} \tag{2.34}$$

dont nous savons qu'il admet une solution unique dans $H_0^1(]0,1[)$ si $f \in L^2(]0,1[)$. La méthode des éléments finis $\mathbb{P}_1$ repose sur l'espace discret (ou d'approximation) suivant

$$V_{0h} = \{v \in V_h \text{ tel que } v(0) = v(1) = 0\} \tag{2.35}$$

qui est bien un sous-espace de dimension finie de $H_0^1(]0,1[)$. La méthode des éléments finis $\mathbb{P}_1$ est alors simplement la méthode d'approximation variationnelle interne appliquée à V_{0h}. Cet espace est aussi appelé **espace d'éléments finis de Lagrange d'ordre 1**. Par définition, les fonctions de V_{0h} sont continues et affines par morceaux sur $[0,1]$. On peut donc les représenter à l'aide de fonctions de base très simples. Introduisons la "fonction chapeau" ϕ définie par

$$\phi(x) = \begin{cases} 1 - |x| & \text{si } |x| \le 1, \\ 0 & \text{si } |x| > 1. \end{cases}$$

Si le maillage est uniforme, pour $0 \le j \le n+1$ on définit les fonctions de base

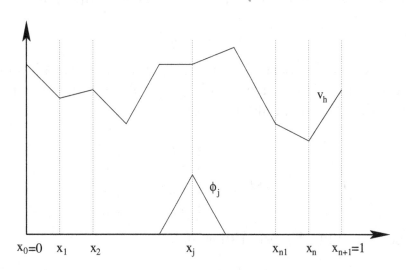

Fig. 2.3. Maillage de $\Omega =]0,1[$ et fonction de base en éléments finis $\mathbb{P}_1$.

(voir la Figure 2.3)

$$\phi_j(x) = \phi\left(\frac{x - x_j}{h}\right). \tag{2.36}$$

On vérifie alors sans peine que V_{0h} est un sous-espace de $H_0^1(]0,1[)$ de dimension n. L'intérêt de cette base est qu'elle permet de caractériser de manière unique toute fonction v_h de V_{0h} par ses valeurs aux sommets $(x_j)_{1\leq j\leq n}$; autrement dit, pour tout $x \in [0,1]$

$$v_h(x) = \sum_{j=1}^{n} v_h(x_j)\phi_j(x).$$

Décrivons la **résolution pratique** du problème de Dirichlet (2.34) par la méthode des éléments finis $\mathbb{P}_1$. La formulation variationnelle (2.32) de l'approximation interne devient ici :

trouver $u_h \in V_{0h}$ tel que $\int_0^1 u_h'(x)v_h'(x)\,dx = \int_0^1 f(x)v_h(x)\,dx \ \forall\, v_h \in V_{0h}.$
$$(2.37)$$

On décompose u_h sur la base des $(\phi_j)_{1\leq j\leq n}$ et on prend $v_h = \phi_i$ ce qui donne

$$\sum_{j=1}^{n} u_h(x_j) \int_0^1 \phi_j'(x)\phi_i'(x)\,dx = \int_0^1 f(x)\phi_i(x)\,dx.$$

En notant $U_h = (u_h(x_j))_{1\leq j\leq n}$,

$$\mathcal{K}_h = \left(\int_0^1 \phi_j'(x)\phi_i'(x)\,dx\right)_{1\leq i,j\leq n}, b_h = \left(\int_0^1 f(x)\phi_i(x)\,dx\right)_{1\leq i\leq n},$$

la formulation variationnelle dans V_{0h} revient à résoudre dans $\mathbb{R}^n$ le système linéaire
$$\mathcal{K}_h U_h = b_h.$$

Comme les fonctions de base ϕ_j ont un "petit" support, l'intersection des supports de ϕ_j et ϕ_i est souvent vide et la plupart des coefficients de la matrice de rigidité $\mathcal{K}_h$ sont nuls. Pour un maillage uniforme un calcul simple montre que

$$\int_0^1 \phi_j'(x)\phi_i'(x)\,dx = \begin{cases} -h^{-1} & \text{si } j = i-1 \\ 2h^{-1} & \text{si } j = i \\ -h^{-1} & \text{si } j = i+1 \\ 0 & \text{sinon} \end{cases}$$

et la matrice de rigidité $\mathcal{K}_h$ est tridiagonale

$$\mathcal{K}_h = h^{-1}\begin{pmatrix} 2 & -1 & & & 0 \\ -1 & 2 & -1 & & \\ & \ddots & \ddots & \ddots & \\ & & -1 & 2 & -1 \\ 0 & & & -1 & 2 \end{pmatrix}.$$
$$(2.38)$$

Pour obtenir le second membre b_h il faut calculer les intégrales

$$(b_h)_i = \int_{x_{i-1}}^{x_{i+1}} f(x)\phi_i(x)\,dx \quad \text{si } 1 \le i \le n.$$

L'évaluation exacte du second membre b_h peut être coûteuse ou impossible si la fonction f est compliquée. En pratique on a recours à des **formules de quadrature** (ou formules d'intégration numérique) qui donnent une approximation des intégrales définissant b_h. Par exemple, on peut utiliser la formule des "trapèzes"

$$\frac{1}{x_{i+1} - x_i} \int_{x_i}^{x_{i+1}} \psi(x)\,dx \approx \frac{1}{2}\left(\psi(x_{i+1}) + \psi(x_i)\right),$$

qui est exacte pour les fonctions ψ affines, et approchée avec un reste de l'ordre de $\mathcal{O}(h^2)$ en général.

Remarque 2.30. Indiquons rapidement les modifications à apporter à la mise en oeuvre de la méthode des éléments finis $\mathbb{P}_1$ pour un problème de Neumann

$$\begin{cases} -u'' + au = f \text{ dans }]0,1[\\ u'(0) = \alpha, u'(1) = \beta, \end{cases} \tag{2.39}$$

avec $\alpha, \beta \in \mathbb{R}$, $a \in L^\infty(]0,1[)$ tel que $a(x) \ge a_0 > 0$ p.p. dans $]0,1[$, et $f \in L^2(]0,1[)$. On introduit le sous-espace suivant de $H^1(]0,1[)$

$$V_h = \left\{ v \in C([0,1]) \text{ tel que } v\big|_{[x_j,x_{j+1}]} \in \mathbb{P}_1 \text{ pour tout } 0 \le j \le n \right\}, \tag{2.40}$$

qui admet une base de dimension $(n+2)$, $(\phi_j)_{0 \le j \le n+1}$. En décomposant u_h sur cette base, la formulation variationnelle (2.32) de l'approximation interne revient à résoudre dans $\mathbb{R}^{n+2}$ le système linéaire $\mathcal{K}_h U_h = b_h$, avec $U_h = (u_h(x_j))_{0 \le j \le n+1}$,

$$\mathcal{K}_h = \left(\int_0^1 \left(\phi_j'(x)\phi_i'(x) + a(x)\phi_j(x)\phi_i(x) \right)\,dx \right)_{0 \le i,j \le n+1},$$

et

$$(b_h)_i = \int_0^1 f(x)\phi_i(x)\,dx \quad \text{si } 1 \le i \le n,$$
$$(b_h)_0 = \int_0^1 f(x)\phi_0(x)\,dx - \alpha,$$
$$(b_h)_{n+1} = \int_0^1 f(x)\phi_{n+1}(x)\,dx + \beta.$$

Lorsque $a(x)$ n'est pas une fonction constante, il est aussi nécessaire en pratique d'utiliser des formules de quadrature pour évaluer les coefficients de la matrice $\mathcal{K}_h$ (comme nous l'avons fait dans l'exemple précédent pour le second membre b_h).   ●

2.4.3 Éléments finis en dimension $N \geq 2$

Nous nous plaçons maintenant en dimension d'espace $N \geq 2$ (en pratique $N = 2, 3$). Nous considérons le problème modèle de Dirichlet

$$\begin{cases} -\Delta u = f & \text{dans } \Omega \\ u = 0 & \text{sur } \partial\Omega, \end{cases} \tag{2.41}$$

dont nous savons qu'il admet une solution unique dans $H_0^1(\Omega)$, si $f \in L^2(\Omega)$.

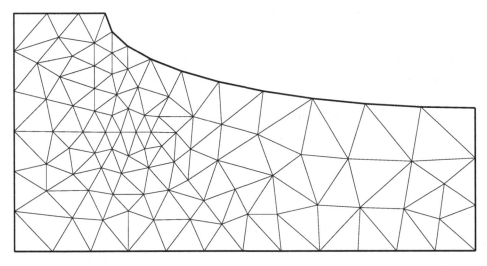

Fig. 2.4. Exemple de maillage triangulaire en dimension $N = 2$.

Nous supposons que le domaine Ω est polyédrique, c'est-à-dire qu'il est une réunion finie d'intersections finies de demi-espaces de $\mathbb{R}^N$. La raison de cette hypothèse est qu'il n'est possible de mailler exactement que de tels ouverts.

Définition 2.31. *Soit Ω un ouvert connexe polyédrique de $\mathbb{R}^N$ ($N = 2, 3$). Un **maillage** de $\overline{\Omega}$ est un ensemble $\mathcal{T}_h$ de triangles ($N = 2$) ou tétraèdres ($N = 3$) non plats $(K_i)_{1 \leq i \leq n}$ qui vérifient (voir la Figure 2.4)*

1. $K_i \subset \overline{\Omega}$ et $\overline{\Omega} = \cup_{i=1}^n K_i$,

*2. l'intersection $K_i \cap K_j$ est soit vide, soit réduite à un sommet commun, soit une face commune **entière**, soit une arête commune entière (lorsque $N = 3$).*

Les sommets (ou noeuds) du maillage $\mathcal{T}_h$ sont les sommets des triangles ou tétraèdres K_i qui le composent. Par convention, le paramètre h désigne le maximum des diamètres des K_i.

Rappelons qu'un triangle a 3 sommets et un tétraèdre 4, que l'on note $(a_j)_{1 \leq j \leq N+1}$. Dans un triangle ou tétraèdre K (non plat) il est commode d'utiliser des coordonnées barycentriques, définies pour un point $x \in \mathbb{R}^N$ par

$$\begin{cases} \sum_{j=1}^{N+1} a_{i,j}\lambda_j = x_i & \text{pour } 1 \leq i \leq N, \\ \sum_{j=1}^{N+1} \lambda_j = 1. \end{cases} \tag{2.42}$$

Remarquons que les fonctions $x \to \lambda_j(x)$ sont affines. On vérifie alors que

$$K = \big\{ x \in \mathbb{R}^N \text{ tel que } \lambda_j(x) \geq 0 \ \text{ pour } 1 \leq j \leq N+1 \big\}.$$

Nous définissons maintenant l'ensemble $\mathbb{P}_k$ des polynômes à coefficients réels de $\mathbb{R}^N$ dans $\mathbb{R}$ de degré inférieur ou égal à k, c'est-à-dire que tout $p \in \mathbb{P}_k$ s'écrit sous la forme

$$p(x) = \sum_{\substack{i_1,\ldots,i_N \geq 0 \\ i_1+\ldots+i_N \leq k}} \alpha_{i_1,\ldots,i_N} x_1^{i_1} \cdots x_N^{i_N} \ \text{ avec } \ x = (x_1,\ldots,x_N).$$

En pratique, on utilise surtout des polynômes de degré 1 ou 2. Dans ce cas on a les caractérisations suivantes de $\mathbb{P}_1$ et $\mathbb{P}_2$ dans un élément K à l'aide des coordonnées barycentriques $(\lambda_j(x))_{1 \leq j \leq N+1}$.

Lemme 2.32. *Tout polynôme $p \in \mathbb{P}_1$ se met sous la forme*

$$p(x) = \sum_{j=1}^{N+1} p(a_j)\lambda_j(x),$$

où les $(a_j)_{1 \leq j \leq N+1}$ sont les sommets de K.

Lemme 2.33. *Tout polynôme $p \in \mathbb{P}_2$ se met sous la forme*

$$p(x) = \sum_{j=1}^{N+1} p(a_j)\lambda_j(x)\,(2\lambda_j(x) - 1) + \sum_{1 \leq j < j' \leq N+1} 4p(a_{jj'})\lambda_j(x)\lambda_{j'}(x),$$

où les $(a_j)_{1 \leq j \leq N+1}$ sont les sommets de K, et les $(a_{jj'})_{1 \leq j < j' \leq N+1}$ sont les "points milieux" des arêtes de K définis par leur coordonnées barycentriques

$$\lambda_j(a_{jj'}) = \lambda_{j'}(a_{jj'}) = \frac{1}{2}, \quad \lambda_l(a_{jj'}) = 0 \text{ pour } l \neq j, j'.$$

Nous avons maintenant tous les outils pour définir la méthode des éléments finis $\mathbb{P}_k$.

Définition 2.34. *Étant donné un maillage $\mathcal{T}_h$ d'un ouvert connexe polyédrique Ω, la méthode des éléments finis $\mathbb{P}_k$, ou **éléments finis triangulaires de Lagrange d'ordre** k, associée à ce maillage, est définie par l'espace discret*

$$V_h = \big\{ v \in C(\overline{\Omega}) \text{ tel que } v|_{K_i} \in \mathbb{P}_k \text{ pour tout } K_i \in \mathcal{T}_h \big\}. \tag{2.43}$$

*On appelle noeuds des **degrés de liberté** l'ensemble des sommets du maillage si $k=1$, et l'ensemble des sommets et des points milieux si $k=2$, et on les note $(\hat{a}_i)_{1 \leq i \leq n_{dl}}$ avec n_{dl} le nombre de degrés de liberté. On appelle degrés de liberté d'une fonction $v \in V_h$ l'ensemble des valeurs de v en ces noeuds $(\hat{a}_i)_{1 \leq i \leq n_{dl}}$.*

L'appellation **éléments finis de Lagrange** correspond aux éléments finis dont les degrés de liberté sont des valeurs ponctuelles des fonctions de l'espace V_h. Le résultat suivant montre qu'on peut caractériser les fonctions de V_h par leurs degrés de liberté.

Proposition 2.35. *L'espace V_h, défini par (2.43), est un sous-espace de $H^1(\Omega)$ dont la dimension est finie, égale au nombre de degrés de liberté. De plus, il existe une base de V_h $(\phi_i)_{1 \leq i \leq n_{dl}}$ définie par*

$$\phi_i(\hat{a}_j) = \delta_{ij} \quad 1 \leq i, j \leq n_{dl},$$

telle que

$$v(x) = \sum_{i=1}^{n_{dl}} v(\hat{a}_i)\phi_i(x).$$

Décrivons la **résolution pratique** du problème de Dirichlet (2.41) par la méthode des éléments finis $\mathbb{P}_k$. À cause de la condition aux limites on utilise plutôt le sous-espace V_{0h} défini par

$$V_{0h} = \{v \in V_h \text{ tel que } v = 0 \text{ sur } \partial\Omega\}.$$

En décomposant u_h sur la base $(\phi_j)_{1 \leq j \leq n_{dl}}$ de V_{0h}, l'approximation variationnelle interne (2.32) devient

$$\sum_{j=1}^{n_{dl}} u_h(\hat{a}_j) \int_\Omega \nabla\phi_j \cdot \nabla\phi_i \, dx = \int_\Omega f\phi_i \, dx \quad \forall 1 \leq i \leq n_{dl}.$$

En notant $U_h = (u_h(\hat{a}_j))_{1 \leq j \leq n_{dl}}$,

$$\mathcal{K}_h = \left(\int_\Omega \nabla\phi_j \cdot \nabla\phi_i \, dx\right)_{1 \leq i,j \leq n_{dl}}, b_h = \left(\int_\Omega f\phi_i \, dx\right)_{1 \leq i \leq n_{dl}},$$

la formulation variationnelle dans V_{0h} revient à résoudre dans $\mathbb{R}^{n_{dl}}$ le système linéaire

$$\mathcal{K}_h U_h = b_h.$$

Comme les fonctions de base ϕ_j ont un "petit" support autour du noeud $\hat{a}_i$ (voir la Figure 2.5), l'intersection des supports de ϕ_j et ϕ_i est souvent vide et la plupart des coefficients de la matrice de rigidité $\mathcal{K}_h$ sont nuls.

Pour calculer les coefficients de $\mathcal{K}_h$ ou du second membre b_h, on utilise des **formules de quadrature** (ou formules d'intégration numérique) comme, par exemple, la formule des "trapèzes"

$$\int_K \psi(x) \, dx \approx \frac{\text{Volume}(K)}{N+1} \sum_{i=1}^{N+1} \psi(a_i), \tag{2.44}$$

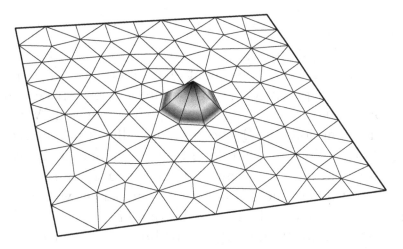

Fig. 2.5. Fonction de base $\mathbb{P}_1$ en dimension $N = 2$.

qui est exacte pour des fonctions affines et approchée à l'ordre 2 en h pour des fonctions régulières.

La construction de la matrice de rigidité $\mathcal{K}_h$ est appelée **assemblage de la matrice**. La mise en oeuvre informatique de cette étape du calcul peut être assez compliquée, mais son coût en terme de temps de calcul est faible. Ce n'est pas le cas de la résolution du système linéaire $\mathcal{K}_h U_h = b_h$ qui est l'étape la plus coûteuse de la méthode en temps de calcul (et en place mémoire). En particulier, les calculs tridimensionnels sont encore très chers de nos jours dès que l'on utilise des maillages fins (c'est-à-dire avec n_{dl} grand). On peut démontrer la convergence de la méthode des éléments finis.

Théorème 2.36. *Soit $(\mathcal{T}_h)_{h>0}$ une suite de maillages réguliers (voir [1] pour une définition précise) de Ω. Soit $u \in H_0^1(\Omega)$, la solution du problème de Dirichlet (2.41), et $u_h \in V_{0h}$, celle de son approximation interne (2.32) par la méthode des éléments finis $\mathbb{P}_k$. Alors la méthode des éléments finis $\mathbb{P}_k$ converge, c'est-à-dire que*

$$\lim_{h \to 0} \|u - u_h\|_{H^1(\Omega)} = 0. \tag{2.45}$$

De plus, si $u \in H^{k+1}(\Omega)$ et si $k + 1 > N/2$, alors on a l'estimation d'erreur

$$\|u - u_h\|_{H^1(\Omega)} \le C h^k \|u\|_{H^{k+1}(\Omega)}, \tag{2.46}$$

où C est une constante indépendante de h et de u.

Remarque 2.37. Si le domaine Ω est de type rectangulaire, on peut le mailler par des rectangles (plus précisément des pavés $\prod_{j=1}^N [l_j, L_j]$ avec $l_j < L_j$) plutôt que par des triangles et utiliser une méthode d'éléments finis de type Lagrange, dits éléments finis $\mathbb{Q}_k$. Un maillage rectangulaire est un ensemble $\mathcal{T}_h$ de rectangles $(K_i)_{1 \le i \le n}$ qui forment une partition conforme de Ω au sens de la Définition 2.31.

On définit l'ensemble $\mathbb{Q}_k$ des polynômes à coefficients réels de $\mathbb{R}^N$ dans $\mathbb{R}$ de degré inférieur ou égal à k **par rapport à chaque variable**, c'est-à-dire que tout $p \in \mathbb{Q}_k$ s'écrit sous la forme

$$p(x) = \sum_{0 \le i_1 \le k, \dots, 0 \le i_N \le k} \alpha_{i_1, \dots, i_N} x_1^{i_1} \cdots x_N^{i_N} \text{ avec } x = (x_1, \dots, x_N).$$

Remarquons que le degré total de p peut être supérieur à k, ce qui différencie l'espace $\mathbb{Q}_k$ de $\mathbb{P}_k$. En pratique, on utilise surtout les espaces $\mathbb{Q}_1$ et $\mathbb{Q}_2$. La Figure 2.6 montre une fonction de base $\mathbb{Q}_1$ en dimension $N = 2$ (on peut y vérifier que les fonctions de $\mathbb{Q}_1$ ne sont pas affines par morceaux comme celles de $\mathbb{P}_1$). On vérifie sans peine que tout polynôme de $\mathbb{Q}_1$ est déterminé de manière unique par ses valeurs aux sommets d'un rectangle K, et que tout polynôme de $\mathbb{Q}_2$ est déterminé de manière unique par ses valeurs aux sommets et aux points milieux de coordonnées telles que $(x_j - l_j)/(L_j - l_j) = 0, \frac{1}{2}, 1$.

La méthode des éléments finis $\mathbb{Q}_k$ est définie par l'espace discret

$$V_h = \left\{ v \in C(\overline{\Omega}) \text{ tel que } v|_{K_i} \in \mathbb{Q}_k \text{ pour tout } K_i \in \mathcal{T}_h \right\}. \tag{2.47}$$

On appelle noeuds des **degrés de liberté** l'ensemble $(\hat{a}_i)_{1 \le i \le n_{dl}}$ des sommets du maillage si $k = 1$, et des sommets et des points milieux si $k = 2$. Il est facile de vérifier que V_h est un sous-espace de $H^1(\Omega)$ dont la dimension est le nombre de degrés de liberté n_{dl} et d'exhiber une base de V_h définie par $\phi_i(\hat{a}_j) = \delta_{ij}$ pour $1 \le i, j \le n_{dl}$. •

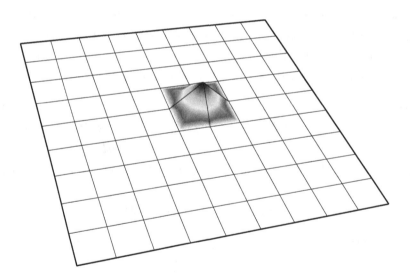

Fig. 2.6. Fonction de base $\mathbb{Q}_1$ en dimension $N = 2$.

2.5 Bibliographie

Le contenu de ce chapitre est très classique et des compléments peuvent être trouvés dans tout ouvrage ayant trait à l'analyse numérique. Par exemple, le lecteur désireux d'en savoir plus pourra se reporter à [1]. Pour les aspects les plus théoriques on pourra aussi consulter [28], et pour les aspects plus numériques [47], [121], [148], sans oublier la très complète encyclopédie [55].

3

Rappels d'optimisation

3.1 Minimisation

Ce chapitre est principalement constitué de rappels sur la théorie de l'optimisation (voir [1], [26], [27], [34], [53] pour plus de détails). Les résultats sont donnés sans démonstration.

3.1.1 Définitions et notations

Soit V un espace de Banach, c'est-à-dire que V est un espace vectoriel muni d'une norme, notée $\|v\|$, et V est complet pour la topologie induite par cette norme (toute suite de Cauchy est convergente). On considère un sous-ensemble $K \subset V$ où l'on va chercher la solution : on dit que K est l'ensemble des éléments **admissibles** du problème, ou bien que K définit les **contraintes** s'exerçant sur le problème considéré. Enfin, on veut minimiser un **critère**, ou une **fonction coût**, ou une **fonction objectif**, J, définie sur K à valeurs dans $\mathbb{R}$. Le problème de minimisation considéré est donc

$$\inf_{v \in K \subset V} J(v). \tag{3.1}$$

La notation (3.1) désigne aussi l'infimum de J sur K (ou, plus couramment, sa valeur minimum), c'est-à-dire la borne supérieure dans $\mathbb{R}$ des constantes qui minorent J sur K. Si J n'est pas minorée sur K, alors la valeur de (3.1) est $-\infty$. Si K est vide, par convention la valeur de (3.1) est $+\infty$.

Lorsque l'on utilise la notation inf pour un problème de minimisation, cela indique que l'on ne sait pas, a priori, si la valeur du minimum est atteinte, c'est-à-dire s'il existe $\overline{v} \in K$ tel que

$$J(\overline{v}) = \inf_{v \in K \subset V} J(v).$$

Si l'on veut indiquer que la valeur du minimum est atteinte, on utilise de préférence la notation

$$\min_{v \in K \subset V} J(v),$$

mais il ne s'agit pas d'une convention universelle (quoique fort répandue). Pour les problèmes de maximisation, les notations sup et max remplacent inf et min, respectivement. Précisons quelques définitions de base.

Définition 3.1. *On dit que u est un minimum (ou un point de minimum) local de J sur K si et seulement si*

$$u \in K \quad et \quad \exists \delta > 0 , \; \forall v \in K , \; \|v - u\| < \delta \Longrightarrow J(v) \geq J(u).$$

On dit que u est un minimum (ou un point de minimum) global de J sur K si et seulement si

$$u \in K \quad et \quad J(v) \geq J(u) \quad \forall v \in K.$$

Par définition de l'infimum (ou valeur minimum) de J sur K il existe toujours ce qu'on appelle des suites minimisantes.

Définition 3.2. *Une suite minimisante du critère J sur l'ensemble K est une suite $(u^n)_{n \in \mathbb{N}}$ telle que*

$$u^n \in K \; \forall n \quad et \quad \lim_{n \to +\infty} J(u^n) = \inf_{v \in K} J(v).$$

3.1.2 Existence d'un minimum

Lorsque V est de dimension finie on dispose d'un résultat d'existence de minima bien connu.

Théorème 3.3. *Soit V un espace vectoriel normé de **dimension finie**. Soit K un ensemble fermé non vide de V, et J une fonction continue sur K à valeurs dans $\mathbb{R}$ vérifiant la propriété, dite "infinie à l'infini",*

$$\forall (u^n)_{n \geq 0} \text{ suite dans } K , \; \lim_{n \to +\infty} \|u^n\| = +\infty \Longrightarrow \lim_{n \to +\infty} J(u^n) = +\infty . \quad (3.2)$$

Alors il existe au moins un point de minimum de J sur K. De plus, on peut extraire de toute suite minimisante de J sur K une sous-suite convergeant vers un point de minimum sur K.

Remarque 3.4. Notons que la propriété (3.2), qui assure que toute suite minimisante de J sur K est bornée, est automatiquement vérifiée si K est borné. Dans ce cas, l'idée principale de la démonstration du Théorème 3.3 est que les fermés bornés sont compacts en dimension finie.   •

Malheureusement, dans la plupart des situations de l'optimisation de formes, l'espace "naturel" V n'est pas de dimension finie. On ne peut pas généraliser le Théorème 3.3 car en dimension infinie les fermés bornés ne sont pas compacts! Dans ce cas les choses sont beaucoup plus compliquées comme le montre le contre-exemple suivant. Malgré son caractère simplifié, cet exemple est très représentatif de problèmes réalistes d'optimisation de formes (entre autres). On considère l'espace de Sobolev $V = H^1(0,1)$ muni de la norme $\|v\| = \left(\int_0^1 \left(v'(x)^2 + v(x)^2\right) dx\right)^{1/2}$. On pose $K = V$ et on étudie le problème

$$\inf_{v \in V} \left\{ J(v) = \int_0^1 \left((|v'(x)| - 1)^2 + v(x)^2\right) dx \right\}. \tag{3.3}$$

L'application J est continue sur V, et la condition (3.2) est vérifiée puisque

$$J(v) = \|v\|^2 - 2\int_0^1 |v'(x)| dx + 1 \geq \|v\|^2 - \frac{1}{2}\int_0^1 v'(x)^2 dx - 1 \geq \frac{\|v\|^2}{2} - 1.$$

Montrons que

$$\inf_{v \in V} J(v) = 0, \tag{3.4}$$

ce qui impliquera **qu'il n'existe pas de minimum de J sur V** : en effet, si (3.4) a lieu et si u était un minimum de J sur V, on devrait avoir $J(u) = 0$, d'où $u \equiv 0$ et $|u'| \equiv 1$ (presque partout) sur $(0,1)$, ce qui est impossible.

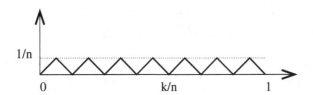

Fig. 3.1. Suite minimisante u^n pour le problème (3.3).

Pour obtenir (3.4), on construit une suite minimisante (u^n) définie pour $n \geq 1$ par

$$u^n(x) = \begin{cases} x - \dfrac{k}{n} & \text{si } \dfrac{k}{n} \leq x \leq \dfrac{2k+1}{2n}, \\[2mm] \dfrac{k+1}{n} - x & \text{si } \dfrac{2k+1}{2n} \leq x \leq \dfrac{k+1}{n}, \end{cases} \quad \text{pour } 0 \leq k \leq n-1,$$

comme le montre la Figure 3.1. On voit facilement que $u^n \in V$ et que la dérivée $(u^n)'(x)$ ne prend que deux valeurs : $+1$ et -1. Par conséquent, $J(u^n) = \int_0^1 u^n(x)^2 dx = \frac{1}{4n}$, ce qui prouve (3.4).

Pour obtenir des résultats d'existence en dimension infinie, on peut utiliser la notion de **convexité**.

Définition 3.5. *Un ensemble $K \subset V$ est dit convexe si, pour tout $x, y \in K$ et tout réel $\theta \in [0,1]$, l'élément $(\theta x + (1 - \theta)y)$ appartient à K.*

Définition 3.6. *On dit qu'une fonction J définie sur un ensemble convexe non vide $K \in V$ et à valeurs dans $\mathbb{R}$ est convexe sur K si et seulement si*

$$J(\theta u + (1 - \theta)v) \leq \theta J(u) + (1 - \theta)J(v) \quad \forall u, v \in K, \, \forall \theta \in [0, 1]. \qquad (3.5)$$

De plus, J est dite strictement convexe si l'inégalité (3.5) est stricte lorsque $u \neq v$ et $\theta \in]0, 1[$.

Pour les fonctions convexes il n'y a pas de différence entre minima locaux et globaux comme le montre le résultat élémentaire suivant.

Proposition 3.7. *Si J est une fonction convexe sur un ensemble convexe K, tout point de minimum local de J sur K est un minimum global.*

Si de plus J est strictement convexe, alors il existe au plus un point de minimum.

Nous pouvons maintenant énoncer un résultat d'existence de minimum dans le cas d'un espace de dimension infinie.

Théorème 3.8. *Soit K un convexe fermé non vide d'un espace de Banach réflexif V, et J une fonction **convexe** continue sur K, qui est "infinie à l'infini" dans K, c'est-à-dire qui vérifie la condition (3.2), à savoir,*

$$\forall (u^n)_{n \geq 0} \text{ suite dans } K, \quad \lim_{n \to +\infty} \|u^n\| = +\infty \Longrightarrow \lim_{n \to +\infty} J(u^n) = +\infty.$$

Alors il existe un minimum de J sur K. Si de plus J est strictement convexe sur K, alors son minimum dans K est unique.

Remarque 3.9. On dit qu'un espace de Banach V est réflexif si le dual de son dual, V', est V, c'est-à-dire si $(V')' = V$. Cette propriété est vérifiée par les espaces de Hilbert, les espaces $L^p(\Omega)$ ou $W^{1,p}(\Omega)$ avec $1 < p < +\infty$.

Le Théorème 3.8 reste vrai si V est le dual d'un autre espace de Banach qui est séparable (c'est-à-dire qui contient une famille dénombrable dense). C'est le cas, par exemple, pour les espaces $L^\infty(\Omega)$ et $W^{1,\infty}(\Omega)$. Le but de cette remarque est simplement de dire que le Théorème 3.8 s'applique à une très large classe d'espaces. En pratique, on pourra appliquer ce résultat à tous les espaces de Banach que nous rencontrerons dans la suite.   •

3.2 Conditions d'optimalité

Désormais (et nous ne le rappellerons plus systématiquement), nous supposerons que l'ensemble des contraintes K est un fermé non vide d'un espace de Banach V, et que le critère J est une fonction continue définie sur un ouvert contenant K à valeurs dans $\mathbb{R}$. La norme dans V est toujours notée $\|u\|$. On note V' le dual de V (c'est-à-dire l'ensemble des formes linéaires continues sur V) et $\langle f, u \rangle$ le produit de dualité entre $f \in V'$ et $u \in V$. Rappelons que si V possède un produit scalaire qui en fait un espace de Hilbert, alors le théorème de représentation de Riesz permet d'identifier V' à V et le produit de dualité n'est que le produit scalaire usuel.

3.2.1 Différentiabilité

Définition 3.10. *Soit V et W deux espaces de Banach. Soit une fonction f, définie sur un voisinage de $u \in V$ à valeurs dans W. On dit que f est* **différentiable au sens de Fréchet** *en u s'il existe une application linéaire continue L de V dans W telle que*

$$f(u + w) = f(u) + L(w) + o(w), \quad avec \quad \lim_{w \to 0} \frac{\|o(w)\|_W}{\|w\|_V} = 0. \qquad (3.6)$$

On appelle $L = f'(u)$ la différentielle (ou dérivée ou gradient) de f en u.

Lorsque $W = \mathbb{R}$, c'est-à-dire que f est une fonction à valeurs réelles, la différentielle $L = f'(u)$ est une forme linéaire continue sur V, c'est-à-dire que $L(w) = \langle f'(u), w \rangle$ où $f'(u)$ appartient au dual V'.

Dans la plupart des applications, il suffit souvent de déterminer la forme linéaire continue $L(w)$ et pas de trouver l'expression explicite de $L = f'(u)$. Le lemme suivant en est un exemple intéressant.

Lemme 3.11. *Soit a une forme bilinéaire symétrique continue sur $V \times V$. Soit ℓ une forme linéaire continue sur V. On pose $J(u) = \frac{1}{2}a(u,u) - \ell(u)$. Alors J est dérivable sur V et $J'(u)(w) = a(u,w) - \ell(w)$ pour tout $u, w \in V$.*

Remarque 3.12. Il existe d'autres notions de différentiabilité, plus faible que celle au sens de Fréchet. La notion la plus faible est celle de **dérivée directionnelle** d'une fonction f au point $u \in V$ et dans la direction $w \in V$ qui est définie comme la limite dans W (si elle existe)

$$f'(u)(w) = \lim_{\delta \searrow 0_+} \frac{f(u + \delta w) - f(u)}{\delta}. \qquad (3.7)$$

Si, de plus, la dérivée directionnelle en u existe pour tout $w \in V$ et que $w \to f'(u)(w)$ est une application linéaire continue de V dans W, alors on dit que f est **différentiable au sens de Gâteaux** en u. L'intérêt de cette notion est que la vérification de (3.7) et du caractère linéaire et continu de $f'(u)$ est plus aisée que celle de (3.6). Cependant, si une fonction dérivable au sens de Fréchet l'est aussi au sens de Gâteaux, la réciproque est fausse, même en dimension finie. Convenons que, dans ce qui suit, nous dirons qu'une fonction est dérivable lorsqu'elle l'est au sens de Fréchet, sauf mention explicite du contraire.   •

Proposition 3.13. *Soit J une application différentiable de V dans $\mathbb{R}$. Les assertions suivantes sont équivalentes*

$$J \quad est\ convexe\ sur \quad V, \qquad (3.8)$$

$$J(v) \geq J(u) + \langle J'(u), v - u \rangle \quad \forall u, v \in V, \qquad (3.9)$$

$$\langle J'(u) - J'(v), u - v \rangle \geq 0 \quad \forall u, v \in V. \qquad (3.10)$$

Remarque 3.14. La condition (3.9) a une interprétation géométrique simple. Elle signifie que la fonction convexe $J(v)$ est toujours au dessus de son plan tangent en u (considéré comme une fonction affine de v). •

Il est facile de définir la dérivée seconde d'une fonction J.

Définition 3.15. *Soit J une fonction de V dans $\mathbb{R}$. On dit que J est deux fois dérivable en $u \in V$ si J est dérivable dans un voisinage de u et si sa dérivée J', considérée comme une fonction $v \rightarrow J'(v)$ de V dans V', est dérivable en u.*

Cependant, telle qu'elle est définie la dérivée seconde est difficile à évaluer en pratique car $J''(u)w$ est un élément de V'. Heureusement, en la faisant agir sur $v \in V$ on obtient une forme bilinéaire continue sur $V \times V$. Nous laissons au lecteur le soin de prouver le résultat élémentaire suivant.

Lemme 3.16. *Si J est une fonction deux fois dérivable de V dans $\mathbb{R}$, elle vérifie*

$$J(u + w) = J(u) + \langle J'(u), w \rangle + \frac{1}{2} J''(u)(w, w) + o(\|w\|^2), \qquad (3.11)$$

avec $\lim_{w \to 0} \frac{o(\|w\|^2)}{\|w\|^2} = 0$, où $J''(u)$ est identifiée à une forme bilinéaire continue sur $V \times V$.

En pratique c'est $J''(u)(w, w)$ que l'on calcule comme le montre l'exemple suivant.

Lemme 3.17. *Soit a une forme bilinéaire symétrique continue sur $V \times V$. Soit ℓ une forme linéaire continue sur V. On pose $J(u) = \frac{1}{2} a(u, u) - \ell(u)$. Alors J est deux fois dérivable sur V et $J''(u)(v, w) = a(v, w)$ pour tout $u, v, w \in V$.*

Lorsque J est deux fois dérivable on retrouve la condition usuelle de convexité : si la dérivée seconde est positive, alors la fonction est convexe.

Lemme 3.18. *Si J est deux fois dérivable sur V, alors J est convexe sur V si et seulement si*

$$J''(u)(w, w) \geq 0 \quad \forall u, w \in V. \qquad (3.12)$$

3.2.2 Inéquation d'Euler pour des contraintes convexes

Nous formulons les conditions de minimalité pour le problème

$$\inf_{v \in K} J(v),$$

dans le cas d'un ensemble K **convexe**, où les choses sont plus simples (rappelons que nous supposons toujours que K est fermé non vide et que J est continue sur un ouvert contenant K). L'idée essentielle du résultat qui suit est que, pour tout $v \in K$, on peut tester l'optimalité de u dans la "direction admissible" $(v - u)$ car $u + \delta(v - u) \in K$ si $\delta \in [0, 1]$.

Théorème 3.19. *Soit $u \in K$ convexe. On suppose que J est différentiable en u. Si u est un point de minimum local de J sur K, alors*

$$\langle J'(u), v - u \rangle \geq 0 \quad \forall v \in K. \tag{3.13}$$

Réciproquement, si $u \in K$ vérifie (3.13) et si J est convexe, alors u est un minimum global de J sur K.

Remarque 3.20. Notons que la condition **nécessaire** (3.13), dite "inéquation d'Euler", devient donc **nécessaire et suffisante** si J est convexe. Il faut aussi remarquer que, si $K = V$, (3.13) se réduit simplement à **l'équation d'Euler** $J'(u) = 0$ puisque $v - u$ décrit tout V lorsque v parcourt V. De même, on obtient l'équation d'Euler $J'(u) = 0$ si u est intérieur à K.   •

Démonstration. Pour $v \in K$ et $\delta \in]0, 1]$, $u + \delta(v - u) \in K$, et donc

$$\frac{J(u + \delta(v - u)) - J(u)}{\delta} \geq 0. \tag{3.14}$$

On en déduit (3.13) en faisant tendre δ vers 0. La deuxième assertion du théorème découle immédiatement de (3.9).   □

On peut aussi donner une condition d'optimalité du deuxième ordre.

Proposition 3.21. *On suppose que $K = V$ et que J est deux fois dérivable en u. Si u est un point de minimum local de J, alors*

$$J'(u) = 0 \quad et \quad J''(u)(w, w) \geq 0 \quad \forall w \in V. \tag{3.15}$$

Réciproquement, si, pour tout v dans un voisinage de u,

$$J'(u) = 0 \quad et \quad J''(v)(w, w) \geq 0 \quad \forall w \in V, \tag{3.16}$$

alors u est un minimum local de J.

Démonstration. Si u est un point de minimum local, on sait déjà que $J'(u) = 0$ et la formule (3.11) nous donne (3.15). Réciproquement, si u vérifie (3.16), on écrit un développement de Taylor à l'ordre deux (au voisinage de zéro) avec reste exact pour la fonction $\phi(\delta) = J(u + \delta w)$ avec $\delta \in \mathbb{R}$ et on en déduit aisément que u est un minimum local de J (voir la Définition 3.1).   □

3.2.3 Contraintes d'égalité

On étudie maintenant les conditions de minimalité du problème

$$\inf_{v \in V, \ F(v) = 0} J(v), \tag{3.17}$$

où $F(v) = (F_1(v), ..., F_M(v))$ est une application dérivable de V dans $\mathbb{R}^M$, avec $M \geq 1$. Même si les fonctions F_i sont convexes, l'ensemble $K = \{v \in V, \ F(v) = 0\}$, défini par la contrainte dans (3.17), n'est pas convexe en général. Il est utile de définir la notion de Lagrangien.

Définition 3.22. *On appelle* **Lagrangien** *du problème (3.17) la fonction* $\mathcal{L}(v,\mu)$ *définie par*

$$\mathcal{L}(v,\mu) = J(v) + \sum_{i=1}^{M} \mu_i F_i(v) = J(v) + \mu \cdot F(v) \qquad \forall(v,\mu) \in V \times \mathbb{R}^M.$$

La nouvelle variable $\mu \in \mathbb{R}^M$ *est appelée* **multiplicateur de Lagrange** *pour la contrainte* $F(v) = 0$.

La condition **nécessaire** d'optimalité prend alors la forme suivante, dite de **stationnarité** du Lagrangien.

Théorème 3.23. *On suppose que J et les fonctions F_i, $1 \leq i \leq M$, sont continûment dérivables au voisinage de $u \in V$ tel que $F(u) = 0$. Si u est un minimum local de (3.17), et si les vecteurs $\left(F_i'(u)\right)_{1 \leq i \leq M}$ sont linéairement indépendants, alors il existe des multiplicateurs de Lagrange $\lambda_1, \dots, \lambda_M \in \mathbb{R}$, tels que*

$$\frac{\partial \mathcal{L}}{\partial v}(u,\lambda) = J'(u) + \lambda \cdot F'(u) = 0 \quad et \quad \frac{\partial \mathcal{L}}{\partial \mu}(u,\lambda) = F(u) = 0. \qquad (3.18)$$

Remarque 3.24. On peut généraliser la Définition 3.22 et le Théorème 3.23 au cas d'un nombre infini de contraintes, ou bien d'une contrainte à valeurs dans un espace de dimension infinie. Par exemple, si on suppose désormais que, dans la contrainte $F(v) = 0$, la fonction F est définie (dérivable) de V dans un autre espace de Banach W, alors le Lagrangien du problème est défini par

$$\mathcal{L}(v,\mu) = J(v) + \langle \mu, F(v) \rangle \quad \forall(v,\mu) \in V \times W'.$$

Si $u \in V$ est un minimum local de (3.17), et **si** $F'(u)$ **est surjectif** (en tant qu'application linéaire continue de V dans W), il existe un multiplicateur de Lagrange $\lambda \in W'$ tel que

$$\frac{\partial \mathcal{L}}{\partial v}(u,\lambda) = J'(u) + \langle \lambda, F'(u) \rangle = 0 \quad et \quad \frac{\partial \mathcal{L}}{\partial \mu}(u,\lambda) = F(u) = 0.$$

•

Une propriété importante du Lagrangien est la suivante (qui permet de faire "disparaître" la contrainte).

Lemme 3.25. *Le problème de minimisation (3.17) est équivalent à*

$$\inf_{v \in V, \ F(v)=0} J(v) = \inf_{v \in V} \sup_{\mu \in \mathbb{R}^M} \mathcal{L}(v,\mu). \qquad (3.19)$$

Démonstration. Si $F(v) = 0$ on a évidemment $F(v) = \mathcal{L}(v,\mu)$ pour tout $\mu \in \mathbb{R}^M$, tandis que, si $F(v) \neq 0$, alors $\sup_{\mu \in \mathbb{R}^M} \mathcal{L}(v,\mu) = +\infty$, d'où l'on déduit la relation (3.19). $\square$

3.2.4 Contraintes d'inégalité

On étudie maintenant les conditions de minimalité du problème

$$\inf_{v \in V,\ F(v) \leq 0} J(v), \tag{3.20}$$

où $F(v) \leq 0$ signifie que $F_i(v) \leq 0$ pour $1 \leq i \leq M$, et $F_1, \ldots, F_M$ sont toujours des fonctions dérivables de V dans $\mathbb{R}$. On remarque encore que l'ensemble $K = \{v \in V,\ F(v) \leq 0\}$, défini par les contraintes, est non convexe. Lorsque l'on veut faire des "variations" autour d'un point $v \in K$ afin de tester son optimalité, il est clair que toutes les contraintes dans (3.20) ne jouent pas le même rôle. En effet, si $F_i(v) < 0$, pour ϵ suffisamment petit, on aura aussi $F_i(v + \epsilon w) \leq 0$ (on dit que la contrainte i est inactive en v). Si $F_i(v) = 0$ pour certains indices i, il n'est pas clair que l'on puisse trouver un vecteur $w \in V$ tel que, pour $\epsilon > 0$ suffisamment petit, $(v + \epsilon w)$ satisfait toutes les contraintes dans (3.20). Il va donc falloir imposer des conditions supplémentaires sur les contraintes, appelées **conditions de qualification**. Il existe différents types de conditions de qualification plus ou moins sophistiquées et générales. On s'inspire ici du cas de contraintes d'égalité pour donner une définition simple (mais pas optimale) de qualification des contraintes d'inégalité.

Définition 3.26. *Soit u tel que $F(u) \leq 0$. L'ensemble*

$$I(u) = \{i \in \{1, \ldots, M\},\ F_i(u) = 0\}$$

*est appelé l'ensemble des contraintes **actives** en u. On dit que les contraintes dans (3.20) sont **qualifiées** en u si la famille*

$$\left(F_i'(u)\right)_{i \in I(u)} \quad \text{est libre.} \tag{3.21}$$

Remarque 3.27. On peut donner des conditions de qualification plus générales (i.e. plus souvent vérifiées), mais plus compliquées. Par exemple, la condition suivante utilise le problème **linéarisé**. On dit que les contraintes dans (3.20) sont qualifiées en u vérifiant $F(u) \leq 0$ s'il existe une direction $\overline{w} \in V$ telle que l'on ait pour tout $i \in I(u)$,

$$\begin{aligned}
&\text{ou bien} \quad \langle F_i'(u), \overline{w} \rangle < 0, \\
&\text{ou bien} \quad \langle F_i'(u), \overline{w} \rangle = 0 \quad \text{et} \quad F_i \quad \text{est affine.}
\end{aligned} \tag{3.22}$$

On vérifie que (3.21) entraîne (3.22). La direction $\overline{w}$ est en quelque sorte une "direction rentrante" puisque on déduit de (3.22) que $F(u + \epsilon \overline{w}) \leq 0$ pour tout $\epsilon \geq 0$ suffisamment petit. Un cas particulier très important en pratique est le cas où toutes les contraintes F_i sont **affines** : on peut prendre $\overline{w} = 0$ et les contraintes sont **automatiquement qualifiées**. ●

Définition 3.28. *On appelle* **Lagrangien** *du problème (3.20) la fonction* $\mathcal{L}(v, \mu)$ *définie par*

$$\mathcal{L}(v, \mu) = J(v) + \sum_{i=1}^{M} \mu_i F_i(v) = J(v) + \mu \cdot F(v) \qquad \forall (v, \mu) \in V \times (\mathbb{R}^+)^M.$$

La nouvelle variable **positive** $\mu \in (\mathbb{R}^+)^M$ *est appelée* **multiplicateur de Lagrange** *pour la contrainte* $F(v) \leq 0$.

Comme dans le Lemme 3.25 la maximisation du Lagrangien permet de faire "disparaître" la contrainte.

Lemme 3.29. *Le problème de minimisation (3.20) est équivalent à*

$$\inf_{v \in V, \ F(v) \leq 0} J(v) = \inf_{v \in V} \sup_{\mu \in (\mathbb{R}^+)^M} \mathcal{L}(v, \mu). \tag{3.23}$$

La condition **nécessaire** d'optimalité prend alors la forme suivante, dite de **stationnarité** du Lagrangien.

Théorème 3.30. *Soit* u *tel que* $F(u) \leq 0$. *On suppose que les fonctions* J *et* $F_1, \ldots, F_M$ *sont continûment dérivables en* u *et que les contraintes sont qualifiées en* u. *Alors, si* u *est un minimum local de (3.20), il existe des multiplicateurs de Lagrange* $\lambda_1, \ldots, \lambda_M \geq 0$, *tels que*

$$J'(u) + \sum_{i=1}^{M} \lambda_i F_i'(u) = 0, \quad \lambda_i \geq 0, \ \lambda_i = 0 \ si \ F_i(u) < 0 \ \forall i \in \{1, \ldots, M\}. \tag{3.24}$$

La condition (3.24) est bien la stationnarité du Lagrangien puisque

$$\frac{\partial \mathcal{L}}{\partial v}(u, \lambda) = J'(u) + \lambda \cdot F'(u) = 0,$$

et que la condition $\lambda \geq 0$, $F(u) \leq 0$, $\lambda \cdot F(u) = 0$ est équivalente à l'inéquation d'Euler (3.13) pour la maximisation par rapport à μ dans le convexe fermé $(\mathbb{R}^+)^M$

$$\frac{\partial \mathcal{L}}{\partial \mu}(u, \lambda) \cdot (\mu - \lambda) = F(u) \cdot (\mu - \lambda) \leq 0 \quad \forall \mu \in (\mathbb{R}^+)^M.$$

Remarque 3.31. On peut bien sûr mélanger les deux types de contraintes, égalité $G(v) = 0$ et inégalité $F(v) \leq 0$, où $G(v) = (G_1(v), ..., G_N(v))$ est dérivable de V dans $\mathbb{R}^N$, et $F(v) = (F_1(v), ..., F_M(v))$ est dérivable de V dans $\mathbb{R}^M$. Pour tout u qui vérifie les contraintes, onn note toujours $I(u) = \{i \in \{1, \ldots, M\}, \ F_i(u) = 0\}$ l'ensemble des contraintes d'inégalité actives en u. Dans ce nouveau contexte, on dit que les contraintes sont qualifiées en u si la famille $\left(G_i'(u)\right)_{1 \leq i \leq N} \cup (F_i'(u))_{i \in I(u)}$ est libre. En supposant que les fonctions J, F et G sont continûment dérivables et que les contraintes sont qualifiées en u on peut à nouveau énoncer des conditions nécessaires d'optimalité. Si u est un minimum local de J sous les contraintes, il existe des multiplicateurs de Lagrange $\mu \in \mathbb{R}^N$, et $\lambda \in (\mathbb{R}^+)^M$, tels que

$$J'(u) + \mu \cdot G'(u) + \lambda \cdot F'(u) = 0, \quad \lambda \geq 0, \ F(u) \leq 0, \ \lambda \cdot F(u) = 0.$$

●

3.3 Point-selle et dualité

Dans cette section nous allons étudier un peu plus la notion de Lagrangien, introduire celle de point-selle et développer la théorie de la dualité qui en découle.

3.3.1 Point-selle

Soit V et Q deux espaces de Banach. De manière très générale, un Lagrangien $\mathcal{L}(v, q)$ est une application de $V \times Q$ (ou d'une partie $U \times P$ de $V \times Q$) dans $\mathbb{R}$.

Définition 3.32. *On dit que $(u, p) \in U \times P$ est un point-selle de $\mathcal{L}$ sur $U \times P$ si*

$$\forall q \in P \quad \mathcal{L}(u, q) \leq \mathcal{L}(u, p) \leq \mathcal{L}(v, p) \quad \forall v \in U. \tag{3.25}$$

Le résultat suivant montre le lien entre cette notion de point-selle (appelé également min-max ou col) et les problèmes de minimisation avec contraintes d'égalité (3.17) ou contraintes d'inégalité (3.20) étudiés dans la section précédente.

Proposition 3.33. *Soit des fonctions $J, F_1, \ldots, F_M$ continûment dérivables sur V. On définit l'ensemble des contraintes K, soit par $K = \{F(v) = 0\}$ (auquel cas on pose $P = \mathbb{R}^M$), soit par $K = \{F(v) \leq 0\}$ (auquel cas $P = (\mathbb{R}^+)^M$). Soit (u, p) un point-selle du Lagrangien $\mathcal{L}(v, q) = J(v) + q \cdot F(v)$ sur $V \times P$. Alors $u \in K$ et u est un minimum global de J sur K.*

Démonstration. Écrivons la condition de point-selle

$$\forall q \in P \quad J(u) + q \cdot F(u) \leq J(u) + p \cdot F(u) \leq J(v) + p \cdot F(v) \quad \forall v \in V. \tag{3.26}$$

Examinons d'abord le cas de contraintes d'égalité. Puisque $P = \mathbb{R}^M$, la première inégalité dans (3.26) montre que $F(u) = 0$, i.e. $u \in K$. Il reste alors $J(u) \leq J(v) + p \cdot F(v) \quad \forall v \in V$, qui montre bien (en prenant $v \in K$) que u est un minimum global de J sur K.

Dans le cas de contraintes d'inégalité, on a $P = (\mathbb{R}^+)^M$ et la première inégalité de (3.26) montre maintenant que $F(u) \leq 0$ et que $p \cdot F(u) = 0$. Ceci prouve encore que $u \in K$, et permet de déduire facilement de la deuxième inégalité que u est un minimum global de J sur K. □

3.3.2 Dualité

Donnons un bref aperçu de la théorie de la dualité pour les problèmes d'optimisation. Nous allons voir que, à l'existence d'un point-selle (u, p) du Lagrangien, on peut associer non pas un mais deux problèmes d'optimisation (plus précisément, un problème de minimisation et un problème de maximisation), qui seront dits **duaux** l'un de l'autre.

Définition 3.34. *Soient V et Q deux espaces de Banach, et $\mathcal{L}$ un Lagrangien défini sur une partie $U \times P$ de $V \times Q$. On suppose qu'il existe un point-selle (u, p) de $\mathcal{L}$ sur $U \times P$. Pour $v \in U$ et $q \in P$, posons*

$$\mathcal{J}(v) = \sup_{q \in P} \mathcal{L}(v, q) \qquad \mathcal{G}(q) = \inf_{v \in U} \mathcal{L}(v, q). \qquad (3.27)$$

On appelle **problème primal** *le problème de minimisation*

$$\inf_{v \in U} \mathcal{J}(v), \qquad (3.28)$$

et **problème dual** *le problème de maximisation*

$$\sup_{q \in P} \mathcal{G}(q). \qquad (3.29)$$

Remarque 3.35. Bien sûr, sans hypothèses supplémentaires, il peut arriver que $\mathcal{J}(v) = +\infty$ pour certaines valeurs de v ou que $\mathcal{G}(q) = -\infty$ pour certaines valeurs de q. Mais l'existence supposée du point-selle (u, p) dans la Définition 3.34 nous assure que les **domaines** de $\mathcal{J}$ et $\mathcal{G}$ (i.e. les ensembles $\{v \in U,\ \mathcal{J}(v) < +\infty\}$ et $\{q \in P,\ \mathcal{G}(q) > -\infty\}$ sur lesquels ces fonctions sont bien définies) ne sont pas vides, puisque (3.25) montre que $\mathcal{J}(u) = \mathcal{G}(p) = \mathcal{L}(u, p)$. Les problèmes primal et dual ont donc bien un sens. Le résultat suivant montre que ces deux problèmes sont étroitement liés au point-selle (u, p).   •

Théorème 3.36 (de dualité). *Le couple (u, p) est un point-selle de $\mathcal{L}$ sur $U \times P$ si et seulement si*

$$\mathcal{J}(u) = \min_{v \in U} \mathcal{J}(v) = \max_{q \in P} \mathcal{G}(q) = \mathcal{G}(p). \qquad (3.30)$$

Remarque 3.37. Notons que, par la Définition (3.27) de $\mathcal{J}$ et $\mathcal{G}$, (3.30) est équivalent à

$$\mathcal{J}(u) = \min_{v \in U} \left(\sup_{q \in P} \mathcal{L}(v, q) \right) = \max_{q \in P} \left(\inf_{v \in U} \mathcal{L}(v, q) \right) = \mathcal{G}(p). \qquad (3.31)$$

Si le sup et l'inf sont atteints dans (3.31) (c'est-à-dire qu'on peut les écrire max et min, respectivement), on voit alors que (3.31) traduit la possibilité d'échanger l'ordre du min et du max appliqués au Lagrangien $\mathcal{L}$. Ce fait (qui est faux si $\mathcal{L}$ n'admet pas de point selle) explique le nom de min-max qui est souvent donné à un point-selle.   •

Démonstration. Soit (u,p) un point-selle de $\mathcal{L}$ sur $U \times P$. Notons $\mathcal{L}^* = \mathcal{L}(u,p)$. Pour $v \in U$, il est clair d'après (3.27) que $\mathcal{J}(v) \geq \mathcal{L}(v,p)$, d'où $\mathcal{J}(v) \geq \mathcal{L}^*$ d'après (3.25). Comme $\mathcal{J}(u) = \mathcal{L}^*$, ceci montre que $\mathcal{J}(u) = \inf_{v \in U} \mathcal{J}(v) = \mathcal{L}^*$. On montre de la même façon que $\mathcal{G}(p) = \sup_{q \in P} \mathcal{G}(q) = \mathcal{L}^*$.

Réciproquement, supposons que (3.30) a lieu et posons $\mathcal{L}^* = \mathcal{J}(u)$. La définition (3.27) de $\mathcal{J}$ montre que

$$\mathcal{L}(u,q) \leq \mathcal{J}(u) = \mathcal{L}^* \quad \forall q \in P. \tag{3.32}$$

De même, on a aussi :

$$\mathcal{L}(v,p) \geq \mathcal{G}(p) = \mathcal{L}^* \quad \forall v \in U, \tag{3.33}$$

et on déduit facilement de (3.32)-(3.33) que $\mathcal{L}(u,p) = \mathcal{L}^*$, ce qui montre que (u,p) est point-selle. $\square$

Nous expliquons maintenant en quoi l'introduction du **problème dual** peut être utile pour la résolution du problème d'origine (ou **problème primal**). Supposons que le problème dual soit plus facile à résoudre que le problème primal. Soit q^* la solution du problème dual, et u^* la solution du problème primal. Si on connaît q^*, on peut alors calculer facilement u^* en minimisant le Lagrangien $\mathcal{L}(v,q^*)$ (du moins s'il admet un point selle). C'est une procédure très utile si le Lagrangien provient d'un problème de minimisation sous contraintes. En effet, on remplace ainsi une difficile minimisation sous contraintes par la combinaison de la résolution du problème dual et la minimisation **sans contraintes** du Lagrangien. Cette idée est à la base de l'algorithme d'Uzawa (voir la Sous-section 3.43).

Une autre application de la dualité est la notion d'énergie duale ou complémentaire (voir la Sous-section 2.2.2).

3.4 Algorithmes numériques

L'objet de cette section est de présenter quelques algorithmes permettant de calculer, ou plus exactement d'approcher la solution des problèmes d'optimisation étudiés précédemment. Tous les algorithmes étudiés ici sont de nature itérative : à partir d'une donnée initiale u^0, chaque méthode construit une suite $(u^n)_{n \in \mathbb{N}}$ dont on peut montrer qu'elle converge, sous certaines hypothèses, vers la solution u du problème d'optimisation considéré.

3.4.1 Algorithmes de type gradient (cas sans contraintes)

Commençons par étudier la résolution pratique de problèmes d'optimisation en l'absence de contraintes. On suppose que $V = \mathbb{R}^N$ ou plus généralement que V est un espace de Hilbert ce qui permet d'identifier V à son dual V'. On considère le problème sans contrainte

$$\inf_{v \in V} J(v). \tag{3.34}$$

Dans toute cette section nous supposerons que J est strictement convexe différentiable, ce qui assure d'après le Théorème 3.8 l'existence et l'unicité de la solution u, caractérisée d'après la Remarque 3.20 par l'équation d'Euler $J'(u) = 0$.

Algorithme de gradient à pas optimal

L'algorithme de gradient consiste à "se déplacer" d'une itérée u^n en suivant la ligne de plus grande pente associée à la fonction coût $J(v)$. La direction de descente correspondant à cette ligne de plus grande pente issue de u^n est donnée par le gradient $J'(u^n)$. En effet, si l'on cherche u^{n+1} sous la forme

$$u^{n+1} = u^n - \mu^n w^n, \tag{3.35}$$

avec $\mu^n > 0$ petit et w^n unitaire dans V, c'est avec le choix de la direction $w_n = J'(u^n)/\|J'(u^n)\|$ que l'on peut espérer trouver la plus petite valeur de $J(u^{n+1})$ (en l'absence d'autres informations comme les dérivées supérieures ou les itérées antérieures).

Cette remarque simple nous conduit, parmi les méthodes du type (3.35) qui sont appelées "méthodes de descente", à l'algorithme de **gradient à pas optimal**, dans lequel on résout une succession de problèmes de minimisation à une seule variable réelle (même si V n'est pas de dimension finie). À partir de u^0 quelconque dans V, on construit la suite (u^n) définie par

$$u^{n+1} = u^n - \mu^n \, J'(u^n), \tag{3.36}$$

où $\mu^n \in \mathbb{R}$ est choisi à chaque étape tel que

$$J(u^{n+1}) = \inf_{\mu \in R} J\big(u^n - \mu \, J'(u^n)\big). \tag{3.37}$$

Cet algorithme converge comme l'indique le résultat suivant.

Théorème 3.38. *On suppose que J est strictement convexe différentiable et que J' est Lipschitzien sur V, c'est-à-dire qu'il existe une constante $C > 0$ telle que*

$$\|J'(v) - J'(w)\| \leq C\|v - w\| \quad \forall v, w \in V. \tag{3.38}$$

Alors l'algorithme de gradient à pas optimal converge : quel que soit u^0, la suite (u^n) définie par (3.36) et (3.37) converge vers la solution u de (3.34).

Algorithme de gradient à pas fixe

L'algorithme de gradient à pas fixe consiste simplement en la construction d'une suite u^n définie par

$$u^{n+1} = u^n - \mu \, J'(u^n), \qquad (3.39)$$

où μ est un paramètre positif fixé. Cette méthode est donc plus simple que l'algorithme de gradient à pas optimal, puisqu'on fait à chaque étape l'économie de la résolution de (3.37). Le résultat suivant montre sous quelles hypothèses on peut choisir le paramètre μ pour assurer la convergence.

Théorème 3.39. *On suppose que J est fortement convexe différentiable, c'est-à-dire qu'il existe $\alpha > 0$ tel que*

$$\langle J'(u) - J'(v), u - v \rangle \geq \alpha \|u - v\|^2 \quad \forall \, u, v \in V, \qquad (3.40)$$

et que J' est Lipschitzien sur V, c'est-à-dire qu'il vérifie (3.38) avec une constante $C > 0$. Alors, si $0 < \mu < 2\alpha/C^2$, l'algorithme de gradient à pas fixe converge : quel que soit u^0, la suite (u^n) définie par (3.37) converge vers la solution u de (3.34).

Remarque 3.40. Il existe de nombreux autres algorithmes de descente du type (3.35) que nous ne décrirons pas ici. On rencontre notamment dans cette classe d'algorithmes la méthode du gradient conjugué dans laquelle la direction de descente w^n dépend non seulement du gradient $J'(u^n)$ mais aussi des directions de descente utilisées aux itérations précédentes. •

Remarque 3.41 (Algorithmes de gradient dans un Banach). Lorsque V est un espace de Hilbert, on peut l'identifier à son dual V', ce qui permet de dire que le gradient $J'(u)$ appartient aussi à V. Cela permet de donner un sens aux formules du type (3.36) et (3.39). Mais si V est seulement un espace de Banach, alors il y a une difficulté car u et $J'(u)$ appartiennent à deux espaces différents. Les formules (3.36) et (3.39) n'ont donc pas de sens ! Dans ce cas, on revient à la formule (3.35) dans laquelle on choisit w_n tel que

$$\langle J'(u^n), w_n \rangle > 0.$$

Autrement dit, w_n sera une "projection" de $J'(u^n)$ dans V. Une manière possible de calculer un tel w_n est de considérer un espace de Hilbert W qui soit inclus dans l'espace de Banach V et résoudre la formulation variationnelle suivante, associée au produit scalaire dans W,

$$\text{trouver } w_n \in W \text{ tel que } (w_n, \phi)_W = \langle J'(u^n), \phi \rangle \quad \forall \phi \in W.$$

En prenant $\phi = w_n$ on vérifie que w_n, calculé ainsi, est bien une direction de descente. Nous verrons dans les Sections 5.6.4 et 6.5.3 de tels exemples de calcul de w_n qui s'apparentent aussi à une régularisation du gradient. •

3.4.2 Algorithmes de type gradient (cas avec contraintes)

On suppose que J est une fonctionnelle strictement convexe différentiable définie sur un sous-ensemble K convexe fermé non vide d'un espace de Hilbert V. L'ensemble K représente les contraintes imposées. On considère

$$\inf_{v \in K} J(v). \tag{3.41}$$

Le Théorème 3.8 assure alors l'existence et l'unicité de la solution u de (3.41), caractérisée d'après le Théorème 3.19 par la condition

$$\langle J'(u), v - u \rangle \geq 0 \quad \forall v \in K. \tag{3.42}$$

Algorithme de gradient à pas fixe avec projection

L'algorithme de gradient à pas fixe s'adapte au cas du problème (3.41) avec contraintes à partir de la remarque suivante. Pour tout réel $\mu > 0$, (3.42) s'écrit

$$\langle u - (u - \mu J'(u)), v - u \rangle \geq 0 \quad \forall v \in K. \tag{3.43}$$

Notons P_K l'opérateur de projection sur l'ensemble convexe K. Alors, (3.43) n'est rien d'autre que la caractérisation de u comme la projection orthogonale de $u - \mu J'(u)$ sur K. Autrement dit,

$$u = P_K(u - \mu J'(u)) \quad \forall \mu > 0. \tag{3.44}$$

Il est facile de voir que (3.44) est en fait équivalent à (3.42), et caractérise donc la solution u de (3.41). L'algorithme de **gradient à pas fixe avec projection** (ou plus simplement de gradient projeté) est alors défini par l'itération

$$u^{n+1} = P_K(u^n - \mu J'(u^n)), \tag{3.45}$$

où μ est un paramètre positif fixé.

Théorème 3.42. *On suppose que J est fortement convexe différentiable (de constante α, voir (3.40)) et que J' est Lipschitzien sur V (de constante C, voir (3.38)). Alors, si $0 < \mu < 2\alpha/C^2$, l'algorithme de gradient à pas fixe avec projection converge : quel que soit $u^0 \in K$, la suite (u^n) définie par (3.45) converge vers la solution u de (3.41).*

Projection sur un convexe

L'algorithme précédent du gradient à pas fixe avec projection semble applicable à tous les problèmes d'optimisation convexe avec contraintes. Malheureusement cela n'est pas le cas en pratique car l'opérateur de projection P_K n'est pas connu explicitement en général : la projection d'un élément $v \in V$ sur un convexe fermé quelconque de V peut être très difficile à déterminer explicitement !

Nous donnons ici quelques exemples importants pour lesquels on sait calculer l'opérateur de projection P_K. On commence par le cas, en dimension finie (pour $V = \mathbb{R}^M$), des sous-ensembles K de la forme

$$K = \prod_{i=1}^{M} [a_i, b_i] \tag{3.46}$$

(avec éventuellement $a_i = -\infty$ ou $b_i = +\infty$ pour certains indices i). En effet, il est facile de voir que, si $x = (x_1, x_2, \ldots, x_M) \in \mathbb{R}^M$, $y = P_K(x)$ a pour composantes

$$y_i = \min\left(\max\left(a_i, x_i\right), b_i\right) \quad \text{pour} \quad 1 \leq i \leq M, \tag{3.47}$$

autrement dit, il suffit juste de "tronquer" les composantes de x.

Un autre cas simple (pour $V = \mathbb{R}^M$) est

$$K = \{x \in \mathbb{R}^M \text{ tel que } \sum_{i=1}^{M} x_i = c\}, \tag{3.48}$$

où c est une constante donnée. En effet, il est facile de voir que, si $x = (x_1, x_2, \ldots, x_M) \in \mathbb{R}^M$, $y = P_K(x)$ a pour composantes

$$y_i = x_i - \frac{\sum_{i=1}^{M} x_i - c}{M} \quad \text{pour} \quad 1 \leq i \leq M,$$

autrement dit, il suffit juste d'ajouter un multiplicateur de Lagrange (le même) à chaque composante de x.

Ces deux exemples en dimension finie ont des équivalents en dimension infinie. Prenons désormais $V = L^2(\Omega)$. L'équivalent de (3.46) est

$$K = \{u \in L^2(\Omega) \text{ tel que } \psi_1(x) \leq u(x) \leq \psi_2(x) \ \forall \, x \in \Omega\},$$

où ψ_1 et ψ_2 sont deux fonctions données dans $L^2(\Omega)$. Le lecteur vérifiera facilement que, pour tout $u \in L^2(\Omega)$,

$$P_K(u) = v \quad \text{avec} \quad v(x) = \min\left(\max\left(\psi_1(x), u(x)\right), \psi_2(x)\right).$$

De même, l'équivalent de (3.48) dans $V = L^2(\Omega)$ (avec Ω borné) est

$$K = \{u \in L^2(\Omega) \text{ tel que } \int_\Omega u(x)\, dx = c\}.$$

Le lecteur vérifiera aussi que, pour tout $u \in L^2(\Omega)$,

$$P_K(u) = u - \frac{\int_\Omega u(x)\, dx - c}{\int_\Omega dx}.$$

Signalons pour finir que si K est l'intersection des deux types de contraintes (3.46) et (3.48), alors il n'y a pas de formule explicite pour P_K mais on peut facilement déterminer de manière itérative la projection d'un vecteur. En effet, il suffit d'appliquer alternativement les deux opérateurs de projection correspondant à (3.46) et (3.48). La suite d'itérée est alors nécessairement convergente puisque la norme d'un opérateur de projection est inférieure ou égale à 1.

Algorithme d'Uzawa

Cet algorithme repose sur l'idée de dualité énoncée dans la Section 3.3 et sur le fait que la projection P_K est simple si K est du type $(\mathbb{R}_+)^M$. Rappelons que, même si le problème primal fait intervenir un ensemble de contraintes K sur lequel la projection P_K ne peut être déterminée explicitement, le problème dual sera fréquemment posé sur un ensemble du type $(\mathbb{R}_+)^M$. Dans ce cas, le problème dual peut être résolu par la méthode du gradient à pas fixe avec projection, et la solution du problème primal pourra ensuite être obtenue en résolvant un problème de minimisation **sans contrainte**. Ces remarques sont à la base de l'algorithme d'Uzawa, qui est en fait une méthode de recherche de point-selle.

Considérons le problème de minimisation convexe

$$\inf_{F(v)\leq 0} J(v), \tag{3.49}$$

où J est une fonctionnelle convexe définie sur V et F une fonction convexe de V sur $\mathbb{R}^M$. Sous les hypothèses du Théorème de dualité 3.36, la résolution de (3.49) revient à trouver un point-selle (u,p) du Lagrangien

$$\mathcal{L}(v,q) = J(v) + q \cdot F(v), \tag{3.50}$$

sur $V \times (\mathbb{R}_+)^M$. À partir de la Définition 3.32 du point-selle

$$\forall q \in (\mathbb{R}_+)^M \quad \mathcal{L}(u,q) \leq \mathcal{L}(u,p) \leq \mathcal{L}(v,p) \quad \forall v \in V, \tag{3.51}$$

on déduit que $(p-q)\cdot F(u) \geq 0$ pour tout $q \in (\mathbb{R}_+)^M$, d'où on tire, pour tout réel $\mu > 0$,

$$(p-q)\cdot\big(p-\big(p+\mu F(u)\big)\big) \leq 0 \quad \forall q \in (\mathbb{R}_+)^M,$$

ce qui d'après la caractérisation de la projection sur un convexe montre que

$$p = P_{\mathbb{R}_+^M}(p+\mu F(u)) \quad \forall \mu > 0, \tag{3.52}$$

$P_{\mathbb{R}_+^M}$ désignant la projection de $\mathbb{R}^M$ sur $(\mathbb{R}_+)^M$.

Au vu de cette propriété et de la seconde inégalité dans (3.51), nous pouvons introduire l'algorithme d'Uzawa : à partir d'un élément quelconque $p^0 \in (\mathbb{R}_+)^M$, on construit les suites (u^n) et (p^n) déterminées par les itérations

$$\mathcal{L}(u^n,p^n) = \inf_{v\in V} \mathcal{L}(v,p^n),$$
$$p^{n+1} = P_{\mathbb{R}_+^M}(p^n+\mu F(u^n)), \tag{3.53}$$

μ étant un paramètre positif fixé. On peut démontrer la convergence de l'algorithme d'Uzawa.

Théorème 3.43. *On suppose que J est fortement convexe différentiable (de constante α, voir (3.40)) et que F est convexe et Lipschitzienne sur V (de constante C, voir (3.38)), et qu'il existe un point-selle (u,p) du Lagrangien (3.50) sur $V \times (\mathbb{R}_+)^M$. Alors, si $0 < \mu < 2\alpha/C^2$, l'algorithme d'Uzawa converge : quel que soit $p^0 \in (\mathbb{R}_+)^M$, la suite (u^n) définie par (3.53) converge vers la solution u du problème (3.49).*

Remarque 3.44. Une variante importante, car très utilisée en pratique, de l'algorithme d'Uzawa consiste à mettre à jour le multiplicateur de Lagrange p^{n+1} par (3.53), non pas chaque fois que l'on a convergé dans la recherche de u^n par une minimisation sans contrainte du Lagrangien, mais à chaque itération de l'algorithme itératif qui conduit à la détermination de u^n.   •

Remarque 3.45 (Pénalisation des contraintes). Un autre moyen de résoudre un problème de minimisation avec contraintes consiste à l'approcher par une suite de problèmes de minimisation sans contraintes ; c'est la procédure de pénalisation des contraintes. Nous nous plaçons pour simplifier dans le cas où $V = \mathbb{R}^N$, et nous considérons de nouveau le problème de minimisation convexe (3.49). Pour $\epsilon > 0$, nous introduisons le problème sans contraintes

$$\inf_{v \in \mathbb{R}^N} \left(J(v) + \frac{1}{\epsilon} \sum_{i=1}^{M} [\max\left(F_i(v), 0\right)]^2 \right), \qquad (3.54)$$

dans lequel ont dit que les contraintes $F_i(v) \leq 0$ sont "pénalisées". On peut alors résoudre (3.54) par un des algorithmes de la Sous-section 3.4.1. Cette résolution peut d'ailleurs soulever des difficultés, car le problème "pénalisé" (3.54) est souvent "mal conditionné". On peut montrer que, pour ϵ petit, le problème (3.54) "approche bien" le problème (3.49) sous des hypothèses adéquates de convexité.   •

3.4.3 Méthode de Newton

On se place en dimension finie $V = \mathbb{R}^N$. Expliquons le principe de la méthode de Newton pour la minimisation d'une fonction J de classe C^3 de $\mathbb{R}^N$ dans $\mathbb{R}$. À cause du développement de Taylor

$$J(w) = J(v) + J'(v) \cdot (w - v) + \frac{1}{2} J''(v)(w - v) \cdot (w - v) + \mathcal{O}\left(\|w - v\|^3 \right), \quad (3.55)$$

on peut approcher $J(w)$ au voisinage de v par une fonction quadratique. La méthode de Newton consiste alors à minimiser cette approximation quadratique et à itérer. Le minimum de la partie quadratique du terme de droite de (3.55) est donné par $w = v - (J''(v))^{-1} J'(v)$ si la matrice $J''(v)$ est définie positive. La méthode de Newton consiste à itérer cette procédure. Pour un choix initial $u^0 \in \mathbb{R}^N$, on calcule

$$u^{n+1} = u^n - (J''(u^n))^{-1} J'(u^n) \quad \text{pour} \quad n \geq 0. \qquad (3.56)$$

La méthode de Newton peut aussi être vue comme une méthode de résolution itérative de la condition nécessaire d'optimalité $J'(u) = 0$ pour un minimum local. L'avantage principal de la méthode de Newton est sa convergence bien plus rapide que les méthodes précédentes.

Proposition 3.46. *Soit J une fonction de classe C^3 de $\mathbb{R}^N$ dans $\mathbb{R}$, et u un point critique régulier de J ($J'(u) = 0$ et $J''(u)$ inversible). Il existe un réel $\epsilon > 0$ tel que, si u^0 est assez proche de u au sens où $\|u - u^0\| \leq \epsilon$, la méthode de Newton définie par (3.56) converge, c'est-à-dire que la suite (u^n) converge vers u, et il existe une constante $C > 0$ telle que*

$$\|u^{n+1} - u\| \leq C\|u^n - u\|^2. \tag{3.57}$$

Remarque 3.47. Bien sûr, il faut conserver à l'esprit que chaque itération de la méthode de Newton (3.56) nécessite la résolution d'un système linéaire, ce qui est coûteux. De plus, la convergence rapide (dite "quadratique") donnée par (3.57) n'a lieu que si J est de classe C^3, et si u^0 est assez proche de u, hypothèses bien plus restrictives que celles que nous avions utilisées jusqu'à présent. Effectivement, même dans des cas très simples dans $\mathbb{R}$, la méthode de Newton peut diverger pour certaines données initiales u^0. Par ailleurs, si on applique la méthode de Newton pour la minimisation d'une fonction J, il se peut que la méthode converge vers un maximum ou un col de J, et non pas vers un minimum, car elle ne fait que rechercher les zéros de J'. La méthode de Newton n'est donc pas supérieure en tout point aux algorithmes précédents, mais la propriété de convergence locale quadratique (3.57) la rend cependant particulièrement intéressante.   •

Remarque 3.48. Un inconvénient majeur de la méthode de Newton est la nécessité de connaître le Hessien $J''(v)$. Lorsque le problème est de grande taille ou bien si J n'est pas facilement deux fois dérivable, on peut modifier la méthode de Newton pour éviter de calculer cette matrice $J''(v)$. Les méthodes, dites de quasi-Newton, proposent de calculer de façon itérative aussi une approximation S^n de $(J''(u^n))^{-1}$. On remplace alors la formule (3.56) par

$$u^{n+1} = u^n - S^n J'(u^n) \quad \text{pour} \quad n \geq 0.$$

En général on calcule S^n par une formule de récurrence du type $S^{n+1} = S^n + C^n$ où C^n est une matrice de rang 1 qui dépend de $u^n, u^{n+1}, J'(u^n), J'(u^{n+1})$.   •

3.5 Bibliographie

Les résultats de ce chapitre sont très classiques. Des démonstrations et des détails peuvent facilement être trouvés dans tout ouvrage sur l'optimisation, au moins dans les cas de dimensions finies ou d'espaces de Hilbert (voir par exemple [1], mais aussi [34], [53]). Pour les aspects théoriques dans les espace de Banach nous renvoyons à [26].

Pour des aspects plus numériques nous recommandons [27].

4

Contrôle optimal

4.1 Introduction

Dans ce chapitre nous présentons rapidement la théorie du contrôle optimal [118], [144], [181], qui a de nombreuses applications en automatique, robotique, commande des systèmes, mais qui est aussi à la base des méthodes d'optimisation de formes. L'idée principale de ce chapitre est la notion d'état adjoint qui permet d'obtenir des formules explicites de gradient de fonctions objectifs définies implicitement par une équation d'état.

4.2 Commande optimale

Il s'agit de contrôler ou commander de manière optimale un système d'équations différentielles ordinaires, dit linéaire-quadratique. On considère le système différentiel linéaire dont l'inconnue, appelée **état du système**, $y(t)$ est à valeurs dans $\mathbb{R}^N$

$$\begin{cases} \dfrac{dy}{dt} = Ay + Bv + f \text{ pour } 0 \leq t \leq T \\ y(0) = y_0 \end{cases} \tag{4.1}$$

où $y_0 \in \mathbb{R}^N$ est l'état initial du système, $f(t) \in \mathbb{R}^N$ est un terme source, $v(t) \in \mathbb{R}^M$ est la **commande** qui permet d'agir sur le système, et A et B sont deux matrices constantes de dimensions respectives $N \times N$ et $N \times M$.

On veut choisir la commande v de manière à minimiser un critère quadratique

$$J(v) = \frac{1}{2} \int_0^T Rv(t) \cdot v(t) dt + \frac{1}{2} \int_0^T Q(y-z)(t) \cdot (y-z)(t) dt$$
$$+ \frac{1}{2} D\left(y(T) - z_T\right) \cdot \left(y(T) - z_T\right),$$

où $z(t)$ une trajectoire "cible", z_T une position finale "cible", et R, Q, D trois matrices symétriques positives dont seule R est supposée définie positive. Remarquons que la fonction $y(t)$ dépend de la variable v à travers (4.1).

Pour pouvoir appliquer les résultats d'optimisation précédents, nous choisissons de chercher v dans l'espace de Hilbert $L^2(]0, T[; \mathbb{R}^M)$ des fonctions de $]0, T[$ dans $\mathbb{R}^M$ de carré intégrable. (L'espace "plus naturel" des fonctions continues n'est malheureusement pas un espace de Hilbert.) Pour tenir compte d'éventuelles contraintes sur la commande, on introduit un convexe fermé non vide K de $\mathbb{R}^M$ qui représente l'ensemble des commandes admissibles. Le problème de minimisation est donc

$$\inf_{v(t) \in L^2(]0, T[; K)} J(v). \tag{4.2}$$

Commençons par vérifier que le système différentiel (4.1) est bien posé.

Lemme 4.1. *On suppose que $f(t) \in L^2(]0, T[; \mathbb{R}^N)$ et $v(t) \in L^2(]0, T[; K)$. Alors (4.1) admet une unique solution $y(t) \in H^1(]0, T[; \mathbb{R}^N)$, continue sur $[0, T]$.*

Démonstration. Ce résultat d'existence et d'unicité est bien connu si f et v sont continues. Il n'est pas plus difficile dans le cadre L^2. On utilise la formule explicite de représentation de la solution

$$y(t) = \exp(tA)y_0 + \int_0^t \exp\big((t - s)A\big)(Bv + f)(s)\, ds$$

qui permet de vérifier l'existence et l'unicité de y dans $H^1(]0, T[; \mathbb{R}^N)$. Le Lemme 2.2 nous dit enfin que y est continue sur $[0, T]$.   □

On peut alors montrer l'existence et l'unicité de la commande optimale.

Proposition 4.2. *Il existe un unique $u \in L^2(]0, T[; K)$ qui minimise (4.2). Cette commande optimale u est caractérisée par*

$$\int_0^T Q(y_u - z) \cdot (y_v - y_u)dt + \int_0^T Ru \cdot (v - u)dt$$

$$+ D(y_u(T) - z_T) \cdot (y_v(T) - y_u(T)) \geq 0, \tag{4.3}$$

$\forall v \in L^2(]0, T[; K)$, *où y_v désigne la solution de (4.1) associée à la commande v.*

Démonstration. On commence par remarquer que $v \to y$ est une fonction affine. En effet, par linéarité de (4.1) on a

$$y_v = \tilde{y}_v + \hat{y}$$

où $\tilde{y}_v$ est solution de

$$\begin{cases} \dfrac{d\tilde{y}_v}{dt} = A\tilde{y}_v + Bv \text{ pour } 0 \le t \le T, \\[2mm] \tilde{y}_v(0) = 0, \end{cases} \tag{4.4}$$

et $\hat{y}$ est solution de

$$\begin{cases} \dfrac{d\hat{y}}{dt} = A\hat{y} + f \text{ pour } 0 \le t \le T, \\[2mm] \hat{y}(0) = y_0. \end{cases}$$

Il est clair que $\hat{y}$ ne dépend pas de v et $v \to \tilde{y}_v$ est linéaire continue de $L^2(]0,T[;K)$ dans $H^1(]0,T[;\mathbb{R}^N)$. Par conséquent, $v \to J(v)$ est une fonction quadratique positive de v (plus précisément, la somme d'une forme quadratique et d'une fonction affine), donc J est convexe, et même strictement convexe car la matrice R est définie positive. Comme $L^2(]0,T[;K)$ est un convexe fermé non vide, le Théorème 3.8 permet de conclure à l'existence et à l'unicité du point de minimum u de (4.2). D'autre part, la condition d'optimalité nécessaire et suffisante du Théorème 3.19 est $\langle J'(u), v - u \rangle \ge 0$. Pour calculer le gradient, la méthode la plus sûre et la plus simple est de calculer

$$\lim_{\delta \to 0} \frac{J(u + \delta w) - J(u)}{\delta} = \langle J'(u), w \rangle.$$

Comme $J(v)$ est quadratique le calcul est très simple puisque $y_{u+\delta w} = y_u + \delta \tilde{y}_w$. On obtient aisément (4.3) en remarquant que $y_u - y_v = \tilde{y}_u - \tilde{y}_v$. $\quad \Box$

Remarque 4.3. En explicitant la condition d'optimalité de (4.2) on a en fait calculé le gradient $J'(w)$ pour tout $w \in L^2(]0,T[;\mathbb{R}^M)$ (et pas seulement pour le minimum u), ce qui est utile pour les méthodes numériques de minimisation (voir la Section 3.4). On a obtenu

$$\int_0^T J'(w)v\,dt = \int_0^T Rw \cdot v\,dt + \int_0^T Q(y_w - z) \cdot \tilde{y}_v dt \\ + D(y_w(T) - z_T) \cdot \tilde{y}_v(T), \tag{4.5}$$

où v est une fonction quelconque de $L^2(]0,T[;\mathbb{R}^M)$. $\quad \bullet$

La condition nécessaire et suffisante d'optimalité (4.3) est en fait inexploitable! En effet, pour tester l'optimalité de u il est nécessaire pour chaque fonction test v de calculer l'état correspondant y_v. Une autre façon de voir cette difficulté est l'impossibilité d'obtenir une expression explicite de $J'(u)$ à partir de (4.5). Pour contourner cette difficulté on a recours à la notion d'**état adjoint** qui est une des idées les plus profondes de la théorie du contrôle optimal. Montrons comment procéder sur l'exemple étudié dans cette sous-section (nous donnerons l'idée générale dans la Remarque 4.6 ci-dessous). Pour le problème (4.2) on définit l'état adjoint p comme la solution unique de

$$\begin{cases} \dfrac{dp}{dt} = -A^t p - Q(y - z) \text{ pour } 0 \leq t \leq T \\[2mm] p(T) = D(y(T) - z_T) \end{cases} \qquad (4.6)$$

où y est la solution de (4.1) pour la commande u. Le nom d'état adjoint vient de ce que c'est la matrice adjointe A^t qui apparaît dans (4.6). L'intérêt de l'état adjoint est qu'il permet d'obtenir une expression explicite de $J'(u)$.

Théorème 4.4. *La dérivé de J en u est donnée par*

$$J'(u) = B^t p + Ru. \qquad (4.7)$$

La condition d'optimalité nécessaire et suffisante du problème (4.2) est donc

$$\int_0^T \left(B^t p + Ru \right) \cdot (v - u) \, dt \geq 0 \quad \forall v \in L^2(]0, T[; K). \qquad (4.8)$$

Remarque 4.5. La formule (4.7) ne dépend pas du fait que u est optimal. Elle se généralise pour tout $w \in L^2(]0, T[; \mathbb{R}^M)$ en $J'(w) = B^t p + Rw$, quitte à calculer p par (4.6) en utilisant l'état y correspondant à la commande w. Le Théorème 4.4 donne une expression explicite du gradient au prix de la résolution supplémentaire du système adjoint (4.6). C'est une différence fondamentale avec la formule (4.5) qui, pour chaque fonction test v, nécessitait la résolution du système (4.1) avec la commande v. La formule explicite (4.7) du gradient permet, soit d'obtenir des propriétés qualitatives de l'état y et de la commande optimale u, soit de construire une méthode numérique de minimisation de (4.2) par un algorithme de type gradient.   ●

Démonstration. Soit p la solution de (4.6) et $\tilde{y}_v$ celle de (4.4). L'idée est de multiplier (4.6) par $\tilde{y}_v$ et (4.4) par p, d'intégrer par parties et de comparer les résultats. Plus précisément, on calcule la quantité suivante de deux manières différentes. Tout d'abord, en intégrant et en tenant compte des conditions initiales $\tilde{y}_v(0) = 0$ et $p(T) = D(y(T) - z_T)$, on a

$$\int_0^T \left(\frac{dp}{dt} \cdot \tilde{y}_v + p \cdot \frac{d\tilde{y}_v}{dt} \right) dt = D(y(T) - z_T) \cdot \tilde{y}_v(T). \qquad (4.9)$$

D'autre part, en utilisant les équations on obtient

$$\int_0^T \left(\frac{dp}{dt} \cdot \tilde{y}_v + p \cdot \frac{d\tilde{y}_v}{dt} \right) dt = -\int_0^T Q(y - z) \cdot \tilde{y}_v \, dt + \int_0^T Bv \cdot p \, dt. \qquad (4.10)$$

On déduit de l'égalité entre (4.9) et (4.10) une simplification de l'expression (4.5) de la dérivée

$$\int_0^T J'(u)v \, dt = \int_0^T Ru \cdot v \, dt + \int_0^T Bv \cdot p \, dt,$$

ce qui donne les résultats (4.7) et (4.8).   □

Remarque 4.6. Comment a-t-on bien pu **deviner** le problème (4.6) qui définit l'état adjoint afin de simplifier l'expression de $J'(v)$? Encore une fois, l'idée directrice est l'introduction d'un **Lagrangien** associé au problème de minimisation (4.2). On considère l'équation d'état (4.1) comme une contrainte entre deux variables indépendantes v et y et, suivant la Définition 3.22, on définit le Lagrangien comme la somme de $J(v)$ et de l'équation d'état multipliée par un multiplicateur de Lagrange p, c'est-à-dire

$$\mathcal{L}(\hat{v},\hat{y},\hat{p}) = \int_0^T R\hat{v}(t)\cdot\hat{v}(t)dt + \int_0^T Q(\hat{y}-z)(t)\cdot(\hat{y}-z)(t)dt$$

$$+D\left(\hat{y}(T)-z_T\right)\cdot\left(\hat{y}(T)-z_T\right) + \int_0^T \hat{p}\cdot\left(-\frac{d\hat{y}}{dt}+A\hat{y}+B\hat{v}+f\right)dt$$

$$-\hat{p}(0)\cdot(\hat{y}(0)-y_0).$$

Le Lagrangien $\mathcal{L}(\hat{v},\hat{y},\hat{p})$ est défini pour tout $(\hat{v},\hat{y},\hat{p}) \in L^2(]0,T[)\times H^1(]0,T[)\times H^1(]0,T[)$ qui sont trois variables indépendantes. Formellement, les conditions d'optimalité de (4.2) s'obtiennent en disant que le Lagrangien est stationnaire au point (u,y,p) (où y et p sont l'état et l'état adjoint pour la commande u), c'est-à-dire que

$$\frac{\partial\mathcal{L}}{\partial v}(u,y,p) = \frac{\partial\mathcal{L}}{\partial y}(u,y,p) = \frac{\partial\mathcal{L}}{\partial p}(u,y,p) = 0.$$

La première dérivée donne la condition d'optimalité (4.7), la seconde donne l'équation vérifiée par l'état adjoint p, et la troisième l'équation vérifiée par l'état y.   ●

4.3 Optimisation des systèmes distribués

On considère ici le problème du contrôle d'une membrane élastique déformée par une force extérieure f et fixée sur son contour. Le comportement de la membrane est modélisé par

$$\begin{cases} -\Delta u = f + v & \text{dans } \Omega \\ u = 0 & \text{sur } \partial\Omega, \end{cases} \tag{4.11}$$

où u est le déplacement vertical de la membrane et v est une **force de contrôle** qui sera la variable d'optimisation. On se donne un ouvert $\omega \subset \Omega$ sur lequel agit le contrôle et deux fonctions limitatives $v_{min} \le v_{max}$ dans $L^2(\omega)$. Il est entendu dans tout ce qui suit que les fonctions de $L^2(\omega)$ sont étendues par zéro dans $\Omega \setminus \omega$. On définit alors l'ensemble des contrôles admissibles

$$K = \left\{ v \in L^2(\omega) \text{ tel que } v_{min} \le v \le v_{max} \text{ dans } \omega \text{ et } v = 0 \text{ dans } \Omega \setminus \omega \right\}. \tag{4.12}$$

Si $f \in L^2(\Omega)$, le Théorème 2.16 nous dit qu'il existe une unique solution $u \in H_0^1(\Omega)$. On cherche à contrôler la membrane pour qu'elle adopte un déplacement $u_0 \in L^2(\Omega)$. On définit une fonction coût ou fonction objectif

$$J(v) = \frac{1}{2} \int_\Omega \left(|u - u_0|^2 + c|v|^2 \right) dx, \tag{4.13}$$

où u est la solution de (4.11) (et donc dépend de v) et $c > 0$. Le problème d'optimisation s'écrit

$$\inf_{v \in K} J(v). \tag{4.14}$$

Proposition 4.7. *Il existe un unique contrôle optimal $\overline{v} \in K$ pour le problème (4.14).*

Démonstration. On remarque que la fonction $v \to u$ est affine de $L^2(\Omega)$ dans $H_0^1(\Omega)$. Par conséquent, $J(v)$ est une fonction quadratique positive de v, donc elle est convexe. Elle est même strictement convexe puisque $J(v) \geq c\|v\|_{L^2(\Omega)}^2$. D'autre part, K est un convexe fermé non vide de $L^2(\Omega)$. Par conséquent, le Théorème 3.8 permet de conclure à l'existence et à l'unicité du point de minimum de (4.14). $\square$

Pour trouver une condition nécessaire d'optimalité ou pour mettre en oeuvre une méthode numérique de minimisation il faut calculer le gradient de la fonction objectif $J(v)$. Remarquons au vu de (4.13) que $J(v)$ dépend en partie implicitement de v à travers l'état u qui dépend lui-même de v dans l'équation (4.11). Par ailleurs, comme v est une fonction, l'application $v \to J(v)$ est une "fonction de fonctions" (une fonctionnelle). Il n'y a pas de difficulté conceptuelle particulière dans ce cas mais il faut juste être soigneux dans la définition de sa dérivée (cf. la Définition 3.10).

Lemme 4.8. *La fonction coût $J(v)$ est dérivable sur K et on a*

$$\int_\Omega J'(v)w \, dx = \int_\Omega \left((u - u_0)\tilde{u}_w + cvw \right) dx, \tag{4.15}$$

où $\tilde{u}_w$ est donné par

$$\begin{cases} -\Delta \tilde{u}_w = w & dans \ \Omega \\ \tilde{u}_w = 0 & sur \ \partial\Omega. \end{cases} \tag{4.16}$$

Démonstration. On note $u(v)$ la solution de l'équation d'état (4.11) pour le contrôle v. Comme dans la Proposition 4.2, la méthode la plus sûre et la plus simple de calculer le gradient est

$$\lim_{\delta \to 0} \frac{J(v + \delta w) - J(v)}{\delta} = \int_\Omega J'(v)w \, dx.$$

Comme $J(v)$ est quadratique le calcul est très simple et on obtient (4.15) en notant que

$$\lim_{\delta \to 0} \frac{u(v + \delta w) - u(v)}{\delta} = \tilde{u}_w,$$

où la convergence a lieu dans l'espace $H_0^1(\Omega)$. En fait, ce raisonnement permet de calculer le gradient de J mais ne justifie rigoureusement que l'existence de la dérivée directionnelle de J. Nous laissons au lecteur le soin de vérifier (facilement) la différentiabilité au sens de Fréchet. $\square$

La formule (4.15) est inexploitable en pratique puisque, son membre de droite n'étant pas explicite en la direction w, on ne peut pas en déduire l'expression de $J'(v)$. Pour obtenir un gradient explicite, et donc exploitable, on introduit, comme dans la Section 4.2, un **état adjoint** p défini comme l'unique solution dans $H_0^1(\Omega)$ de

$$\begin{cases} -\Delta p = u - u_0 & \text{dans } \Omega \\ p = 0 & \text{sur } \partial\Omega. \end{cases} \tag{4.17}$$

Proposition 4.9. *Le gradient de la fonction coût $J(v)$ est*

$$J'(v) = p + cv,$$

où p (qui dépend de u donc de v) est donné par (4.17). Par conséquent, la condition nécessaire et suffisante d'optimalité pour le contrôle optimal $\overline{v}$ est

$$-\Delta\overline{u} = f + \overline{v} \ \text{dans } \Omega , \quad \overline{u} \in H_0^1(\Omega), \tag{4.18}$$

$$-\Delta\overline{p} = \overline{u} - u_0 \ \text{dans } \Omega , \quad \overline{p} \in H_0^1(\Omega), \tag{4.19}$$

$$\overline{v}(x) = \chi_\omega(x) \min\left(v_{max}(x), \max\left(v_{min}(x), -\frac{\overline{p}(x)}{c}\right)\right), \tag{4.20}$$

où χ_ω est la fonction indicatrice de ω (c'est-à-dire qui vaut 1 dans ω et 0 dans $\Omega \setminus \omega$).

Démonstration. Pour simplifier l'expression (4.15), on multiplie (4.16) par l'état adjoint p et (4.17) par $\tilde{u}_w$ et on intègre par parties pour obtenir

$$\int_\Omega \nabla p \cdot \nabla \tilde{u}_w \, dx = \int_\Omega (u - u_0)\tilde{u}_w \, dx,$$

$$\int_\Omega \nabla \tilde{u}_w \cdot \nabla p \, dx = \int_\Omega wp \, dx.$$

Par comparaison de ces deux égalités on en déduit que

$$\int_\Omega J'(v)w \, dx = \int_\Omega (p + cv)w \, dx,$$

d'où l'expression du gradient. La condition nécessaire et suffisante d'optimalité donnée par le Théorème 3.19 est

$$\int_\Omega (\overline{p} + c\overline{v})\,(w - \overline{v})\,dx \geq 0 \quad \forall\, w \in K. \tag{4.21}$$

En prenant w égal à $\overline{v}$ partout sauf sur une petite boule dans ω, puis en faisant tendre le rayon de cette boule vers zéro, on peut "localiser" (4.21) en (presque) tout point x de ω

$$\left(\overline{p}(x) + c\overline{v}(x)\right)\left(w(x) - \overline{v}(x)\right) \geq 0 \quad \forall\, w(x) \in [v_{min}(x), v_{max}(x)].$$

Cette dernière condition n'est que la définition de $\overline{v}(x)$ comme projection orthogonale de $-\overline{p}(x)/c$ sur le segment $[v_{min}(x), v_{max}(x)]$. Finalement, on obtient (4.20) en remarquant que le support des fonctions de K est restreint à ω. $\square$

Comme dans la Remarque 4.6 nous expliquons comment trouver la forme du problème aux limites (4.17) qui définit l'état adjoint. L'idée est d'introduire un Lagrangien associé au problème de minimisation (4.14) en considérant que l'équation d'état (4.11) est une **contrainte** qui relie les deux variables (autrement indépendantes) v et u. L'état adjoint p apparaîtra ainsi comme le multiplicateur de Lagrange associé à cette contrainte.

Définition 4.10. *Pour tout triplet de fonctions $(\hat{v}, \hat{u}, \hat{p}) \in L^2(\Omega) \times H_0^1(\Omega) \times H_0^1(\Omega)$, on définit le Lagrangien de (4.14)*

$$\mathcal{L}(\hat{v}, \hat{u}, \hat{p}) = \int_\Omega \left(\frac{1}{2}\left(|\hat{u} - u_0|^2 + c|\hat{v}|^2\right) - \nabla\hat{p}\cdot\nabla\hat{u} + \hat{p}(f + \hat{v}) \right) dx. \tag{4.22}$$

Remarque 4.11. Pour des fonctions régulières, et par simple intégration par parties, la définition (4.22) du Lagrangien est équivalente à

$$\mathcal{L}(\hat{v}, \hat{u}, \hat{p}) = \frac{1}{2}\int_\Omega \left(|\hat{u} - u_0|^2 + c|\hat{v}|^2\right) dx + \int_\Omega \hat{p}(\Delta\hat{u} + f + \hat{v})\,dx,$$

où il est clair que $\hat{p}$ joue le rôle d'un multiplicateur de Lagrange pour l'équation d'état (4.11). Il est important de noter dans (4.22) que les fonctions $\hat{u}, \hat{p}$ sont indépendantes de la commande $\hat{v}$, c'est-à-dire qu'elles ne sont pas solutions des problèmes aux limites (4.11) ou (4.17). •

On peut facilement calculer les dérivées partielles de $\mathcal{L}$. La dérivée partielle de $\mathcal{L}$ par rapport à u dans la direction $\phi \in H_0^1(\Omega)$ est

$$\langle \frac{\partial\mathcal{L}}{\partial u}(\hat{v}, \hat{u}, \hat{p}), \phi \rangle = \int_\Omega (\hat{u} - u_0)\phi\,dx - \int_\Omega \nabla\hat{p}\cdot\nabla\phi\,dx.$$

La dérivée partielle de $\mathcal{L}$ par rapport à p dans la direction $\phi \in H_0^1(\Omega)$ est

$$\langle \frac{\partial\mathcal{L}}{\partial p}(\hat{v}, \hat{u}, \hat{p}), \phi \rangle = -\int_\Omega \nabla\hat{u}\cdot\nabla\phi\,dx + \int_\Omega (f + \hat{v})\phi\,dx.$$

La dérivée partielle de $\mathcal{L}$ par rapport à v dans la direction $w \in L^2(\Omega)$ est

$$\langle \frac{\partial \mathcal{L}}{\partial v}(\hat{v}, \hat{u}, \hat{p}), w \rangle = \int_\Omega (c\hat{v} + \hat{p})w \, dx.$$

On montre alors que les conditions d'optimalité sont équivalentes à la stationnarité du Lagrangien.

Proposition 4.12. *La condition d'optimalité (4.18) est équivalente à*

$$\langle \frac{\partial \mathcal{L}}{\partial p}(\overline{v}, \overline{u}, \overline{p}), \phi \rangle = 0 \quad \forall \phi \in H_0^1(\Omega). \tag{4.23}$$

La condition d'optimalité (4.19) est équivalente à

$$\langle \frac{\partial \mathcal{L}}{\partial u}(\overline{v}, \overline{u}, \overline{p}), \phi \rangle = 0 \quad \forall \phi \in H_0^1(\Omega). \tag{4.24}$$

La condition d'optimalité (4.20) est équivalente à

$$\langle \frac{\partial \mathcal{L}}{\partial v}(\overline{v}, \overline{u}, \overline{p}), w - \overline{v} \rangle \geq 0 \quad \forall w \in K \quad et \quad \overline{v} \in K. \tag{4.25}$$

Démonstration. On vérifie immédiatement que (4.23) est la formulation variationnelle de l'équation d'état pour la commande $\overline{v}$, tandis que (4.24) est la formulation variationnelle de l'équation adjointe. D'autre part, l'équivalence entre (4.20) et (4.25) est évidente. $\square$

Remarque 4.13. Cela n'est pas une surprise si l'on retrouve la condition d'optimalité (4.20) en dérivant le Lagrangien par rapport à v. En effet, pour tout $\hat{p} \in H_0^1(\Omega)$, on a

$$\mathcal{L}(v, u, \hat{p}) = J(v)$$

puisque u vérifie l'équation d'état. Comme u dépend de v, mais pas $\hat{p}$, en dérivant cette relation et en utilisant le théorème des dérivées composées, il vient

$$\langle J'(v), w \rangle = \langle \frac{\partial \mathcal{L}}{\partial v}(v, u, \hat{p}), w \rangle + \langle \frac{\partial \mathcal{L}}{\partial u}(v, u, \hat{p}), \frac{\partial u}{\partial v}(w) \rangle.$$

En prenant alors $\hat{p} = p$ solution de l'équation adjointe (4.17) qui est équivalente à (4.24), le dernier terme s'annule et on obtient

$$\langle J'(v), w \rangle = \langle \frac{\partial \mathcal{L}}{\partial v}(v, u, p), w \rangle.$$

•

Remarque 4.14 (Interprétation physique de l'état adjoint). On a déjà vu que l'état adjoint p est le multiplicateur de Lagrange pour la contrainte qu'est l'équation d'état dans la Définition 4.10 du Lagrangien. Cela n'est pas très parlant du point de vue mécanique, et on peut se demander si, au moins au point de minimum, l'état adjoint a une interprétation physique simple. Pour l'exemple de cette section la réponse est claire : la formule (4.20) montre que la force de contrôle optimale v est donnée par p. En fait, s'il n'y a pas de restrictions sur v $(K = L^2(\Omega))$, alors $v = -p/c$. Autrement dit, l'état adjoint est proportionnel à la force de contrôle optimale.

Pour d'autres problèmes l'interprétation de la notion d'état adjoint est différente et n'est pas aussi simple (voir par exemple la Remarque 5.21). De manière générale, comme l'état adjoint permet de calculer la dérivée de la fonction coût, on peut toujours dire qu'il traduit la sensibilité de la fonction coût aux variations du paramètre de contrôle ou de forme. C'est pourquoi l'état adjoint est parfois appelé fonction "d'importance" ou "d'influence".   •

4.4 Bibliographie

La théorie du contrôle optimal est due principalement à L. Pontryagin [144] (voir aussi [16], [181]). Son extension aux systèmes distribués est l'oeuvre de J.-L. Lions [118].

5

Optimisation paramétrique

5.1 Introduction

5.1.1 Modélisation

Dans ce chapitre nous considérons des problèmes d'optimisation paramétrique de formes où le domaine de référence Ω, dans lequel est évalué l'état de la structure, ne varie pas. La variation de la forme est, dans cette situation, prise en compte à travers un paramètre d'épaisseur, de courbure, etc., qui intervient dans les coefficients de l'équation. Nous présentons la démarche générale de l'optimisation paramétrique sur l'exemple de la membrane, introduit à la Sous-section 1.2.1, mais la plupart des résultats s'étendent à des modèles plus complexes (en particulier, dans la Section 5.6 nous considérons une plaque élastique).

On cherche donc à optimiser l'épaisseur d'une membrane élastique déformée par une force extérieure f et fixée sur son contour. Au repos la membrane occupe un ouvert borné Ω de $\mathbb{R}^N$ (le modèle est réaliste pour $N = 2$ mais les idées se généralisent en dimensions supérieures). On suppose qu'il est possible de faire varier l'épaisseur de la membrane, notée $h(x)$, entre deux valeurs extrêmes $h_{max} \geq h_{min} > 0$. Le coefficient d'élasticité de la membrane est proportionnel à cette épaisseur h. Le comportement de la membrane est modélisé par

$$\begin{cases} -\mathrm{div}\,(h\nabla u) = f & \text{dans } \Omega \\ u = 0 & \text{sur } \partial\Omega, \end{cases} \qquad (5.1)$$

où u est le déplacement vertical de la membrane. Si $f \in L^2(\Omega)$, le Théorème 2.16 nous dit qu'il existe une unique solution $u \in H_0^1(\Omega)$. On cherche à optimiser la membrane en faisant varier son épaisseur $h(x)$ dans l'ensemble admissible défini par

$$\mathcal{U}_{ad} = \left\{ h \in L^\infty(\Omega) \text{ tel que } \begin{array}{l} h_{max} \geq h(x) \geq h_{min} > 0 \text{ dans } \Omega, \\ \int_\Omega h(x)\,dx = h_0|\Omega| \end{array} \right\}, \qquad (5.2)$$

avec $h_{max} > h_0 > h_{min}$. Remarquons qu'à partir du moment où la fonction $h(x)$ est mesurable, le fait que h est bornée par h_{min} et h_{max} entraîne automatiquement qu'elle appartient à $L^\infty(\Omega)$; le choix de cet espace est donc naturel et n'est pas une contrainte supplémentaire. Pour l'instant on n'impose aucune contrainte de régularité à l'épaisseur h qui peut être discontinue. On définit une fonction coût

$$J(h) = \int_\Omega j\Big(x, u(x)\Big)\, dx, \qquad (5.3)$$

où u est la solution de (5.1) (et donc dépend de h) et $j(x, u)$ est une fonction de $\Omega \times \mathbb{R}$ dans $\mathbb{R}$ que l'on suppose continue (ou même seulement mesurable) par rapport à x et de classe C^1 par rapport à u, telle que $|j(x, u)| \le C(u^2 + 1)$ et $|j'(x, u)| \le C(|u| + 1)$ pour tout $x \in \Omega$ et $u \in \mathbb{R}$ où j' désigne la dérivée partielle de j par rapport à u (d'autres hypothèses sur j sont possibles, mais on choisit celles-ci par souci de simplicité). Dans la suite, pour alléger la présentation on omettra la variable x et on écrira juste $j(u)$. Le problème d'optimisation s'écrit

$$\inf_{h \in \mathcal{U}_{ad}} J(h). \qquad (5.4)$$

Comme exemples de fonction j, on peut prendre $j(u) = fu$, c'est-à-dire que l'on veut minimiser la compliance ou le travail des forces extérieures (ce qui revient à maximiser la rigidité de la membrane), ou bien $j(u) = |u - u_0|^2$ si l'on veut que le déplacement u soit proche d'un déplacement désiré $u_0 \in L^2(\Omega)$.

5.1.2 Continuité de la fonction coût

Avant d'étudier l'existence d'une épaisseur optimale nous montrons que la fonction coût est continue.

Proposition 5.1. *On suppose que la fonction j est continue de $\mathbb{R}$ dans $\mathbb{R}$ et vérifie $|j(u)| \le C(u^2 + 1)$. Alors la fonction*

$$h \;\rightarrow\; J(h) = \int_\Omega j(u)\, dx \; avec \; u \; solution \; de \; (5.1)$$

est continue de $\{h \in L^\infty(\Omega)\,, \quad h(x) \ge h_{min} > 0 \; dans \; \Omega\}$ dans $\mathbb{R}$.

Démonstration. Par composition d'applications continues la proposition est vraie au vu des Lemmes 5.2 et 5.3. $\square$

Lemme 5.2. *Soit une fonction j continue de $\mathbb{R}$ dans $\mathbb{R}$ qui vérifie $|j(u)| \le C(u^2 + 1)$. Alors la fonction*

$$u \;\rightarrow\; \int_\Omega j(u)\, dx$$

est continue de $L^2(\Omega)$ dans $\mathbb{R}$.

Démonstration. Soit u_n une suite qui converge vers u dans $L^2(\Omega)$, i.e.

$$\lim_{n \to +\infty} \int_\Omega |u_n(x) - u(x)|^2 dx = 0.$$

Un résultat classique [28] affirme qu'il existe une sous-suite $u_{n'}$ et une fonction $v \in L^2(\Omega)$ telles que

$$u_{n'}(x) \to u(x) \text{ et } |u_{n'}(x)| \le v(x) \text{ presque partout dans } \Omega.$$

On peut donc appliquer le théorème de convergence dominée de Lebesgue à $j(u_{n'})$ pour obtenir

$$\lim_{n \to +\infty} \int_\Omega j(u_{n'})\, dx = \int_\Omega j(u)\, dx. \tag{5.5}$$

On a ainsi obtenu le résultat de continuité pour une sous-suite. En fait la continuité est vraie pour toute la suite u_n car, s'il existe une sous-suite pour laquelle la convergence (5.5) n'a pas lieu, on obtient une contradiction pour une sous-suite de cette sous-suite par l'argument ci-dessus. $\square$

Lemme 5.3. *Soit une suite $h_n \in \{h \in L^\infty(\Omega)\,, \quad h(x) \ge h_{min} > 0 \text{ dans } \Omega\}$ qui converge vers une limite h_∞ pour la norme de $L^\infty(\Omega)$. Soit u_n (respectivement u_∞) la solution unique dans $H_0^1(\Omega)$ de l'équation (5.1) associée à h_n (respectivement à h_∞). Alors, on a*

$$\lim_{n \to \infty} \|u_n - u_\infty\|_{H_0^1(\Omega)} = 0.$$

Démonstration. Soit u_n la solution de (5.1) pour l'épaisseur h_n, c'est-à-dire la solution dans $H_0^1(\Omega)$ de la formulation variationnelle

$$\int_\Omega h_n \nabla u_n \cdot \nabla \phi\, dx = \int_\Omega f\phi\, dx \quad \forall \phi \in H_0^1(\Omega).$$

En prenant $\phi = u_n$ dans cette formulation variationnelle, on obtient d'abord

$$h_{min}\|\nabla u_n\|_{L^2(\Omega)}^2 \le \int_\Omega h_n \nabla u_n \cdot \nabla u_n\, dx = \int_\Omega f u_n\, dx \le \|u_n\|_{L^2(\Omega)}\|f\|_{L^2(\Omega)}.$$

En utilisant l'inégalité de Poincaré (voir la Proposition 2.9) on en déduit

$$\|\nabla u_n\|_{L^2(\Omega)} \le \frac{C}{h_{min}}\|f\|_{L^2(\Omega)},$$

c'est-à-dire que la suite u_n est bornée dans $H_0^1(\Omega)$. D'autre part, en soustrayant la formulation variationnelle de u_m à celle de u_n on trouve

$$\int_\Omega h_n \nabla(u_n - u_m) \cdot \nabla \phi\, dx = \int_\Omega (h_m - h_n)\nabla u_m \cdot \nabla \phi\, dx \quad \forall \phi \in H_0^1(\Omega).$$

En choisissant $\phi = u_n - u_m$ on en déduit

$$h_{min}\|\nabla(u_n - u_m)\|_{L^2(\Omega)}^2 \leq \int_\Omega h_n|\nabla(u_n - u_m)|^2 dx$$

$$= \int_\Omega (h_m - h_n)\nabla u_m \cdot \nabla(u_n - u_m)\, dx$$

$$\leq \|h_m - h_n\|_{L^\infty(\Omega)}\|\nabla u_m\|_{L^2(\Omega)}\|\nabla(u_n - u_m)\|_{L^2(\Omega)},$$

ce qui donne

$$\|\nabla(u_n - u_m)\|_{L^2(\Omega)} \leq \frac{C}{h_{min}^2}\|f\|_{L^2(\Omega)}\|h_m - h_n\|_{L^\infty(\Omega)}. \qquad (5.6)$$

Comme Ω est borné, on déduit de la Proposition 2.9 sur l'inégalité de Poincaré que $\|\nabla\phi\|_{L^2(\Omega)}$ est une norme sur $H_0^1(\Omega)$ équivalente à la norme usuelle. Par conséquent, (5.6) implique le résultat désiré. $\square$

Remarque 5.4. Nous avons montré que la fonction coût $h \to J(h)$ est continue pour la topologie de la convergence (forte) dans $L^\infty(\Omega)$. Par conséquent, si l'ensemble des épaisseurs admissibles $\mathcal{U}_{ad}$, défini par (5.2), était (relativement) compact pour cette même topologie, il serait facile de montrer l'existence d'une épaisseur optimale, solution de (5.4). Malheureusement, cela n'est pas le cas car $L^\infty(\Omega)$ est un espace de dimension infinie ! Tout ce que l'on peut affirmer, et cela ne suffit pas pour conclure, c'est que $\mathcal{U}_{ad}$ est relativement compact pour la convergence faible dans $L^\infty(\Omega)$ (voir [28] pour cette notion).   •

5.2 Théories d'existence

La question de l'existence d'une solution au problème (5.4) est loin d'être simple (aucun des résultats du Chapitre 3 ne s'applique directement; par exemple, $J(h)$ n'est généralement pas une fonction convexe). En fait, en toute généralité et en l'absence d'hypothèses supplémentaires (sur l'ensemble admissible ou sur la fonction objectif) **il n'existe pas de solution** au problème d'optimisation (5.4). Des contre-exemples généraux ont été trouvés par F. Murat [131]. Numériquement, ce phénomène de non-existence se manifeste par des difficultés sérieuses du type : non convergence de la forme optimale calculée lorsque le maillage est raffiné, instabilité de la forme optimale calculée lorsque l'initialisation de l'algorithme est changée (voir l'exemple de la Sous-section 5.6.3). Curieusement, la première mise en évidence de cette instabilité numérique [44] est postérieure aux contre-exemples théoriques. La Sous-section 5.2.1 est consacré à un contre-exemple très intuitif (à défaut d'être très simple) de non-existence d'épaisseur optimale.

Néanmoins, nous allons voir qu'il est possible d'obtenir plusieurs résultats d'existence si l'on rajoute des hypothèses variées. Dans les autres sous-sections qui suivent on modifie la définition (5.2) de l'ensemble admissible $\mathcal{U}_{ad}$ (en le restreignant à un sous-ensemble plus petit) pour pouvoir démontrer l'existence d'une épaisseur optimale. Chacune de ses restrictions ou hypothèses supplémentaires s'interprète très naturellement d'un point de vue numérique et a son propre intérêt. Par ailleurs, nous verrons un cas particulier important, celui de la compliance, à la Section 5.4, pour lequel il y a existence d'une forme optimale sans condition additionnelle.

5.2.1 Contre-exemple de non-existence d'épaisseur optimale

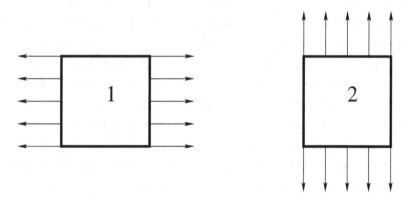

Fig. 5.1. Deux chargements appliqués au carré $\Omega =]0,1[^2$.

Pour simplifier on se place en dimension d'espace $N = 2$ (mais le raisonnement qui suit s'étend en dimension supérieure). On considère le domaine carré $\Omega =]0,1[^2$ occupé par une membrane d'épaisseur $h \in \mathcal{U}_{ad}$, défini par (5.2). On soumet cette membrane à deux chargements distincts, l'un horizontal et l'autre vertical (voir la Figure 5.1). Autrement dit, on considère deux équations d'état, et non une seule comme d'habitude, qui sont

$$\begin{cases} -\mathrm{div}\,(h\nabla u_1) = 0 & \text{dans } \Omega, \\ h\nabla u_1 \cdot n = e_1 \cdot n & \text{sur } \partial\Omega, \end{cases} \qquad \begin{cases} -\mathrm{div}\,(h\nabla u_2) = 0 & \text{dans } \Omega, \\ h\nabla u_2 \cdot n = e_2 \cdot n & \text{sur } \partial\Omega, \end{cases} \qquad (5.7)$$

où e_1, e_2 est la base canonique de $\mathbb{R}^2$. Il est facile de vérifier que ces deux problèmes admettent, chacun, une solution unique, à une constante additive près. On définit alors une fonction objectif qui est la différence des deux compliances

$$J(h) = \int_{\partial\Omega} e_1 \cdot n\, u_1\, ds - \int_{\partial\Omega} e_2 \cdot n\, u_2\, ds. \qquad (5.8)$$

En termes mécaniques, lorsque l'on minimise (5.8) on veut que la membrane soit solide pour le chargement horizontal (on minimise la compliance dans la direction e_1), et soit faible pour le chargement vertical (on maximise la compliance dans la direction e_2). Cette "contradiction" dans la fonction objectif rend le problème mal posé au sens suivant.

Proposition 5.5. *Soit $\mathcal{U}_{ad}$ défini par (5.2) et J défini par (5.8). Il n'existe pas de solution optimale au problème*

$$\inf_{h\in\mathcal{U}_{ad}} J(h). \tag{5.9}$$

Avant de donner une démonstration rigoureuse de la Proposition 5.5, nous expliquons intuitivement le mécanisme de ce contre-exemple d'existence. Supposons que l'épaisseur soit constante dans Ω. Comme, par définition, le matériau qui constitue la membrane est isotrope, le domaine Ω est lui aussi isotrope, c'est-à-dire qu'il offre la même résistance mécanique dans les deux directions e_1, e_2. Il s'agit clairement d'une situation non optimale puisque l'on veut que la membrane soit plus solide dans la direction e_1 que dans la direction e_2. Par conséquent, l'épaisseur $h(x)$ ne doit pas être uniforme si l'on veut minimiser $J(h)$. Au contraire, elle doit varier beaucoup afin de créer de l'anisotropie, c'est-à-dire de renforcer la direction horizontale mais pas la direction verticale. Clairement on a intérêt à créer des renforts d'épaisseur maximale alignés horizontalement : ils transmettront facilement les efforts dans la direction e_1. D'autre part, comme ces bandes d'épaisseur maximale devront nécessairement alterner avec d'autres bandes d'épaisseur minimale pour respecter la contrainte de poids fixé (voir la Figure 5.2), les efforts verticaux devront traverser obligatoirement ces zones faibles : par conséquent la structure ainsi créée sera peu solide dans la direction verticale. Sur ce principe on construit une suite minimisante pour (5.9). En effet, plus ces bandes horizontales sont fines (et donc nombreuses), plus il est facile aux efforts horizontaux de se répartir uniformément sur l'épaisseur maximale, alors que les efforts verticaux auront toujours la même proportion d'épaisseur faible à traverser. À la limite, cette suite minimisante "ressemble" à un matériau composite anisotrope qui est solide dans la direction horizontale et mou dans la direction verticale. Il s'agit précisément d'un phénomène **d'homogénéisation** que nous étudierons en détail au Chapitre 7. Évidemment, ce matériau composite, étant anisotrope, ne peut pas appartenir à la classe des épaisseurs isotropes. Le minimum de $J(h)$ n'est donc pas atteint dans l'ensemble admissible $\mathcal{U}_{ad}$.

Remarque 5.6. Pour obtenir le contre-exemple de la Proposition 5.5 nous avons utilisé deux équations d'état mais il s'agit d'une simple commodité. Le même type de contre-exemple peut s'obtenir avec une seule équation d'état. De même, ce contre-exemple n'est pas spécifique au modèle de membrane. En effet, il est aussi valable, *mutatis mutandis*, pour un modèle de plaque élastique. En particulier, nous renvoyons à l'exemple numérique de la Sous-section 5.6.3. •

Démonstration de la Proposition 5.5. Elle est un peu technique (et peut donc être omise en première lecture) mais est caractéristique du phénomène de non-existence de solution optimale. On commence par établir une borne

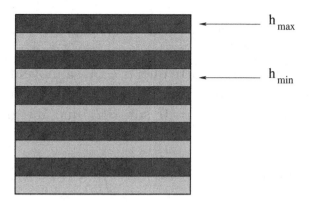

Fig. 5.2. Suite minimisante pour (5.9) (microstructure laminée).

inférieure de (5.9). Pour cela on utilise le principe de minimisation de l'énergie pour le deuxième chargement et le principe de minimisation de l'énergie complémentaire pour le premier chargement. D'après la Proposition 2.18 la compliance s'écrit

$$-\int_{\partial\Omega} e_2 \cdot n\, u_2\, ds = \min_{v \in H^1(\Omega)} \left\{ \int_{\Omega} h|\nabla v|^2 dx - 2\int_{\partial\Omega} e_2 \cdot n\, v\, ds \right\}. \qquad (5.10)$$

Le minimum dans (5.10) est bien sûr atteint par la solution u_2 de (5.7). D'après le Théorème 2.22 la compliance s'écrit

$$\int_{\partial\Omega} e_1 \cdot n\, u_1\, ds = \min_{\sigma \in \mathcal{A}} \int_{\Omega} h^{-1}\sigma \cdot \sigma\, dx, \qquad (5.11)$$

où l'espace affine $\mathcal{A}$ est défini par

$$\mathcal{A} = \left\{ \sigma \in L^2(\Omega)^2 \text{ tel que } \begin{array}{l} \operatorname{div}\sigma = 0 \text{ dans } \Omega \\ \sigma \cdot n = e_1 \cdot n \text{ sur } \partial\Omega \end{array} \right\}.$$

Le minimum dans (5.11) est évidemment atteint par le vecteur des contraintes $\sigma_1 = h\nabla u_1$ où u_1 est la solution de (5.7). Le problème d'optimisation de formes (5.9) peut donc se réécrire

$$\inf_{h \in \mathcal{U}_{ad}} \inf_{v \in H^1(\Omega)} \inf_{\sigma \in \mathcal{A}} \int_{\Omega} h^{-1}\sigma \cdot \sigma\, dx + \int_{\Omega} h|\nabla v|^2 dx - 2\int_{\partial\Omega} e_2 \cdot n\, v\, ds, \qquad (5.12)$$

et l'ordre des trois minimisations peut être changé comme bon nous semble. Pour obtenir une borne inférieure de (5.12) nous utilisons une propriété de convexité fournie par le Lemme 5.8 ci-dessous. Tout d'abord, en vertu de ce lemme, pour tout $x \in \Omega$, on a

$$h^{-1}(x)|\sigma(x)|^2 \geq h_0^{-1}|\sigma_0|^2 - \frac{(h(x) - h_0)}{h_0^2}|\sigma_0|^2 + \frac{2}{h_0}\sigma_0 \cdot (\sigma(x) - \sigma_0), \qquad (5.13)$$

où h_0 est la moyenne de $h(x)$ sur Ω et σ_0 est la moyenne de $\sigma(x)$ sur Ω. En intégrant sur Ω, les deux derniers termes de (5.13) disparaissent puisqu'ils sont de moyenne nulle. Donc

$$\int_\Omega h^{-1}\sigma \cdot \sigma \, dx \geq h_0^{-1}|\sigma_0|^2. \tag{5.14}$$

Or on remarque que, pour n'importe quel $\sigma \in \mathcal{A}$, sa moyenne σ_0 est seulement déterminée par la condition aux limites constante, c'est-à-dire que $\sigma_0 = e_1$. En effet, puisque $(\sigma - e_1) \cdot n = 0$ sur $\partial\Omega$, une intégration par parties conduit à

$$0 = \int_\Omega \operatorname{div}(\sigma(x) - e_1)\,x_i dx = -\int_\Omega (\sigma(x) - e_1) \cdot e_i dx,$$

où x_i est la i-ème composante de x. Puis, pour minorer le deuxième terme dans (5.12) on utilise encore le Lemme 5.8 avec $a = h^{-1}$ et $\tau = \nabla v$. Plus précisément on a pour tout $x \in \Omega$

$$\left((h^{-1}(x))^{-1}|\nabla v(x)|^2 \geq \left(h_-^{-1}\right)^{-1}|\xi_0|^2 - \frac{(h^{-1}(x) - h_-^{-1})}{h_-^{-2}}|\xi_0|^2 \right. \\ \left. + \frac{2}{h_-^{-1}}\xi_0 \cdot (\nabla v(x) - \xi_0), \right. \tag{5.15}$$

où h_-^{-1} est la moyenne de $h^{-1}(x)$ sur Ω et ξ_0 est la moyenne de $\nabla v(x)$ sur Ω. Autrement dit, h_- est la moyenne harmonique de $h(x)$

$$h_- = \left(\int_\Omega h^{-1}(x)\,dx\right)^{-1}$$

alors que $h_0 = \int_\Omega h(x)\,dx$ est la moyenne arithmétique de $h(x)$. En intégrant sur Ω, les deux derniers termes de (5.15) disparaissent puisqu'ils sont de moyenne nulle. Donc

$$\int_\Omega h|\nabla v|^2 dx - 2\int_{\partial\Omega} e_2 \cdot n\, v\, ds \geq h_-|\xi_0|^2 - 2e_2 \cdot \xi_0. \tag{5.16}$$

car $\int_{\partial\Omega} e_2 \cdot n\, v\, ds = \int_\Omega e_2 \cdot \nabla v\, dx$. Il est facile de minimiser (5.16) par rapport à $\xi_0 \in \mathbb{R}^2$ et par rapport à h_-. Le minimum est atteint pour la plus petite moyenne harmonique possible, c'est-à-dire $(h_-)^{-1} = \theta h_{max}^{-1} + (1-\theta)h_{min}^{-1}$ où $\theta \in]0; 1[$ est l'unique proportion telle que $h_0 = \theta h_{max} + (1-\theta)h_{min}$ (rappelons que, par hypothèse, $h_0 \in]h_{min}; h_{max}[$), et pour $\xi_0 = e_2/h_-$. On obtient ainsi, pour tout $v \in H^1(\Omega)$,

$$\int_\Omega h|\nabla v|^2 dx - 2\int_{\partial\Omega} e_2 \cdot n\, v\, ds \geq -\left(\theta h_{max}^{-1} + (1-\theta)h_{min}^{-1}\right). \tag{5.17}$$

En regroupant (5.14) et (5.17) on en déduit une borne inférieure de (5.12), et donc de (5.9),

$$\inf_{h \in \mathcal{U}_{ad}} J(h) \geq \left(\theta h_{max} + (1-\theta)h_{min}\right)^{-1} - \left(\theta h_{max}^{-1} + (1-\theta)h_{min}^{-1}\right). \tag{5.18}$$

Cette borne inférieure ne peut pas être atteinte exactement, autrement dit il n'existe aucun $h \in \mathcal{U}_{ad}$ telle que

$$J(h) = (\theta h_{max} + (1 - \theta)h_{min})^{-1} - \left(\theta h_{max}^{-1} + (1 - \theta)h_{min}^{-1}\right),$$

car, si cela était le cas, les inégalités (5.13) et (5.15) seraient en fait des égalités, et on aurait nécessairement $h(x) = h_0 = h_-$. Or, comme $\theta \in]0; 1[$, les moyennes arithmétique et harmonique de $h(x)$ sont forcément distinctes, ce qui conduit à une contradiction.

Pour finir il nous reste à montrer que cette borne inférieure est en fait la valeur infimum, c'est-à-dire qu'il y a égalité dans (5.18), ce qui établit le contre-exemple. Pour cela nous construisons une suite minimisante (suivant la Figure 5.2), pour tout $k \in \mathbb{N}^*$,

$$h_k(x) = h(kx_2),$$

où $h(x_2)$ est une fonction périodique, de période 1, définie par

$$h(x_2) = \begin{cases} h_{max} & \text{si } 0 \le x_2 < \theta \\ h_{min} & \text{si } \theta \le x_2 < 1 \end{cases},$$

qui est de moyenne précisément égale à h_0. On utilise alors le Théorème 7.5 d'homogénéisation et le Lemme 7.9 sur les matériaux composites, dits laminés simples. Ces résultats affirment que la suite minimisante h_k converge "au sens de l'homogénéisation" vers un tenseur effectif anisotrope

$$A^* = \begin{pmatrix} h_0 & 0 \\ 0 & h_- \end{pmatrix},$$

ce qui implique, en particulier, que la suite des compliances pour h_k converge vers les compliances homogénéisées pour A^*

$$\lim_{k \to +\infty} \int_{\partial\Omega} e_i \cdot n\, u_{k,i}\, ds = \int_{\partial\Omega} e_i \cdot n\, u_{*,i}\, ds \quad \text{pour } i = 1, 2,$$

où $u_{*,i}$ est la solution du problème

$$\begin{cases} -\text{div}\,(A^* \nabla u_{*,i}) = 0 & \text{dans } \Omega \\ A^* \nabla u_{*,i} \cdot n = e_i \cdot n & \text{sur } \partial\Omega. \end{cases} \tag{5.19}$$

Or, comme A^* est constant, (5.19) admet comme solution évidente $u_{*,i} = (A^*)^{-1}e_i \cdot x$, c'est-à-dire $u_{*,1} = x_1/h_0$ et $u_{*,2} = x_2/h_-$. On en déduit le résultat désiré, $\lim_{k \to +\infty} J(h_k) = h_0^{-1} - h_-^{-1} = \inf_{h \in \mathcal{U}_{ad}} J(h)$. $\square$

Remarque 5.7. La suite minimisante que nous venons de construire dans la démonstration de la Proposition 5.5 n'est pas un simple artifice mathématique. En général les suites minimisantes, même lorsqu'elles ne convergent pas, contiennent beaucoup d'informations (physiques aussi bien que mathématiques) utiles pour la compréhension du problème de minimisation. Dans le cas présent, la suite minimisante de la Figure 5.2 nous indique d'une part que les matériaux composites sont "meilleurs" que les constituants d'origine, et d'autre part qu'il est essentiel de développer une anisotropie dans la microstructure pour être optimal (plus grande rigidité dans la direction e_1 que e_2). ●

Lemme 5.8. *La fonction $\phi(a, \tau)$, définie de $\mathbb{R}^+ \times \mathbb{R}^N$ dans $\mathbb{R}$ par*

$$\phi(a, \tau) = a^{-1}|\tau|^2,$$

est convexe et vérifie

$$\phi(a, \tau) = \phi(a_0, \tau_0) + \phi'(a_0, \tau_0) \cdot (a - a_0, \tau - \tau_0) + \phi(a, \tau - \frac{a}{a_0}\tau_0), \quad (5.20)$$

où la dérivée ϕ' est donnée par

$$\phi'(a_0, \tau_0) \cdot (b, \eta) = -\frac{b}{a_0^2}|\tau_0|^2 + \frac{2}{a_0}\tau_0 \cdot \eta.$$

Démonstration. La formule (5.20) est un calcul simple : il s'agit juste d'un développement de Taylor à l'ordre 1 avec reste exact. Comme $\phi(a, \tau - \frac{a}{a_0}\tau_0)$ est positif ou nul par définition, on en déduit que ϕ est toujours au dessus de son hyperplan tangent, et donc est convexe (voir la Proposition 3.13). $\square$

5.2.2 Existence pour un modèle discrétisé

Si on impose aux épaisseurs admissibles d'être, non pas des fonctions, mais des constantes sur une partition fixée du domaine (comme on l'a fait à la Remarque 1.1), alors on peut démontrer un résultat d'existence puisqu'on s'est ainsi placé en dimension finie (égale au nombre de sous-domaines).

Soit donc une partition $(\omega_i)_{1 \le i \le n}$ du domaine Ω, qui vérifie

$$\overline{\Omega} = \bigcup_{i=1}^{n} \overline{\omega}_i, \quad \omega_i \bigcap \omega_j = \emptyset \text{ pour } i \ne j.$$

On introduit le sous-espace $\mathcal{U}_{ad}^n$ de $\mathcal{U}_{ad}$ défini par

$$\mathcal{U}_{ad}^n = \{h \in \mathcal{U}_{ad}, \quad h(x) = h_i \text{ dans } \omega_i, \ 1 \le i \le n\}. \quad (5.21)$$

Toute fonction $h(x)$, étant égale à une constante h_i dans chaque sous-domaine ω_i, est représentée de manière unique par un vecteur $(h_i)_{1 \le i \le n} \in \mathbb{R}^n$. Ainsi, on peut identifier $\mathcal{U}_{ad}^n$ à un sous-espace de $\mathbb{R}^n$ (qui vérifie aussi les contraintes de bornes min et max et de poids total fixé). Le fait que la variable d'optimisation soit désormais un vecteur de $\mathbb{R}^n$, et non plus une fonction, simplifie nettement l'analyse mais, bien sûr, cela camoufle les éventuelles difficultés qui surgissent lorsque n est très grand.

Théorème 5.9. *Le problème d'optimisation*

$$\inf_{h \in \mathcal{U}_{ad}^n} J(h)$$

admet au moins une solution optimale.

Démonstration. On remarque que $\mathcal{U}_{ad}^n$ est un sous-espace compact de $\mathbb{R}^n$ et comme $J(h)$ est une fonction continue sur $\mathcal{U}_{ad}^n$ par la Proposition 5.1, on peut appliquer le Théorème 3.3 qui donne l'existence d'un point de minimum de J sur $\mathcal{U}_{ad}^n$. $\square$

Remarque 5.10. L'argument de la démonstration du Théorème 5.9 est spécifique à la dimension finie. En fait, le résultat est, en général, faux si on remplace $\mathcal{U}_{ad}^n$ par $\mathcal{U}_{ad}$ (espace de dimension infinie). Les difficultés se manifestent en pratique de deux manières (au moins) lorsque n est grand. D'une part, il existe de nombreux points de minimum **locaux** (la plupart des méthodes numériques déterministes d'optimisation ne font pas la différence entre minima locaux ou globaux, hélas). D'autre part, même si on a pu calculer un optimum global, la fonction $h(x)$ obtenue par reconstruction à partir du vecteur $(h_i)_{1 \leq i \leq n} \in \mathbb{R}^n$ est très "chahutée" ou oscillante, et ceci de plus en plus, au fur et à mesure que n est grand, de telle manière qu'il n'y a pas de limite claire quand on passe du discret au continu (i.e. $n \to +\infty$). $\bullet$

5.2.3 Existence pour un modèle avec contrainte de régularité

Dans cette sous-section on impose aux épaisseurs admissibles d'être régulières, et plus encore d'être **uniformément** régulières. Rappelons que dans la Sous-section 1.2.1 nous avons dit que de telles contraintes de régularité permettent de prendre en compte la nature du procédé de fabrication de la membrane. Par exemple, une fabrication par emboutissage exige que la pente $h'(x)$ soit bornée, tandis qu'une fabrication par usinage prohibe les petits rayons de courbure (reliés à la dérivée seconde $h''(x)$). Par souci de simplicité nous n'allons considérer que le cas de fonctions d'épaisseur $h(x)$ dérivables.

Nous aurons besoin de l'espace des fonctions lipschitziennes, défini par

$$W^{1,\infty}(\Omega) = \left\{ h \in L^\infty(\Omega) \text{ tel que } \frac{\partial h}{\partial x_i} \in L^\infty(\Omega), 1 \leq i \leq N \right\}, \quad (5.22)$$

où $L^\infty(\Omega)$ est l'espace des fonctions mesurables, essentiellement bornées sur Ω (voir les définitions (2.2) et (2.6)).

Remarque 5.11. On sait que $W^{1,\infty}(\Omega)$ est un espace de Banach (espace vectoriel normé complet) pour la norme $\|h\|_{W^{1,\infty}(\Omega)} = \|h\|_{L^\infty(\Omega)} + \|\nabla h\|_{L^\infty(\Omega)^N}$. De plus, selon la Remarque 2.13, les fonctions de $W^{1,\infty}(\Omega)$ sont continues (par contre leurs dérivées peuvent être discontinues). Tous les résultats de cette section sont aussi valables si on remplace $W^{1,\infty}(\Omega)$ par $C^1(\overline{\Omega})$. $\bullet$

On se fixe a priori une constante $R > 0$, et on introduit le sous-espace $\mathcal{U}_{ad}^{reg}$ de $\mathcal{U}_{ad}$ défini par

$$\mathcal{U}_{ad}^{reg} = \left\{ h \in \mathcal{U}_{ad} \cap W^{1,\infty}(\Omega), \quad \|h\|_{W^{1,\infty}(\Omega)} \leq R \right\}. \quad (5.23)$$

Théorème 5.12. *Le problème d'optimisation*

$$\inf_{h \in \mathcal{U}_{ad}^{reg}} J(h) \tag{5.24}$$

admet au moins une solution optimale.

Démonstration. On considère une suite minimisante $(h_n)_{n \geq 1}$ de (5.24), c'est-à-dire que

$$\lim_{n \to \infty} J(h_n) = \left(\inf_{h \in \mathcal{U}_{ad}^{reg}} J(h) \right).$$

Par définition, la suite h_n est bornée (uniformément en n) dans l'espace $W^{1,\infty}(\Omega)$. On applique alors la généralisation du Théorème de Rellich 2.10 (voir la Remarque 2.11) qui affirme qu'on peut extraire de cette suite une sous-suite (que l'on note toujours h_n par simplicité) qui converge dans $L^\infty(\Omega)$ vers une fonction limite h_∞ (de plus $h_\infty \in W^{1,\infty}(\Omega)$). De la Proposition 5.1 on en déduit que

$$\lim_{n \to \infty} J(h_n) = J(h_\infty),$$

ce qui prouve que h_∞ est un point de minimum global de J dans $\mathcal{U}_{ad}^{reg}$.   □

Remarque 5.13. Le résultat du Théorème 5.12 paraît très satisfaisant, mais il n'en est rien! En effet, comment choisir la constante R qui intervient dans la définition (5.23) de $\mathcal{U}_{ad}^{reg}$? En général, la solution optimale dépend fortement de cette constante R et il n'est pas clair que la suite de solutions (associée à une suite de constantes) converge quand R tend vers l'infini (c'est-à-dire quand on "oublie" la contrainte de régularité). D'un point de vue pratique, on ne sait pas facilement prendre en compte numériquement cette contrainte de régularité. De plus, il peut exister de très nombreux minima locaux de (5.24) (éventuellement très éloignés d'un minimum global), et les algorithmes numériques peuvent rester "coincés" dans ces "mauvais" minima locaux.   •

Remarque 5.14. Une variante de (5.24) consiste à ajouter la contrainte de régularité à la fonction objectif plutôt que la forcer dans l'appartenance à $\mathcal{U}_{ad}^{reg}$. On parle alors de régularisation au sens de Tikhonov. Plus précisément, pour un paramètre $\alpha > 0$, on veut résoudre

$$\inf_{h \in \mathcal{U}_{ad}} \left(J(h) + \alpha \|h\|_{W^{1,\infty}(\Omega)} \right),$$

qui admet une solution optimale par une facile adaptation de la preuve du Théorème 5.12. Le paramètre de régularisation α est en quelque sorte l'inverse du paramètre R dans la définition (5.23) de $\mathcal{U}_{ad}^{reg}$, et sa détermination numérique est toute aussi délicate.   •

5.3 Méthode de gradient

Dans cette section nous allons calculer le gradient de la fonction objectif $J(h)$. Cela nous permettra d'une part d'établir des conditions nécessaires d'optimalité des formes optimales, et d'autre part de mettre en oeuvre un algorithme numérique de calcul de formes optimales. Un outil essentiel dans la suite sera la notion de Lagrangien et d'état adjoint. C'est pourquoi on appelle souvent cette approche "méthode adjointe".

5.3.1 Calcul du gradient continu

Rappelons que la fonction objectif $J(h)$, dont nous voulons calculer la dérivée, n'est pas définie explicitement comme une fonction de l'épaisseur h mais **implicitement**, comme une fonction de l'état u qui lui-même dépend de h (voir la formule (5.3)). Par conséquent, nous allons utiliser une règle de dérivation composée et commencer par calculer la dérivée de l'état u. On peut définir cette dérivée sur un ensemble beaucoup plus grand que l'ensemble admissible $\mathcal{U}_{ad}$. C'est pourquoi, on introduit l'espace

$$\mathcal{U} = \{h \in L^\infty(\Omega) , \quad \exists h_1 > 0 \text{ tel que } h(x) \geq h_1 \text{ dans } \Omega\}. \tag{5.25}$$

Soit $f \in L^2(\Omega)$. On définit l'application $h \to u(h)$ qui à $h \in \mathcal{U}$ fait correspondre la solution $u(h) \in H_0^1(\Omega)$ de

$$\begin{cases} -\text{div}\,(h\nabla u(h)) = f & \text{dans } \Omega \\ u(h) = 0 & \text{sur } \partial\Omega. \end{cases} \tag{5.26}$$

On sait déjà, par le Lemme 5.3, que cette application est continue.

Lemme 5.15. *L'application* $h \to u(h)$ *est différentiable sur* $\mathcal{U}$ *et la dérivée directionnelle en* $h \in \mathcal{U}$ *dans la direction* $k \in L^\infty(\Omega)$ *est donnée par*

$$\langle u'(h), k\rangle = v,$$

où v *est l'unique solution dans* $H_0^1(\Omega)$ *de*

$$\begin{cases} -\text{div}\,(h\nabla v) = \text{div}\,(k\nabla u) & \text{dans } \Omega \\ v = 0 & \text{sur } \partial\Omega. \end{cases} \tag{5.27}$$

Démonstration. Commençons par calculer formellement la dérivée directionnelle de $u(h)$. Soit $h \in \mathcal{U}$ et une direction $k \in L^\infty(\Omega)$. Pour tout $t > 0$ suffisamment petit, l'épaisseur $h(t) = h + tk$ appartient à $\mathcal{U}$. On peut donc définir $\hat{u}(t) = u(h(t))$, solution de (5.26) pour $h = h(t)$. On dérive alors l'équation (5.26) par rapport à t

$$\begin{cases} -\text{div}\,(h(t)\nabla\hat{u}'(t)) = \text{div}\,(h'(t)\nabla\hat{u}(t)) & \text{dans } \Omega \\ \hat{u}'(t) = 0 & \text{sur } \partial\Omega, \end{cases}$$

ce qui, pour $t = 0$, donne bien (5.27) car $h'(0) = k$ et $\hat{u}'(0) = \langle u'(h), k \rangle = v$. Ce calcul n'est que formel car il présuppose la dérivabilité de $\hat{u}(t)$ et il ignore que les solutions de (5.26) sont définies au sens variationnel. Justifions le donc proprement en montrant que l'application $h \to u(h)$ est différentiable au sens de Fréchet. Tout d'abord, la solution v de (5.27) existe et est unique dans $H_0^1(\Omega)$ grâce au Théorème de Lax-Milgram 2.14 appliqué à la formulation variationnelle

$$\int_\Omega h\nabla v \cdot \nabla\phi\,dx = -\int_\Omega k\nabla u \cdot \nabla\phi\,dx \quad \forall\,\phi \in H_0^1(\Omega). \tag{5.28}$$

On combine alors (5.28) avec la formulation variationnelle suivante pour $\hat{u}(t)$

$$\int_\Omega h(t)\nabla\hat{u}(t) \cdot \nabla\phi\,dx = \int_\Omega f\phi\,dx \quad \forall\,\phi \in H_0^1(\Omega),$$

et en remarquant que $\hat{u}(1) = u(h+k)$ et $\hat{u}(0) = u(h)$, on obtient par différence

$$\int_\Omega h\nabla\left(u(h+k) - u(h) - v\right) \cdot \nabla\phi\,dx = -\int_\Omega k\nabla\left(u(h+k) - u(h)\right) \cdot \nabla\phi\,dx.$$

En prenant $\phi = u(h+k) - u(h) - v$ on en déduit l'estimation

$$\|\nabla\left(u(h+k) - u(h) - v\right)\|_{L^2(\Omega)^N} \le C\|k\|_{L^\infty(\Omega)}\|\nabla\left(u(h+k) - u(h)\right)\|_{L^2(\Omega)^N}. \tag{5.29}$$

Or l'inégalité (5.6) du Lemme 5.3 affirme que

$$\|\nabla\left(u(h+k) - u(h)\right)\|_{L^2(\Omega)^N} \le C\|k\|_{L^\infty(\Omega)},$$

ce qui entraîne avec (5.29)

$$u(h+k) = u(h) + v + o(k) \quad \text{avec} \quad \lim_{\|k\|\to 0} \frac{\|o(k)\|_{H_0^1(\Omega)}}{\|k\|_{L^\infty(\Omega)}} = 0,$$

c'est-à-dire la différentiabilité au sens de Fréchet car, au vu de (5.28), l'application $k \to v$ est linéaire continue de $L^\infty(\Omega)$ dans $H_0^1(\Omega)$. $\square$

Remarque 5.16. Dans la démonstration ci-dessus, on a pris un luxe de précautions en justifiant (par passage à la formulation variationnelle) la dérivation formelle de l'équation, ce qui peut paraître exagéré et inutile en pratique. Cependant, nous verrons plus loin que dans des situations plus compliquées on peut facilement faire des erreurs dans la dérivation formelle et que seule la dérivation de la formulation variationnelle permet de trouver, à coup sûr, le "bon" résultat. On voit aussi que la différentiabilité au sens de Fréchet est un peu plus compliquée à établir que la dérivabilité directionnelle (qui suffit pour les applications pratiques).   •

Lemme 5.17. *Pour $h \in \mathcal{U}$, soit $u(h)$ la solution dans $H_0^1(\Omega)$ de (5.26) et*

$$J(h) = \int_\Omega j\big(u(h)\big)\, dx,$$

où j est une fonction de classe C^1 de $\mathbb{R}$ dans $\mathbb{R}$ telle que $|j(u)| \leq C(u^2 + 1)$ et $|j'(u)| \leq C(|u| + 1)$ pour tout $u \in \mathbb{R}$. L'application $J(h)$, de $\mathcal{U}$ dans $\mathbb{R}$, est différentiable et la dérivée directionnelle en h dans la direction $k \in L^\infty(\Omega)$ est donnée par

$$\langle J'(h), k \rangle = \int_\Omega j'\big(u(h)\big) v\, dx, \tag{5.30}$$

où $v = \langle u'(h), k \rangle$ est l'unique solution dans $H_0^1(\Omega)$ de (5.27).

Démonstration. Formellement, la formule (5.30) s'obtient par simple composition des dérivations. Pour la justifier il n'y a qu'à vérifier que tous les termes ont bien un sens. Tout d'abord, l'hypothèse $|j(u)| \leq C(u^2 + 1)$ montre que l'intégrale $\int_\Omega j\big(u(h)\big)\, dx$ est bien définie puisque $u(h) \in H_0^1(\Omega) \subset L^2(\Omega)$. Enfin, l'autre hypothèse $|j'(u)| \leq C(|u| + 1)$ montre que $j'\big(u(h)\big) \in L^2(\Omega)$, et comme $v \in H_0^1(\Omega) \subset L^2(\Omega)$, la définition (5.30) de $J'(h)$ a bien un sens puisque l'intégrale de droite est finie. $\square$

Remarque 5.18. La formule (5.30) est **inexploitable en pratique**, car on ne peut pas en déduire une expression simple de $J'(h)$. En effet, v est une fonction linéaire de k non explicite! Autrement dit, pour chaque incrément ou direction de dérivation k il faut calculer la solution v de (5.27). Quand on discrétise, c'est-à-dire si on remplace $\mathcal{U}$ par un sous-espace $\mathcal{U}^n$ de dimension finie n, il faut calculer n solutions de (5.27) pour avoir toutes les composantes du gradient dans cette base : c'est, bien sûr, beaucoup trop coûteux en pratique.   •

Comme on l'a appris de la théorie du contrôle optimal au Chapitre 4, pour obtenir une formule pratique de la dérivée $J'(h)$, on introduit un **état adjoint** p défini comme l'unique solution dans $H_0^1(\Omega)$ de

$$\begin{cases} -\operatorname{div}(h \nabla p) = -j'(u) & \text{dans } \Omega \\ p = 0 & \text{sur } \partial\Omega. \end{cases} \tag{5.31}$$

Théorème 5.19. *Le gradient de la fonction coût $J(h)$ est*

$$J'(h) = \nabla u \cdot \nabla p. \tag{5.32}$$

Si $h \in \mathcal{U}_{ad}$ est un minimum local de J sur $\mathcal{U}_{ad}$, il vérifie la condition nécessaire d'optimalité

$$\int_\Omega \nabla u \cdot \nabla p\, (k - h)\, dx \geq 0 \tag{5.33}$$

pour tout $k \in \mathcal{U}_{ad}$.

Démonstration. Pour rendre explicite $J'(h)$ à partir de la formule (5.30), il faut éliminer $v = \langle u'(h), k \rangle$. On utilise l'état adjoint pour cela : on multiplie (5.27) par p et (5.31) par v et on intègre par parties

$$\int_\Omega h\nabla p \cdot \nabla v \, dx = -\int_\Omega j'(u)v \, dx$$

$$\int_\Omega h\nabla v \cdot \nabla p \, dx = -\int_\Omega k\nabla u \cdot \nabla p \, dx$$

Par comparaison de ces deux égalités on en déduit que

$$\langle J'(h), k \rangle = \int_\Omega j'(u)v \, dx = \int_\Omega k\nabla u \cdot \nabla p \, dx,$$

et ceci, pour tout $k \in L^\infty(\Omega)$. Comme $\nabla u \cdot \nabla p$ appartient à $L^1(\Omega)$, l'application $k \to \int_\Omega k\nabla u \cdot \nabla p \, dx$ est bien une forme linéaire continue sur $L^\infty(\Omega)$, et on en déduit la formule (5.32).

Pour obtenir la condition d'optimalité (5.33), il suffit alors d'appliquer le Théorème 3.19 puisque $\mathcal{U}_{ad}$ est un fermé convexe non vide de $L^\infty(\Omega)$.   □

Remarque 5.20. Pour trouver l'équation satisfaite par l'état adjoint, la "recette" est toujours la même (voir la Définition 4.10). On introduit un multiplicateur de Lagrange pour la contrainte (5.26), reliant $u = u(h)$ à h, qui est une fonction $p \in H_0^1(\Omega)$ (voir la Remarque 3.24). On définit donc le Lagrangien

$$\mathcal{L}(\hat{h}, \hat{u}, \hat{p}) = \int_\Omega j(\hat{u}) \, dx + \int_\Omega \hat{p} \left(-\mathrm{div}\left(\hat{h}\nabla\hat{u} \right) - f \right) dx,$$

pour des variables indépendantes $(\hat{h}, \hat{u}, \hat{p}) \in L^\infty(\Omega) \times H_0^1(\Omega) \times H_0^1(\Omega)$. Par intégration par parties (i.e. en faisant apparaître la formulation variationnelle de (5.26)) on a aussi

$$\mathcal{L}(\hat{h}, \hat{u}, \hat{p}) = \int_\Omega j(\hat{u}) \, dx + \int_\Omega \left(\hat{h}\nabla\hat{p} \cdot \nabla\hat{u} - f\hat{p} \right) dx, \qquad (5.34)$$

La dérivée partielle de $\mathcal{L}$ par rapport à u dans la direction $\phi \in H_0^1(\Omega)$ est

$$\langle \frac{\partial\mathcal{L}}{\partial u}(\hat{h}, \hat{u}, \hat{p}), \phi \rangle = \int_\Omega j'(\hat{u})\phi \, dx + \int_\Omega \left(\hat{h}\nabla\hat{p} \cdot \nabla\phi \right) dx,$$

qui, lorsqu'elle s'annule, n'est rien d'autre que la formulation variationnelle de l'équation adjointe (5.31). De même, la dérivé partielle de $\mathcal{L}$ par rapport à p donne "par définition" la formulation variationnelle de l'équation d'état. Enfin, la dérivée partielle de $\mathcal{L}$ par rapport à h est tout simplement $J'(h)$. En effet, pour tout $\hat{p} \in H_0^1(\Omega)$, on a

$$\mathcal{L}(h, u, \hat{p}) = J(h)$$

puisque u vérifie la formulation variationnelle de l'équation d'état (5.26). Comme u dépend de h, mais pas $\hat{p}$, en dérivant cette relation et en utilisant le théorème des dérivées composées, il vient

$$\langle J'(h), k\rangle = \langle\frac{\partial\mathcal{L}}{\partial h}(h, u, \hat{p}), k\rangle + \langle\frac{\partial\mathcal{L}}{\partial u}(h, u, \hat{p}), \frac{\partial u}{\partial h}(k)\rangle.$$

En prenant alors $\hat{p} = p$ solution de l'équation adjointe (5.31), le dernier terme s'annule et on obtient

$$\langle J'(h), k\rangle = \langle\frac{\partial\mathcal{L}}{\partial h}(h, u, p), k\rangle = \int_\Omega k\,\nabla p\cdot\nabla u\,dx.$$

•

Remarque 5.21 (Interprétation physique de l'état adjoint). On vient de voir que l'état adjoint p est le multiplicateur de Lagrange pour la contrainte qu'est l'équation d'état dans la définition (5.34) du Lagrangien. On peut chercher une interprétation mécanique plus parlante de l'état adjoint **au point de minimum**, interprétation qui dépend du problème considéré comme on l'a dit à la Remarque 4.14. Dans le cadre qui nous intéresse ici (optimisation de l'épaisseur d'une membrane), l'état adjoint s'interprète comme la **sensibilité** de la valeur minimum du coût par rapport à la force f. En effet, supposons que le minimum soit atteint (ce qui est le cas au moins pour l'exemple de la compliance, voir la Section 5.4) et que nous ayons le droit de dériver comme nous allons le faire (ce qui est vrai si le point de minimum est unique). Pour une force f donnée, on définit la valeur minimum

$$m(f) = J(h^*) = \min_{h\in\mathcal{U}_{ad}}\left\{J(h) = \int_\Omega j(u)\,dx\right\}$$

où $u \equiv u(h)$ est la solution de (5.26). On note h^* l'épaisseur optimale et $u^* \equiv u(h^*)$ l'état correspondant. On calcule la dérivée de la valeur $m(f)$ par rapport à f dans la direction θ

$$\langle m'(f), \theta\rangle = \int_\Omega m'(f)\,\theta\,dx = \int_\Omega j'(u^*)\,w\,dx$$

où l'on a noté $w = \langle(u^*)'(f), \theta\rangle$ la dérivée de u^* par rapport à f dans la direction θ. On note aussi $d = \langle(h^*)'(f), \theta\rangle$ la dérivée de h^* par rapport à f dans la direction θ. L'équation satisfaite par w et d s'obtient en dérivant (5.26) par rapport à f

$$\begin{cases} -\operatorname{div}(h^*\nabla w) - \operatorname{div}(d\nabla u^*) = \theta & \text{dans } \Omega \\ w = 0 & \text{sur } \partial\Omega. \end{cases} \tag{5.35}$$

On multiplie l'équation (5.35) par p et l'équation adjointe (5.31) par w et par comparaison on en déduit

$$\int_\Omega j'(u^*)\,w\,dx = \int_\Omega \theta\,p\,dx - \int_\Omega d\nabla u^* \cdot \nabla p\,dx. \qquad (5.36)$$

Or, en prenant k égale à l'épaisseur optimale pour la force $f + t\theta$ dans la condition d'optimalité (5.33), en divisant par $t > 0$ et en faisant tendre t vers 0, la condition d'optimalité de l'épaisseur h^* donne

$$-\int_\Omega d\nabla u^* \cdot \nabla p\,dx \geq 0. \qquad (5.37)$$

Si on change θ en $-\theta$, le même raisonnement conduit encore à l'inégalité (5.37) mais avec la dérivée opposée, $-d$, de l'épaisseur. Par conséquent, (5.37) est en fait une égalité! On peut donc éliminer la dernière intégrale dans (5.36) qui est nulle. On a donc démontré que

$$p = m'(f),$$

c'est-à-dire que p est la sensibilité (ou la dérivée) de la valeur minimum de la fonction objectif par rapport à des variations de la force f. Autrement dit, là où la fonction $p(x)$ est grande en valeur absolue, une variation locale de $f(x)$ donnera une grande variation du minimum (le contraire si $p(x)$ est petit). On peut donc ainsi vérifier la stabilité de l'optimum à des petites fluctuations des forces appliquées.   ●

5.3.2 Algorithme numérique

Une fois que l'on a obtenu l'expression analytique du gradient de la fonction coût $J(h)$ il est naturel et assez facile de mettre en oeuvre une méthode de gradient pour minimiser numériquement $J(h)$ et calculer ainsi une épaisseur optimale. À cause de la contrainte sur le poids de la membrane et des bornes minimale et maximale sur l'épaisseur on utilise un algorithme de gradient à pas fixe avec projection (voir la Sous-section 3.4.2). Écrivons cet algorithme dans le cadre qui nous intéresse. Soit $\mu > 0$ un pas de descente fixé. On calcule une suite $h_n \in \mathcal{U}_{ad}$ par la récurrence suivante.

1. Initialisation de l'épaisseur $h_0 \in \mathcal{U}_{ad}$ (par exemple, une fonction constante qui satisfait les contraintes).

2. Itérations jusqu'à convergence, pour $n \geq 0$:

$$h_{n+1} = P_{\mathcal{U}_{ad}}\Big(h_n - \mu J'(h_n)\Big), \qquad (5.38)$$

où $P_{\mathcal{U}_{ad}}$ est l'opérateur de projection sur le convexe fermé $\mathcal{U}_{ad}$ et la dérivée est donnée par

$$J'(h_n) = \nabla u_n \cdot \nabla p_n$$

avec u_n la solution de l'équation (5.1) et p_n celle de l'équation adjointe (5.31) (associées à l'épaisseur h_n).

Pour que cet algorithme soit entièrement explicite, il nous faut préciser ce qu'est l'opérateur de projection $P_{\mathcal{U}_{ad}}$. L'ensemble admissible $\mathcal{U}_{ad}$ contient deux contraintes : tout d'abord une contrainte de poids total

$$\int_\Omega h(x)\,dx = h_0|\Omega|, \qquad (5.39)$$

puis une contrainte de bornes locales

$$h_{max} \geq h(x) \geq h_{min} > 0 \text{ dans } \Omega. \qquad (5.40)$$

Il est facile de construire un opérateur de projection pour chacune de ces contraintes prises séparément. Pour la contrainte (5.40) l'opérateur de projection est une simple troncature (voir (3.47))

$$\Big(P(h)\Big)(x) = \max\left(h_{min}, \min\left(h_{max}, h(x)\right)\right),$$

tandis que pour la contrainte (5.39) l'opérateur de projection est

$$\Big(P(h)\Big)(x) = h(x) + \ell$$

où $\ell \in \mathbb{R}$ est la constante telle que $\int_\Omega P(h)\,dx = h_0|\Omega|$. On interprète ℓ comme le multiplicateur de Lagrange associé à la contrainte (5.39). On peut alors combiner ces deux projections pour obtenir

$$\Big(P_{\mathcal{U}_{ad}}(h)\Big)(x) = \max\left(h_{min}, \min\left(h_{max}, h(x)+\ell\right)\right) \qquad (5.41)$$

où ℓ est l'unique multiplicateur de Lagrange tel que

$$\int_\Omega P_{\mathcal{U}_{ad}}(h)\,dx = h_0|\Omega|.$$

La détermination de la constante ℓ n'est plus explicite : il faut utiliser un algorithme itératif en utilisant la propriété que la fonction

$$\ell \to \mathcal{V}(\ell) = \int_\Omega \max\left(h_{min}, \min\left(h_{max}, h(x)+\ell\right)\right)\,dx$$

est strictement croissante sur l'intervalle $[\ell^-, \ell^+]$, image réciproque du segment $[h_{min}|\Omega|, h_{max}|\Omega|]$. Grâce à cette propriété de monotonie, l'algorithme itératif est simple : on commence par déterminer un encadrement $[\ell^1, \ell^2]$ tel que

$$\mathcal{V}(\ell_1) \leq h_0|\Omega| \leq \mathcal{V}(\ell_2),$$

puis on procède par dichotomie pour trouver ℓ.

Remarque 5.22. Le gradient $J'(h_n) = \nabla u_n \cdot \nabla p_n$ appartient à $L^1(\Omega)$ mais, a priori, pas à $L^\infty(\Omega)$. Par conséquent, la somme $h_n - \mu J'(h_n)$ n'appartient qu'à $L^1(\Omega)$ (rappelons que Ω est borné). Heureusement, après application de l'opérateur de projection $P_{\mathcal{U}_{ad}}$ on obtient une fonction de $L^\infty(\Omega)$. $\qquad \bullet$

En pratique, on utilise plutôt un algorithme de gradient projeté à pas variable (mais non optimal) qui garantit la décroissance de la fonctionnelle J.

1. Initialisation de l'épaisseur $h_0 \in \mathcal{U}_{ad}$.

2. Itérations jusqu'à convergence, pour $n \geq 0$:
   a) Calcul de l'état u_n et de l'état adjoint p_n, solutions respectives de (5.1) et (5.31), à l'aide de l'épaisseur précédente h_n.
   b) Mise à jour de l'épaisseur :

$$h_{n+1} = \max\left(h_{min}, \min\left(h_{max}, h_n - \mu_n J'(h_n) + \ell_n\right)\right),$$

où ℓ_n est un multiplicateur de Lagrange pour la contrainte de poids (5.39), ajusté itérativement, et $\mu_n > 0$ est un pas de descente tel que $J(h_{n+1}) < J(h_n)$.

Un pas de descente optimal μ_n peut se calculer par un algorithme de type "line search" [27], mais le coût en temps de calcul est rédhibitoire car chaque évaluation requiert un calcul par éléments finis de l'état. En pratique, on se contente d'une seule évaluation par itération si $J(h_{n+1}) < J(h_n)$: on peut alors augmenter le pas μ_n pour les itérations suivantes (afin de converger plus vite) ; si par contre $J(h_{n+1}) \geq J(h_n)$ on recommence en divisant μ_n par 2. Remarquons que l'essentiel du temps de calcul est consacré au calcul des solutions u_n et p_n par éléments finis. Si la résolution des systèmes linéaires s'effectue grâce à une méthode directe de type factorisation de Cholesky, le surcoût engendré par le calcul de l'état adjoint est très faible : il suffit de calculer un nouveau second membre, en utilisant la solution du problème direct, et de résoudre le système linéaire avec ce nouveau second membre, la matrice de rigidité (déjà factorisée) étant inchangée.

On détecte la convergence lorsque la condition d'optimalité (3.44) est satisfaite, c'est-à-dire lorsque

$$h = \max\left(h_{min}, \min\left(h_{max}, h - \mu J'(h) + \ell\right)\right).$$

En pratique, on introduit un seuil $\epsilon > 0$ (typiquement 10^{-3}) et on déclare que l'algorithme a convergé si

$$\left|h_n - \max\left(h_{min}, \min\left(h_{max}, h_n - \mu_n J'(h_n) + \ell_n\right)\right)\right| \leq \epsilon \mu_n h_{max}.$$

Le problème principal d'un tel algorithme de gradient est évidemment sa lenteur relative. On peut l'accélérer par une méthode de quasi-Newton, qui est cependant plus délicate à implémenter.

Nous renvoyons à la Section 5.6 pour la mise en oeuvre de cet algorithme dans le cas d'une plaque-console élastique.

5.4 Le cas auto-adjoint : la compliance

Lorsque $j(u) = fu$, on trouve que $p = -u$ puisque $j'(u) = f$. Ce cas particulier est dit **auto-adjoint**, et il jouit d'un certain nombre de propriétés remarquables, y compris un résultat d'existence assez simple. Cela explique en partie pourquoi l'utilisation de la compliance comme fonction objectif est aussi populaire.

Remarquons au passage que dans le cas auto-adjoint la dérivée de la compliance $J(h) = \int_\Omega fu\, dx$ est

$$J'(h) = -|\nabla u|^2$$

qui s'interprète mécaniquement de manière très simple. En effet, au vu de la formule (5.38) dans l'algorithme de gradient, on voit qu'il faut augmenter l'épaisseur là où les déformations (ou contraintes) sont les plus grandes, et qu'il faut la diminuer là où elles sont les plus faibles. Il est rassurant de voir que cette condition d'optimalité est tout à fait conforme à l'intuition mécanique !

5.4.1 Un résultat d'existence

On utilise le Théorème 2.22 sur l'énergie complémentaire qui affirme que

$$\int_\Omega fu\, dx = \min_{\substack{\tau \in L^2(\Omega)^N \\ -\mathrm{div}\tau = f \text{ dans } \Omega}} \int_\Omega h^{-1}|\tau|^2 dx. \qquad (5.42)$$

On peut alors réécrire le problème d'optimisation (5.4) comme une double minimisation

$$\inf_{h\in\mathcal{U}_{ad}} \min_{\substack{\tau \in L^2(\Omega)^N \\ -\mathrm{div}\tau = f \text{ dans } \Omega}} \int_\Omega h^{-1}|\tau|^2 dx.$$

L'ordre des deux minimisations est sans importance : on peut les échanger ou les combiner en une seule minimisation sur le couple (h, τ). On écrit donc (5.4) sous la forme

$$\inf_{(h,\tau)\in\mathcal{U}_{ad}\times H} \int_\Omega h^{-1}|\tau|^2 dx. \qquad (5.43)$$

avec $H = \{\tau \in L^2(\Omega)^N, -\mathrm{div}\tau = f \text{ dans } \Omega\}$. On remarque que $\mathcal{U}_{ad} \times H$ est un ensemble fermé convexe non vide. L'intérêt de (5.43) est que la fonction à minimiser est aussi convexe comme l'affirme le Lemme 5.8. On peut alors obtenir l'existence d'une forme optimale sans aucune hypothèse supplémentaire.

Théorème 5.23. *Il existe une solution optimale au problème de minimisation (5.43).*

Démonstration. En vertu du Lemme 5.8 la fonction

$$\phi(h, \tau) = \int_\Omega h^{-1}|\tau|^2 dx$$

est convexe de $\mathcal{U}_{ad} \times H$ dans $\mathbb{R}$. Elle est aussi "infinie à l'infini" (en fait, $\mathcal{U}_{ad}$ est borné et elle tend bien vers l'infini quand la norme de τ tend vers l'infini). On peut donc appliquer le Théorème d'existence 3.8. Remarquons aussi que tout minimum local est en fait un minimum global. $\square$

Remarque 5.24. Malheureusement, cette fonction $\phi(h, \tau)$ n'est pas strictement convexe, et on ne peut donc rien dire de l'unicité de la solution optimale.   •

5.4.2 Conditions d'optimalité

Le Lemme 5.8 donne aussi le gradient de la fonction $\phi(h, \tau)$ dont l'intégrale est minimisée dans (5.43). On peut donc appliquer un algorithme de gradient pour minimiser (5.43) conjointement en (h, τ). Il se trouve que l'on peut faire mieux en trouvant des conditions d'optimalité précises qui conduisent à un algorithme numérique plus performant qu'une simple méthode de gradient.

L'idée essentielle est **d'échanger les deux minimisations** dans (5.43), ce qui ne change pas le problème, pour obtenir

$$\inf_{\substack{\tau \in L^2(\Omega)^N \\ -\mathrm{div}\tau = f \text{ dans } \Omega}} \quad \inf_{h \in \mathcal{U}_{ad}} \int_{\Omega} h^{-1}|\tau|^2 dx \ .$$

Il se trouve qu'à τ fixé, il est facile d'effectuer la minimisation en h dans $\mathcal{U}_{ad}$.

Lemme 5.25. *Soit $\tau \in L^2(\Omega)^N$. Le problème*

$$\min_{h \in \mathcal{U}_{ad}} \int_{\Omega} h^{-1}|\tau|^2 dx$$

admet un point de minimum $h(\tau)$ dans $\mathcal{U}_{ad}$ donné par

$$h(\tau)(x) = \begin{cases} h^*(x) & si \ h_{min} < h^*(x) < h_{max} \\ h_{min} & si \ h^*(x) \leq h_{min} \\ h_{max} & si \ h^*(x) \geq h_{max} \end{cases} \qquad avec \ h^*(x) = \frac{|\tau(x)|}{\sqrt{\ell}}, \quad (5.44)$$

où $\ell \in \mathbb{R}^+$ est l'unique valeur telle que $\int_{\Omega} h(x)\,dx = h_0|\Omega|$. La valeur du minimum $h(\tau)(x)$ est unique si $\ell \neq 0$.

Remarque 5.26. On retrouve à nouveau le fait (conforme à l'intuition mécanique) que l'épaisseur optimale est d'autant plus grande que les contraintes sont grandes. En fait, l'épaisseur optimale est même précisément proportionnelle au module des contraintes lorsqu'elle n'atteint pas ses valeurs extrêmes. Pour les treillis de barres (dits de Michell) ce principe d'optimalité conduit aux méthodes de "fully stressed design" [111], [153].   •

Démonstration. La fonction $h \rightarrow \int_{\Omega} h^{-1}|\tau|^2 dx$ est convexe de $\mathcal{U}_{ad}$ dans $\mathbb{R}$, donc le Théorème 3.8 donne l'existence d'un point de minimum h. Le Théorème 3.19 caractérise ce point de minimum par la condition

$$- \int_\Omega \frac{|\tau|^2}{h^2}(k-h)\,dx \geq 0 \quad \forall\, k \in \mathcal{U}_{ad}. \qquad (5.45)$$

Soit $\mu > 0$ un réel positif fixé. La condition (5.45) est équivalente à

$$\int_\Omega \left(h - \left(h + \mu\frac{|\tau|^2}{h^2} \right) \right)(k-h)\,dx \leq 0 \quad \forall\, k \in \mathcal{U}_{ad},$$

qui n'est rien d'autre que la caractérisation de la projection sur le convexe fermé $\mathcal{U}_{ad}$

$$h = P_{\mathcal{U}_{ad}}\left(h + \mu\frac{|\tau|^2}{h^2} \right).$$

On connaît l'opérateur de projection orthogonale $P_{\mathcal{U}_{ad}}$ défini par la formule (5.41), c'est-à-dire pour $x \in \Omega$

$$\left(P_{\mathcal{U}_{ad}}(k) \right)(x) = \max\left(h_{min}, \min\left(h_{max}, k(x) - \ell \right) \right)$$

où $(-\ell)$ est l'unique multiplicateur de Lagrange tel que $\int_\Omega P_{\mathcal{U}_{ad}}(k)\,dx = h_0|\Omega|$. On en déduit alors aisément la caractérisation (5.44), et en particulier que

$$\frac{|\tau(x)|^2}{h(x)^2} - \ell = 0 \quad \text{pour tout } x \text{ tel que} h_{min} < h(x) < h_{max},$$

ce qui donne la valeur de $h^*(x)$, unique si $\ell \neq 0$. Si $\ell = 0$, alors il peut y avoir plusieurs points de minimum dont les valeurs $h(\tau)(x)$ diffèrent là où $\tau(x) = 0$. $\square$

Par conséquent, on a trouvé des conditions d'optimalité pour le problème d'optimisation (5.4) qui sont du type :

1. si on connaît le τ optimal, alors un h optimal est donné par (5.44),

2. si on connaît le h optimal, alors le τ optimal est l'unique point de minimum de (5.42) (obtenu en résolvant une simple équation aux dérivées partielles).

On en déduit un algorithme de minimisation pour (5.4), dit **de directions alternées**, qui consiste à minimiser successivement et alternativement en h et en τ.

5.4.3 Algorithme numérique

Décrivons cet algorithme de directions alternées.

1. Initialisation de l'épaisseur $h_0 \in \mathcal{U}_{ad}$.

2. Itérations jusqu'à convergence, pour $n \geq 0$:

a) Calcul de l'état τ_n, solution unique de

$$\min_{\substack{\tau \in L^2(\Omega)^N \\ -\mathrm{div}\tau = f \text{ dans } \Omega}} \int_\Omega h_n^{-1}|\tau|^2 dx, \qquad (5.46)$$

à l'aide de l'épaisseur précédente h_n.

b) Mise à jour de l'épaisseur :

$$h_{n+1} = h(\tau_n),$$

où $h(\tau)$ est défini par (5.44).

Remarquons que la minimisation de (5.46) est équivalente à la résolution de l'équation (5.1), c'est-à-dire

$$\begin{cases} -\mathrm{div}\,(h_n \nabla u_n) = f & \text{dans } \Omega \\ u_n = 0 & \text{sur } \partial\Omega, \end{cases}$$

et que l'on retrouve τ_n par la formule

$$\tau_n = h_n \nabla u_n.$$

Cet algorithme s'interprète comme une minimisation alternative en τ puis en h de la fonctionnelle (5.43). En particulier, on en déduit que la fonction objectif décroît toujours au cours des itérations

$$J(h_{n+1}) = \int_\Omega h_{n+1}^{-1}|\tau_{n+1}|^2 dx \leq \int_\Omega h_{n+1}^{-1}|\tau_n|^2 dx \leq \int_\Omega h_n^{-1}|\tau_n|^2 dx = J(h_n).$$

Cet algorithme s'interprète aussi comme une méthode de **critère d'optimalité** (voir [18], [37], [153]). Les méthodes de critère d'optimalité sont très populaires parmi les ingénieurs bien que leurs fondements théoriques ne soient pas très clairs. Le principe de ces méthodes consiste à résoudre de manière itérative les conditions d'optimalité plutôt que de minimiser la fonction objectif. Si les conditions d'optimalité sont nécessaires et suffisantes, et si la méthode converge, on trouve ainsi une solution optimale. Cependant, il n'y a aucune garantie, en général, pour qu'elle converge. Plus grave, si les conditions d'optimalité sont seulement nécessaires, on peut converger vers une "fausse solution". L'algorithme de directions alternées ci-dessus est une méthode de critère d'optimalité puisqu'elle est une méthode itérative de point fixe sur les conditions d'optimalité. On peut démontrer la convergence de cet algorithme [178]. Nous renvoyons à la Section 5.6 pour la mise en oeuvre de cet algorithme dans le cas d'une plaque élastique.

5.5 Approche discrète

Le but de cette section est de montrer qu'il n'y a pas de simplification particulière à étudier la version discrète d'un problème d'optimisation de formes plutôt que sa version continue. Par ailleurs, nous montrerons aussi que la discrétisation du gradient de la fonction objectif dans l'approche continue est égal au gradient "discret" de l'approche discrète. Il n'y a donc aucune perte de précision dans l'approche continue pour ce modèle d'optimisation paramétrique.

5.5.1 Discrétisation du problème

Si l'on discrétise le problème aux limites (5.1), par exemple par une méthode d'éléments finis, on obtient le système linéaire suivant

$$K(h)y(h) = b, \tag{5.47}$$

où $K(h)$ est la **matrice de rigidité** de la membrane (qui dépend de h), b est le second membre qui correspond aux forces f, et $y(h)$ est le vecteur des coordonnées de la solution u de (5.1) dans la base des éléments finis. Ici h est toujours la variable d'épaisseur (elle aussi discrétisée), et non pas le pas du maillage d'éléments finis. On note n la dimension de l'espace de discrétisation (autrement dit le nombre de degrés de liberté dans la méthode des éléments finis) : b et $y(h)$ sont des vecteurs de $\mathbb{R}^n$, tandis que $K(h)$ est une matrice symétrique définie positive d'ordre n.

Pour simplifier, nous allons supposer que l'épaisseur h est discrétisée de la même manière que le déplacement, c'est-à-dire que nous associons à chaque degré de liberté du déplacement une variable discrète d'épaisseur. Par conséquent, h est désormais aussi un vecteur de $\mathbb{R}^n$. Ce choix est arbitraire : on aurait pu prendre moins de degrés de liberté pour h (par exemple, constant par sous-domaines), ou plus (par exemple, h défini en chaque point d'intégration d'une formule de quadrature utilisée pour l'évaluation de la matrice $K(h)$). Dans ces conditions l'ensemble admissible (5.2) est discrétisé par

$$\mathcal{U}_{ad}^{disc} = \left\{ h \in \mathbb{R}^n , \quad h_{max} \geq h_i \geq h_{min} > 0, \sum_{i=1}^{n} c_i h_i = h_0 |\Omega| \right\},$$

où $\sum_{i=1}^{n} c_i h_i$ est une approximation de $\int_{\Omega} h(x) dx$. On calcule aussi une approximation de la fonction coût (5.3) par une formule de quadrature : soit j^{disc} une fonction (régulière) de $\mathbb{R}^n$ dans $\mathbb{R}$ qui approche $\int_{\Omega} j(u(x)) \, dx$. Dans le cas de la compliance, j^{disc} est une fonction linéaire de $y(h)$ qui vaut

$$j^{disc}(y(h)) = b \cdot y(h) = K(h)^{-1}b \cdot b.$$

Dans le cas d'un critère quadratique pour approcher un déplacement cible, j^{disc} est aussi quadratique en $y(h)$

$$j^{disc}(y(h)) = B(y(h) - y_0) \cdot (y(h) - y_0).$$

Le problème discret est donc

$$\inf_{h \in \mathcal{U}_{ad}^{disc}} \left\{ J^{disc}(h) = j^{disc}(y(h)) \right\}. \tag{5.48}$$

D'un point de vue pratique ce qui nous intéresse c'est le calcul de la dérivée première (et éventuellement seconde) de $J^{disc}(h)$ pour pouvoir utiliser des méthodes numériques de type gradient pour trouver les minima de $J^{disc}(h)$. Le fait que l'on dispose de la formule explicite $y(h) = K(h)^{-1}b$ pour l'état de la structure est un leurre en pratique ! On pourrait croire qu'il suffit d'écrire

$$\left(J^{disc}\right)'(h) = y'(h) \left(j^{disc}\right)'(y(h)), \tag{5.49}$$

où $y'(h)$ est défini par la dérivation terme à terme de (5.47), c'est-à-dire

$$K(h)y'(h) = -K'(h)y(h), \tag{5.50}$$

ou plus précisément, pour chaque composante de h,

$$K(h)\frac{\partial y}{\partial h_i}(h) = -\frac{\partial K}{\partial h_i}(h)y(h),$$

c'est-à-dire que

$$y'(h) = -K(h)^{-1}K(h)'K(h)^{-1}b, \tag{5.51}$$

mais la formule (5.51) est inutilisable pour les systèmes de grande taille car le calcul de $K(h)^{-1}$ est beaucoup trop coûteux en général (en temps de calcul mais surtout en place mémoire). Rappelons que, lorsque n est grand, la résolution de (5.47) s'effectue sans calculer l'inverse de $K(h)$ (par une méthode itérative de type gradient conjugué, ou par une méthode directe de décomposition de Cholesky). Remarquons que l'on peut utiliser la formule (5.51) sans connaître $K(h)^{-1}$, mais il faut alors résoudre $n+1$ systèmes linéaires associés à la matrice $K(h)$ (un pour calculer $y(h) = K(h)^{-1}b$, puis n pour calculer $K(h)^{-1}(\partial K(h)/\partial h_i)y(h)$), ce qui est encore très coûteux.

Par conséquent, **on n'utilise pas** la formule explicite (5.51). Pour calculer la dérivée $\left(J^{disc}\right)'(h)$ on introduit la notion **d'état adjoint** qui permet de simplifier considérablement ce calcul. On définit l'état adjoint $p \in \mathbb{R}^n$ solution de

$$K(h)p(h) = -\left(j^{disc}\right)'(y(h)). \tag{5.52}$$

En prenant le produit scalaire de (5.50) par $p(h)$ et celui de (5.52) par $y'(h)$, on obtient, pour chaque composante i,

$$K(h)p(h) \cdot \frac{\partial y}{\partial h_i}(h) = -\frac{\partial K}{\partial h_i}(h)y(h) \cdot p(h) = -\left(j^{disc}\right)'(y(h)) \cdot \frac{\partial y}{\partial h_i}(h),$$

d'où l'on déduit

$$\left(J^{disc}\right)'(h) = K'(h)y(h) \cdot p(h) = \left(\frac{\partial K}{\partial h_i}(h)y(h) \cdot p(h)\right)_{1 \le i \le n}. \qquad (5.53)$$

En pratique, c'est la formule (5.53) que l'on utilise pour évaluer le gradient $\left(J^{disc}\right)'(h)$ puisqu'elle ne nécessite que deux résolutions de systèmes linéaires.

Par conséquent, **même dans le cas discret il est avantageux d'utiliser la notion d'état adjoint pour calculer le gradient de la fonction objectif.**

Remarque 5.27. Comme dans le cas continu (voir la Section 5.3), pour trouver la définition exacte de l'état adjoint on introduit le Lagrangien

$$\mathcal{L}(h, y, p) = j^{disc}(y) + p \cdot \left(K(h)y - b\right),$$

où p est le multiplicateur de Lagrange pour la contrainte (5.47) qui relie $y = y(h)$ à h. Puisque $K(h)$ est symétrique, la dérivée partielle de $\mathcal{L}$ par rapport à y est

$$\frac{\partial \mathcal{L}}{\partial y}(h, y, p) = \left(j^{disc}\right)'(y) + K(h)p,$$

qui, lorsqu'elle s'annule, donne l'équation adjointe (5.52).   ●

Remarque 5.28. D'un point de vue pratique, le point le plus difficile pour calculer la dérivée $\left(J^{disc}\right)'(h)$ dans ce modèle discret est le calcul des dérivées (en variables discrètes) $\frac{\partial K}{\partial h_i}(h)$ et $\left(j^{disc}\right)'(y)$. La première dérivée $\frac{\partial K}{\partial h_i}(h)$ est encore relativement facile à évaluer si on connaît les formules de quadrature utilisées dans le code d'éléments finis pour calculer la matrice de rigidité $K(h)$. Par contre, la seconde dérivée $\left(j^{disc}\right)'(y)$ peut être assez compliquée. En effet, en général on connaît explicitement la fonction j, définie dans le cadre continu (5.3), mais sa discrétisation (obtenue par "double" approximation : u est discrétisé en y et l'intégrale est approchée par quadrature) est nettement plus compliquée. Paradoxalement, il sera plus simple d'évaluer ces gradients dans le cadre continu, puis de les discrétiser, que d'évaluer directement les dérivées discrètes. Mentionnons toutefois la méthode de **différentiation automatique** [52] qui permet de calculer précisément ces dérivées discrètes. Cette méthode repose sur des algorithmes informatiques qui, à partir d'un programme en langage C ou Fortran, construisent automatiquement le programme donnant la dérivée des sorties du programme initial par rapport aux entrées. Cette méthode dépasse le cadre de ce cours : disons seulement que les logiciels de différentiation automatique sont peu nombreux et d'utilisation délicate.   ●

5.5.2 Comparaison des gradients discret et continu

Nous allons comparer le gradient, dit "continu", calculé à la Section 5.3, avec le gradient "discret" (5.53) que nous venons d'obtenir. Bien sûr, dans les applications numériques le gradient continu n'est pas utilisé tel quel, mais est lui aussi discrétisé par une méthode d'éléments finis. Par conséquent nous allons comparer le **gradient continu discrétisé** avec le gradient discret et montrer en fait qu'ils sont égaux ! Autrement dit, les deux opérations de discrétisation et de calcul de gradient commutent (sous des hypothèses minimines sur la manière de discrétiser). C'est un résultat rassurant, qui confirme le bien-fondé de l'approche continue que nous suivons dans cet ouvrage, et que l'on peut trouver dans [84], [120], [125].

Commençons par calculer le gradient continu discrétisé. La formulation variationnelle du problème continu (5.1) est : trouver $u \in H_0^1(\Omega)$ tel que

$$\int_\Omega h\nabla u \cdot \nabla \phi \, dx = \int_\Omega f\phi \, dx \quad \forall \phi \in H_0^1(\Omega), \qquad (5.54)$$

Une discrétisation par éléments finis consiste à remplacer l'espace $H_0^1(\Omega)$ par un sous-espace de dimension finie V_Δ, c'est-à-dire à trouver la solution $u_\Delta \in V_\Delta$ de

$$\int_\Omega h\nabla u_\Delta \cdot \nabla \phi_\Delta \, dx = \int_\Omega f\phi_\Delta \, dx \quad \forall \phi_\Delta \in V_\Delta. \qquad (5.55)$$

Nous utilisons ici la notation Δ (comme Δx) pour désigner la taille des mailles puisque la notation usuelle h est déjà prise pour l'épaisseur. De la même manière on introduit un autre espace d'éléments finis W_Δ pour l'épaisseur, c'est-à-dire un sous-espace de dimension finie de $\mathcal{U}_{ad}$. La formulation variationnelle du problème adjoint (5.31) est : trouver $p \in H_0^1(\Omega)$ tel que

$$\int_\Omega h\nabla p \cdot \nabla \phi \, dx = -\int_\Omega j'(u)\phi \, dx \quad \forall \phi \in H_0^1(\Omega), \qquad (5.56)$$

et sa discrétisation par éléments finis donne : trouver la solution $p_\Delta \in V_\Delta$ de

$$\int_\Omega h\nabla p_\Delta \cdot \nabla \phi_\Delta \, dx = -\int_\Omega j'(u_\Delta)\phi_\Delta \, dx \quad \forall \phi_\Delta \in V_\Delta. \qquad (5.57)$$

Finalement, suivant la formule (5.32), le gradient continu discrétisé est défini par

$$J'_\Delta(h) = \nabla u_\Delta \cdot \nabla p_\Delta. \qquad (5.58)$$

Remarquons qu'il faut éventuellement reprojeter $J'_\Delta(h)$ dans W_Δ avant de l'additionner à h (ce n'est pas la peine si V_Δ est l'espace des éléments finis $\mathbb{P}_1$ et W_Δ celui des éléments finis $\mathbb{P}_0$).

Calculons maintenant le gradient discret : nous l'avons déjà fait dans la sous-section précédente mais nous allons le ré-exprimer d'une autre manière pour le comparer à (5.58). Malgré les apparences, la formulation variationnelle (5.54) est exactement équivalente au système linéaire "discret" (5.47) ! En effet, les coordonnées dans la base de V_Δ de la solution u_Δ de (5.54) sont précisément le vecteur $y(h)$, solution de (5.47) (voir, si besoin est, le Lemme 2.29). Par conséquent, u_Δ est aussi l'état discret. La fonction objectif discrète est donc

$$J^{disc}(h) = \int_\Omega j(u_\Delta)\,dx,$$

qui coïncide avec (5.48) si les intégrales sont évaluées exactement (et non pas à l'aide de quadratures). Avec ces notations le calcul de la dérivée de $J^{disc}(h)$ est identique à celui de la dérivée de $J(h)$ à la différence que l'espace $H_0^1(\Omega)$ est remplacé par son sous-espace V_Δ : l'essentiel est de raisonner sur les formulations variationnelles et non sur les équations.

Plus précisément, l'application $J^{disc}(h)$, de W_Δ dans $\mathbb{R}$, est différentiable et sa dérivée dans la direction k est donnée par

$$\langle (J^{disc})'(h), k\rangle = \int_\Omega j'(u_\Delta)w_\Delta\,dx\,, \qquad (5.59)$$

où $w_\Delta = \langle u'_\Delta, k\rangle$ est l'unique solution dans V_Δ de

$$\int_\Omega h\nabla w_\Delta \cdot \nabla\phi_\Delta\,dx = -\int_\Omega k\nabla u_\Delta \cdot \nabla\phi_\Delta\,dx \quad \forall\,\phi_\Delta \in V_\Delta. \qquad (5.60)$$

On remarque que la solution w_Δ de (5.60) coïncide avec la discrétisation par éléments finis v_Δ de la solution v de (5.27) qui joue le même rôle que w_Δ dans le cas continu (voir le Lemme 5.17). Pour éliminer w_Δ dans la formule (5.59) et faire apparaître directement la direction de dérivation k, on introduit comme d'habitude un état adjoint q_Δ, solution unique dans V_Δ de

$$\int_\Omega h\nabla q_\Delta \cdot \nabla\phi_\Delta\,dx = -\int_\Omega j'(u_\Delta)\phi_\Delta\,dx \quad \forall\,\phi_\Delta \in V_\Delta, \qquad (5.61)$$

et par intégration par parties on trouve que

$$\langle (J^{disc})'(h), k\rangle = \int_\Omega k\nabla u_\Delta \cdot \nabla q_\Delta\,dx. \qquad (5.62)$$

On remarque encore que cet état adjoint q_Δ coïncide avec la discrétisation par éléments finis p_Δ de l'état adjoint continu p, solution de (5.56). On en déduit donc que (5.62) coïncide aussi avec la formule (5.58). Par conséquent on a démontré le résultat suivant.

Proposition 5.29. *On suppose que toutes les intégrales sont évaluées exactement et on néglige les erreurs d'arrondi. Alors le gradient continu discrétisé coïncide avec le gradient discret, c'est-à-dire que*

$$J'_\Delta(h) = \left(J^{disc}\right)'(h).$$

Autrement dit, on n'introduit pas de pertes de précision en utilisant le gradient continu dans les algorithmes numériques puisque sa discrétisation est le gradient exact du système discret. Rappelons encore une fois que l'avantage du gradient continu sur le gradient discret est qu'il ne nécessite pas de connaître les détails de l'implémentation informatique du code d'éléments finis utilisé.

5.6 Optimisation de l'épaisseur d'une plaque élastique

5.6.1 Modélisation

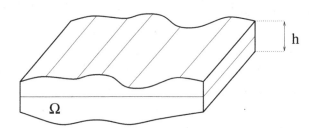

Fig. 5.3. Plaque plane d'épaisseur variable.

On peut étendre les résultats de ce chapitre à un modèle de plaque élastique. On considère une plaque plane de section moyenne Ω et d'épaisseur variable $h(x)$ (voir la Figure 5.3). On suppose que les forces appliquées et les efforts dans la plaque restent toujours plans. Alors, par moyennisation dans la direction orthogonale au plan médian Ω, on se ramène à un problème d'élasticité linéarisée bidimensionnel où les coefficients de Lamé sont proportionnels à l'épaisseur.

On suppose qu'une partie du bord Γ_D est fixée, tandis que des efforts (éventuellement nuls) sont appliquées sur l'autre partie Γ_N (avec $\partial\Omega = \Gamma_N \cup \Gamma_D$). On considère donc le modèle suivant

$$\begin{cases} -\operatorname{div}\sigma = f & \text{dans } \Omega \\ \sigma = 2\mu h e(u) + \lambda h \operatorname{tr}(e(u))I & \text{dans } \Omega \\ u = 0 & \text{sur } \Gamma_D \\ \sigma n = g & \text{sur } \Gamma_N \end{cases} \tag{5.63}$$

où $\mu > 0$ et $\lambda \geq 0$ sont les coefficients de Lamé du matériau isotrope constitutif de la plaque, $h(x)$ est l'épaisseur de la plaque, $u(x)$ est le déplacement (plan), $e(u) = \frac{1}{2}\big(\nabla u + (\nabla u)^t\big)$ le tenseur des déformations, et σ le tenseur des contraintes. On note f les forces volumiques et g les forces surfaciques appliquées. Si $f \in L^2(\Omega)^N$ et $g \in L^2(\Gamma_N)^N$, on sait qu'il existe une unique solution $u \in H^1(\Omega)^N$ de (5.63). On cherche à optimiser la plaque en faisant varier son épaisseur $h(x)$ dans l'ensemble admissible défini par

$$\mathcal{U}_{ad} = \left\{ h \in L^\infty(\Omega),\ h_{max} \geq h(x) \geq h_{min} > 0 \text{ dans } \Omega, \int_\Omega h(x)\,dx = h_0|\Omega| \right\}, \tag{5.64}$$

avec $h_{max} \geq h_0 \geq h_{min}$. On définit une fonction coût

$$J(h) = \int_\Omega j(u)\,dx, \tag{5.65}$$

où u est la solution de (5.63) (et donc dépend de h) et j est une fonction de classe C^1 de $\mathbb{R}^N$ dans $\mathbb{R}$ telle que $|j(u)| \leq C(|u|^2 + 1)$ et $|j'(u)| \leq C(|u| + 1)$ pour tout $u \in \mathbb{R}^N$. Le problème d'optimisation s'écrit

$$\inf_{h \in \mathcal{U}_{ad}} J(h). \tag{5.66}$$

Dans ce qui suit nous choisirons comme fonction j, soit la compliance, soit un critère de moindres carrés $j(u) = |u - u_0|^2$ pour atteindre un déplacement cible $u_0 \in L^2(\Omega)^N$. Tous les résultats obtenus pour le problème de membrane s'étendent à ce problème de plaque élastique.

5.6.2 Résultats numériques pour la compliance

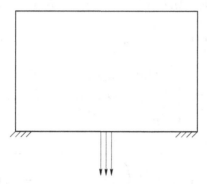

Fig. 5.4. Conditions aux limites pour une plaque élastique.

Dans cette sous-section on présente des résultats numériques obtenus pour le problème de minimisation de la compliance (ce qui revient à maximiser la rigidité de la plaque)

$$\min_{h \in \mathcal{U}_{ad}} J(h) = \int_\Omega f \cdot u \, dx + \int_{\Gamma_N} g \cdot u \, ds$$

avec l'algorithme des directions alternées introduit dans la Sous-section 5.4.3. Les conditions aux limites sont indiquées à la Figure 5.4 (en particulier on a $f \equiv 0$).

Comme dans la Section 5.4, en utilisant le principe de minimisation de l'énergie complémentaire, le problème d'optimisation peut se réécrire comme une double minimisation

$$\inf_{\substack{\tau \in L^2(\Omega; \mathcal{M}_N^s) \\ -\mathrm{div}\tau = f \text{ dans } \Omega \\ \tau n = g \text{ sur } \Gamma_N}} \inf_{h \in \mathcal{U}_{ad}} \int_\Omega \frac{1}{2\mu h} \left(|\tau|^2 - \frac{\lambda}{2\mu + N\lambda} (\mathrm{tr}\,\tau)^2 \right) dx,$$

où $\mathcal{M}_N^s$ est l'ensemble des matrices symétriques d'ordre N. La généralisation suivante du Lemme 5.25 permet encore d'affirmer que l'épaisseur optimale est proportionnelle à une certaine norme des contraintes.

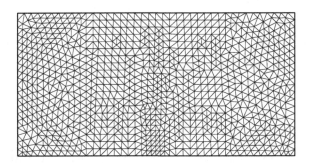

Fig. 5.5. Maillage de la plaque élastique.

Lemme 5.30. *Soit un tenseur des contraintes* $\tau \in L^2(\Omega; \mathcal{M}_N^s)$. *Le problème*

$$\min_{h \in \mathcal{U}_{ad}} \int_\Omega \frac{1}{2\mu h} \left(|\tau|^2 - \frac{\lambda}{2\mu + N\lambda} \mathrm{tr}\,(\tau)^2 \right) dx$$

admet un point de minimum $h(\tau)$ *dans* $\mathcal{U}_{ad}$ *donné par*

$$h(\tau)(x) = \begin{cases} h^*(x) & \text{si } h_{min} < h^*(x) < h_{max} \\ h_{min} & \text{si } h^*(x) \leq h_{min} \\ h_{max} & \text{si } h^*(x) \geq h_{max} \end{cases}$$

avec

$$h^*(x) = \sqrt{2\mu \ell^{-1} \left(|\tau|^2 - \frac{\lambda}{2\mu + N\lambda} \mathrm{tr}\,(\tau)^2 \right)},$$

où $\ell \in \mathbb{R}^+$ *est l'unique valeur telle que* $\int_\Omega h(x)\,dx = h_0|\Omega|$. *La valeur du minimum* $h(\tau)(x)$ *est unique si* $\ell \neq 0$.

L'équation (5.63) est résolue par une méthode d'éléments finis triangulaires $\mathbb{P}_2$. Le maillage du domaine Ω est représenté à la Figure 5.5. L'épaisseur est choisie constante par maille (éléments finis $\mathbb{P}_0$). On choisit $h_{min} = 0.1$, $h_{max} = 1.0$, et l'épaisseur moyenne $h_0 = 0.5$. On initialise l'algorithme avec une plaque d'épaisseur uniforme égale à h_0. Un historique partiel des cartes d'épaisseur $h(x)$ est donné à la Figure 5.6. Les niveaux de gris correspondent à différentes épaisseurs allant de 0.1 (blanc) à 1.0 (noir). On détecte bien la convergence rapide de l'algorithme "à l'oeil nu" (voir aussi la courbe de convergence de la fonction coût à la Figure 5.7).

La Figure 5.8 effectue une comparaison des déformations de la plaque initiale et de la plaque optimale obtenue après convergence de l'algorithme. On voit bien que la plaque optimale se déforme moins et est donc plus rigide.

Remarque 5.31. Si l'on choisit plutôt des éléments finis triangulaires $\mathbb{P}_1$ et que l'on conserve une épaisseur constante par maille ($\mathbb{P}_0$), on obtient des oscillations numériques comme sur la Figure 5.9. Ce phénomène d'instabilités numériques est bien connu pour ce problème et s'appelle l'instabilité en damiers (ou "checkerboards") [59], [166]. Elle est très semblable à l'instabilité numérique des équations de Stokes lorsque la vitesse est discrétisée avec des

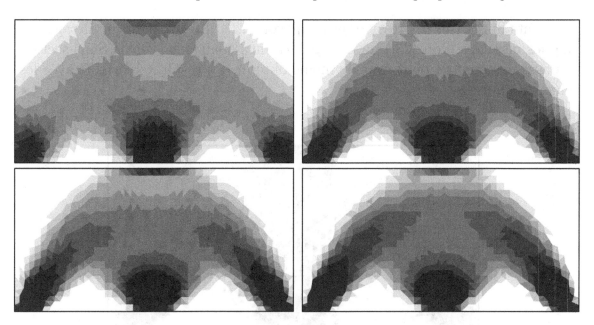

Fig. 5.6. Carte de l'épaisseur aux itérations 1, 5, 10, 30 (de gauche à droite et de haut en bas) de l'algorithme des directions alternées (épaisseur croissante du blanc au noir).

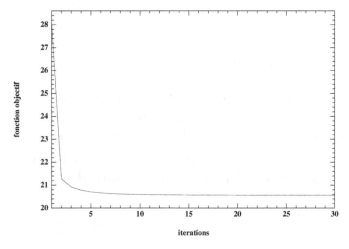

Fig. 5.7. Courbe de convergence de la fonction objectif en fonction des itérations de l'optimisation.

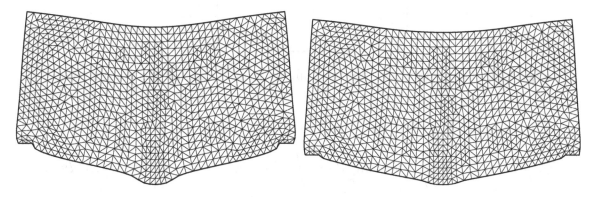

Fig. 5.8. Comparaison des déformations de la plaque avant (à gauche) et après (à droite) optimisation.

éléments finis $\mathbb{P}_1$ et la pression avec $\mathbb{P}_0$ (voir [77]). En utilisant un filtrage des modes instables (voir [23]) ou en régularisant l'épaisseur (voir la Sous-section 5.6.4 ci-dessous) on peut tout de même obtenir des résultats corrects avec les éléments finis $\mathbb{P}_1$. •

Fig. 5.9. Carte de l'épaisseur de la plaque optimale obtenue avec des éléments finis $\mathbb{P}_1$: instabilités en damiers.

5.6.3 Un contre-exemple numérique

Nous appliquons l'algorithme de la Sous-section 5.3.2 à la recherche d'une forme qui se déforme horizontalement le moins possible et verticalement le plus possible, sous le chargement proposé. Les conditions aux limites sont indiquées à la Figure 5.10. Cet exemple nous permet d'exhiber les conséquences numériques de la **non-existence d'une forme optimale**.

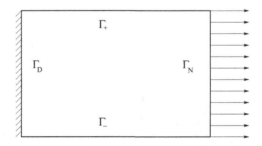

Fig. 5.10. Conditions aux limites pour un contre-exemple de non-existence.

On minimise le critère de moindres carrés

$$\min_{h \in \mathcal{U}_{ad}} J(h) = \int_{\Gamma_N} |u - u_0|^2 ds + \int_{\Gamma_+} |u - u_+|^2 ds + \int_{\Gamma_-} |u - u_-|^2 ds$$

avec $u_0 = (-1, 0)$, $u_+ = (0, 100)$ et $u_- = (0, -100)$, c'est-à-dire que l'on souhaite que la plaque se déforme suivant le schéma de la Figure 5.11. Autrement dit, on veut que la plaque ne s'étire pas dans la direction horizontale mais s'élargisse dans la direction verticale. Comme précédemment on utilise des éléments finis triangulaires $\mathbb{P}_2$ pour calculer le déplacement élastique u (et l'adjoint p), et des éléments finis $\mathbb{P}_0$ pour l'épaisseur (constante sur chacune des mailles).

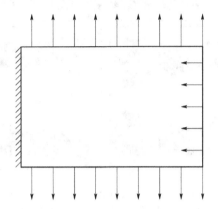

Fig. 5.11. Déplacement cible pour le contre-exemple numérique.

L'algorithme de la Sous-section 5.3.2 est utilisé pour une série de maillages de plus en plus fins, comprenant 448, 947, 3992, 7186 triangles. La suite de formes optimales ainsi obtenue ne converge manifestement pas : des détails de plus en plus fins apparaissent, ce qui manifeste le caractère mal-posé du problème (voir la Figure 5.12). De même, la valeur de la fonction objectif après convergence est décroissante au fur et à mesure que le maillage est raffiné (voir la Figure 5.13). Cet exemple numérique est caractéristique d'un problème mal-posé : la suite de formes optimales exhibe une microstructure de plus en plus fine comme le contre-exemple théorique de la Sous-section 5.2.1.

5.6.4 Régularisation

Dans les exemples précédents on ne peut pas utiliser des éléments finis triangulaires $\mathbb{P}_1$ pour calculer le déplacement élastique u, au risque d'obtenir des instabilités numériques très désagréables (voir la Figure 5.9 et la Remarque 5.31). Ces instabilités disparaissent si on utilise des éléments finis $\mathbb{P}_2$ pour le déplacement et $\mathbb{P}_0$ pour l'épaisseur, mais cette solution n'est pas complètement satisfaisante car la résolution par éléments finis $\mathbb{P}_2$ coûte beaucoup plus cher que celle par éléments finis $\mathbb{P}_1$ (surtout en dimension $N = 3$). Il est donc intéressant de chercher un autre moyen d'éviter ces instabilités, et c'est ce que nous allons faire par un procédé de régularisation de l'épaisseur h.

Il existe une autre motivation pour régulariser l'épaisseur h qui est bien visible sur le contre-exemple de la Sous-section 5.6.3. On voit clairement sur la Figure 5.12 que la forme optimale obtenue numériquement varie en fonction du maillage. Plus le maillage est fin et plus l'épaisseur est oscillante, c'est-à-dire présente des détails géométriques fins. Comme nous l'avons déjà dit,

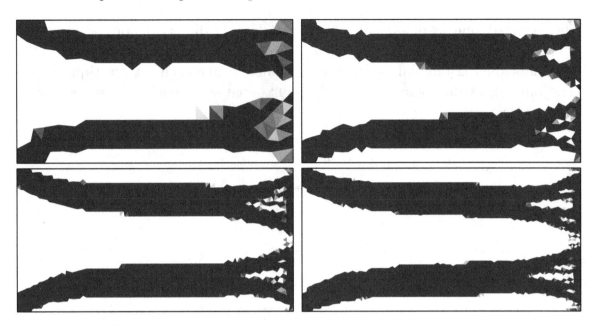

Fig. 5.12. Épaisseur optimale du contre-exemple numérique pour différents maillages : de gauche à droite et de haut en bas, 448, 947, 3992, 7186 triangles.

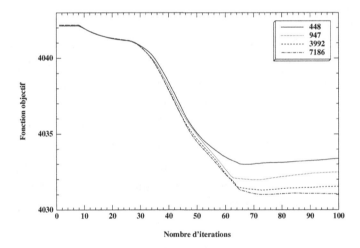

Fig. 5.13. Convergence de la fonction objectif pour le contre-exemple numérique avec différents maillages.

ce phénomène est lié à la non-existence de solution optimale $h \in \mathcal{U}_{ad}$. Or, d'après la Sous-section 5.2.3, on peut obtenir une solution optimale $h \in \mathcal{U}_{ad}^{reg}$ si l'on impose une contrainte de régularité sur l'épaisseur. Numériquement, l'intérêt d'une telle procédure est d'obtenir une épaisseur optimale stable par raffinement de maillage.

Expliquons comment procéder : le point de départ est la formule de dérivation du Théorème 5.19 qui affirme que

$$\langle J'(h), k \rangle = \int_\Omega k \nabla u \cdot \nabla p \, dx \quad \forall k \in \mathcal{U}_{ad}. \tag{5.67}$$

Lorsque $\mathcal{U}_{ad} = \{h \in L^\infty(\Omega), \quad h_{max} \geq h(x) \geq h_{min} > 0 \text{ dans } \Omega\}$, il est naturel d'identifier le produit de dualité (entre $L^\infty(\Omega)$ et son dual) avec la simple intégrale sur Ω (le produit scalaire usuel dans $L^2(\Omega)$)

$$\langle J'(h), k \rangle = \int_\Omega J'(h)\, k\, dx \quad \text{et donc} \quad J'(h) = \nabla u \cdot \nabla p\,.$$

Si maintenant on définit un ensemble admissible "régularisé"

$$\mathcal{U}_{ad}^{reg} = \left\{ h \in H^1(\Omega), \quad h_{max} \geq h(x) \geq h_{min} > 0 \text{ dans } \Omega \right\},$$

alors on peut utiliser un autre produit scalaire, à savoir celui de $H^1(\Omega)$. Plus précisément, on définit désormais

$$\langle J'(h), k \rangle = \int_\Omega \left(\nabla J'(h) \cdot \nabla k + J'(h)k \right) dx,$$

et l'on déduit de (5.67) la nouvelle formule

$$\begin{cases} -\Delta J'(h) + J'(h) = \nabla u \cdot \nabla p \text{ dans } \Omega, \\ \dfrac{\partial J'(h)}{\partial n} = 0 \qquad\qquad\qquad \text{sur } \partial\Omega. \end{cases} \qquad (5.68)$$

Le gradient $J'(h)$, solution de (5.68), appartient à $H^1(\Omega)$ et est donc plus régulier que $\nabla u \cdot \nabla p$ (le prix à payer est la résolution de (5.68)). On reprend alors le même algorithme de gradient de la Sous-section 5.3.2 avec cette nouvelle formule pour $J'(h)$. La suite des épaisseurs est désormais plus régulière car elle appartient à $H^1(\Omega)$.

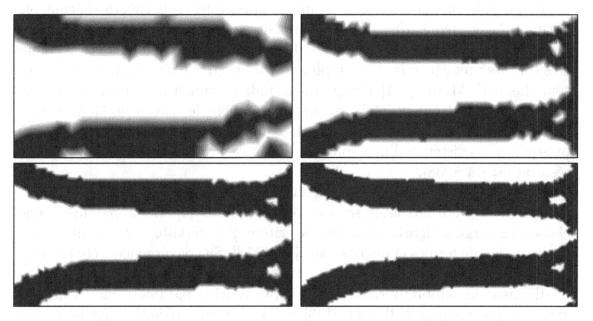

Fig. 5.14. Épaisseur optimale régularisée pour différents maillages : de gauche à droite et de haut en bas, 448, 947, 3992, 7186 triangles (à comparer avec la Figure 5.12).

L'effet numérique d'une telle régularisation (même faible, puisqu'ici on a mis un coefficient 10^{-3} devant le Laplacien dans (5.68)) est manifeste sur la Figure 5.14 lorsqu'on la compare à la Figure 5.12. La solution optimale converge par raffinement de maillage.

De la même manière, si l'on reprend l'exemple de la compliance calculée avec des éléments finis $\mathbb{P}_1$ (ce qui conduisait à des instabilités en damier, voir la Figure 5.9 et la Remarque 5.31), alors la régularisation stabilise l'optimisation et élimine les instabilités comme on peut le constater sur la Figure 5.15.

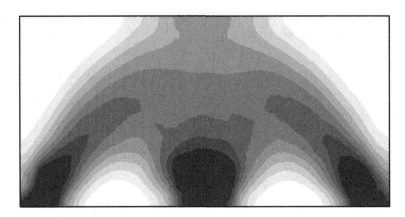

Fig. 5.15. Carte de l'épaisseur de la plaque optimale régularisée obtenue avec des éléments finis $\mathbb{P}_1$.

5.7 Bibliographie

L'optimisation paramétrique est un cas particulier de la théorie du contrôle optimal des systèmes distribués où le contrôle agit dans les coefficients du modèle [118]. Le caractère mal-posé de ce type de problèmes a été reconnu très tôt : les premiers contre-exemples de non-existence de solutions optimales sont dus à F. Murat [131] (les premiers indices numériques de ce problème de non-existence sont postérieurs, voir notamment le travail de G. Cheng et N. Olhoff [44]). Le cas particulier de la compliance est presque "miraculeux" puisqu'il y a existence d'une solution optimale (voir le Théorème 5.23) : ce résultat est dû à [38].

L'algorithme numérique des directions alternées proposé dans la Sous-section 5.4.3 a été introduit sous cette forme dans [4]. Il s'apparente à une classe plus large d'algorithmes, dits de critère d'optimalité, très populaires en optimisation de formes et décrits dans [18], [153]. Sa convergence a été prouvée dans [178].

Il existe de nombreux travaux sur l'optimisation paramétrique : voir, par exemple, les ouvrages [14], [96], [143] et leur bibliographie. La régularisation de problèmes mal posés est un sujet très important, notamment en ce qui concerne les problèmes inverses [64], [177]. Rappelons enfin que le calcul des dérivées ou sensibilités par rapport aux paramètres peut se faire au niveau du programme informatique qui calcule la fonction objectif par les méthodes de différentiation automatique [52].

6

Optimisation géométrique

6.1 Introduction

Dans ce chapitre on étudie l'optimisation de formes **géométrique** où l'idée principale est de faire varier la position des frontières d'une forme, sans toutefois changer sa topologie qui reste la même que celle de la forme initiale. Par rapport à l'optimisation de formes paramétrique étudiée au chapitre précédent, un certain nombre de difficultés nouvelles se présentent. En particulier, se posent les questions de la **représentation mathématique des formes** et des variations de formes. Par exemple, on peut représenter une forme par la fonction caractéristique de son domaine (qui vaut 1 à l'intérieur et 0 à l'extérieur) ; mais dans ce cas, comment faire des variations de forme ? En effet, une combinaison linéaire de fonctions caractéristiques n'est pas, en général, une fonction caractéristique. On ne peut donc pas faire de "calcul des variations" dans l'espace des fonctions caractéristiques, et calculer un gradient. Il s'agit d'une difficulté typique de l'optimisation de formes géométrique qu'il est important de contourner pour des raisons théoriques tout autant que numériques.

Pour simplifier la présentation nous utilisons encore le modèle de membrane introduit à la Sous-section 1.2.3 (mais la plupart des résultats s'étendent sans difficulté à des modèles plus complexes, voir la Section 6.5). Au repos, la membrane occupe un domaine de référence Ω dont le bord est divisé en trois parties disjointes (voir la Figure 6.1)

$$\partial\Omega = \Gamma \cup \Gamma_N \cup \Gamma_D,$$

où Γ est la partie **variable** de la frontière, Γ_D est une partie fixe de la frontière sur laquelle la membrane est fixée (condition aux limites de Dirichlet), et Γ_N est aussi une partie fixe de la frontière sur laquelle sont appliqués les efforts $g \in L^2(\Gamma_N)^N$ (condition aux limites de Neumann). Les trois parties de la frontière sont supposées non vides (ou plus précisément de mesures surfaciques non nulles). On suppose que la partie variable Γ de la frontière est libre de

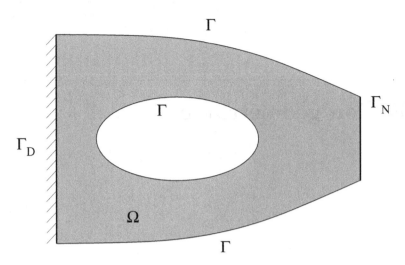

Fig. 6.1. Variation de frontière en optimisation géométrique.

tout effort (condition aux limites de Neumann homogène). Autrement dit, le déplacement vertical u est solution du **modèle de membrane**

$$\begin{cases} -\Delta u = 0 & \text{dans } \Omega \\ u = 0 & \text{sur } \Gamma_D \\ \frac{\partial u}{\partial n} = g & \text{sur } \Gamma_N \\ \frac{\partial u}{\partial n} = 0 & \text{sur } \Gamma, \end{cases} \tag{6.1}$$

qui admet bien une unique solution $u \in H^1(\Omega)$. On veut minimiser une fonction coût $J(\Omega)$ qui peut être la compliance

$$J(\Omega) = \int_{\Gamma_N} g u \, dx, \tag{6.2}$$

où un critère de moindres carrés pour obtenir un déplacement cible $u_0(x)$

$$J(\Omega) = \int_{\Omega} |u - u_0|^2 dx. \tag{6.3}$$

Le problème d'optimisation géométrique de forme s'écrit

$$\inf_{\Omega \in \mathcal{U}_{ad}} J(\Omega), \tag{6.4}$$

où il reste à définir l'ensemble des formes admissibles $\mathcal{U}_{ad}$. Un exemple "a minima" d'ensemble $\mathcal{U}_{ad}$ est (1.8), mais nous verrons qu'il nous faudra restreindre encore cet ensemble pour obtenir une méthode numérique de calcul de forme optimale.

Le plan de ce chapitre est le suivant. Dans la section suivante nous allons très brièvement considérer les questions d'existence de forme optimale. L'idée principale à retenir est que l'existence d'une forme optimale est loin d'être la règle (en l'absence de contraintes géométriques ou de régularité). Cette section permettra aussi d'introduire un cadre de représentation mathématique des formes qui nous permettra de définir une notion de dérivation par rapport au domaine. Dans la Section 6.3 nous développerons cette théorie de dérivation qui nous permettra d'écrire des conditions d'optimalité à la Section 6.4, et de construire des schémas numériques qui seront présentés dans la Section 6.5.

6.2 Résultats d'existence de solution optimale

Dans cette section à caractère théorique la plupart des résultats seront admis et nous nous contenterons simplement d'évoquer les principales idées de démonstration. Le but n'est pas ici de faire un exposé mathématique rigoureux (rappelons que cet ouvrage est plus consacré à des aspects numériques et applicatifs que d'analyse mathématique), mais plutôt de montrer qu'un certains nombre de difficultés pratiques et numériques (que nous rencontrerons effectivement par la suite) sont en fait des difficultés mathématiques profondes et qu'un minimum de formalisme permet de mieux comprendre la problématique. D'une certaine manière, les théorèmes de cette section sont une explication ou une illustration "théorique" des limitations des méthodes numériques qui seront développées dans la Section 6.5.

Comme pour l'optimisation paramétrique (cf. Chapitre 5) la règle est plutôt **l'absence de forme optimale** que l'existence d'une forme optimale pour (6.4). Nous allons construire un contre-exemple de non-existence de solution optimale très similaire à celui de la Sous-section 5.2.1. Cependant, si l'on rajoute des contraintes supplémentaires de nature géométrique, topologique, ou de régularité, alors il existe une forme optimale dans une classe restreinte de formes admissibles. Tous les résultats qui suivent ne sont valables que pour une condition aux limites de Neumann homogène (bord libre) sur la partie optimisable Γ de la frontière de la forme, comme nous l'avons écrit dans (6.1).

6.2.1 Un contre-exemple de non-existence de forme optimale

Nous décrivons maintenant un contre-exemple de non-existence de forme optimale en modifiant légèrement le modèle afin de simplifier l'analyse. En effet, nous allons supposer que les "trous" ou le vide hors de la forme admissible sont remplis d'un matériau très mou qui "ressemble" à du vide. D'un point de vue mécanique, comme d'un point de vue mathématique, cette approximation est tout à fait loisible et peut être justifiée (du moins dans certains cas, voir [2]). Nous ne le faisons pas ici pour ne pas alourdir la présentation. Cette approximation du vide par un matériau mou n'est valable que pour des conditions aux limites de Neumann homogènes (bords libres) sur les frontières des trous.

Pour simplifier aussi, on se place en dimension d'espace $N = 2$ (mais le raisonnement qui suit s'étend en dimension supérieure). On considère un domaine de travail carré $D =]0, 1[^2$ occupé par un mélange de deux matériaux

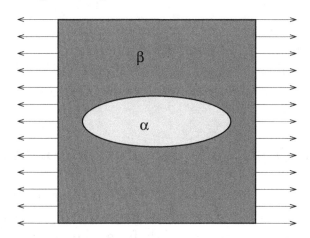

Fig. 6.2. Domaine carré D, occupé par deux matériaux, avec ses conditions aux limites.

homogènes isotropes caractérisés par un coefficient d'élasticité β pour le matériau "solide", et α pour le matériau "mou" avec $\beta > \alpha > 0$ (et même $\beta >> \alpha$ si le matériau mou est presqu'équivalent à du vide). Le matériau solide correspond à la forme Ω et le matériau mou aux trous $D \setminus \Omega$ (voir la Figure 6.2). On désigne par $\chi(x)$ la fonction caractéristique du matériau mou α, et on définit le coefficient d'élasticité global de la membrane dans D

$$a_\chi = \alpha \chi + \beta (1 - \chi).$$

Remarque 6.1. On peut aussi interpréter ce mélange de deux matériaux comme une membrane d'épaisseur variable $h(x)$ qui ne peut prendre **que deux** valeurs β et α. Autrement dit, il existe une fonction caractéristique $\chi(x)$ telle que $h(x) = a_\chi(x)$. Ce problème est différent de celui étudié au Chapitre 5 car on y autorisait toutes les valeurs dans l'intervalle $[h_{min}, h_{max}]$ pour l'épaisseur. Le problème du Chapitre 5 était un problème d'optimisation continue, alors qu'ici le problème est discret (ou de nature combinatoire) puisqu'on fait varier la variable d'optimisation χ dans un ensemble de valeurs discrètes.   •

On soumet cette membrane à un chargement de contrainte uniforme sur le bord, égale à e_1, où (e_1, e_2) est la base canonique de $\mathbb{R}^2$. En l'absence de force volumique, le déplacement de la membrane est solution de l'équation d'état

$$\begin{cases} -\text{div}\,(a_\chi \nabla u_\chi) = 0 \text{ dans } D \\ a_\chi \nabla u_\chi \cdot n = e_1 \cdot n \text{ sur } \partial D. \end{cases} \tag{6.5}$$

Comme les forces de bord sont compatibles avec l'absence de forces de volumes, c'est-à-dire que

$$\int_{\partial D} e_1 \cdot n\, ds \;=\; 0,$$

(6.5) admet une unique solution u_χ dans $H^1(D)/\mathbb{R}$ (c'est-à-dire définie à une constante additive près). Comme fonction objectif nous choisissons la compliance

$$J(\chi) = \int_{\partial D} (e_1 \cdot n) u_\chi ds. \qquad (6.6)$$

On fixe le poids total de la membrane, ce qui revient à fixer le volume occupé par la phase α. Par contre, on ne tient compte d'aucune contrainte
géométrique ou de régularité sur le mélange des deux matériaux, c'est-à-dire
sur la fonction χ. Par conséquent, l'espace des formes admissibles est

$$\mathcal{U}_{ad} = \left\{ \chi \in L^\infty(D\,;\{0,1\}) \text{ tel que } \frac{1}{|D|} \int_D \chi(x)\,dx = \theta \right\}, \qquad (6.7)$$

où $0 < \theta < 1$ est la proportion fixée de α. Le problème d'optimisation de
formes est donc

$$\inf_{\chi \in \mathcal{U}_{ad}} J(\chi). \qquad (6.8)$$

Physiquement, il est clair que la membrane est la plus solide possible (i.e.
la compliance est la plus petite possible) si D n'est rempli que de matériau
solide β. Cependant, à cause de la contrainte de volume dans (6.7) il faut aussi
utiliser le matériau mou α (moins solide). Il y a donc un compromis à trouver
entre ces deux tendances contradictoires. Le résultat de non existence est le
suivant.

Proposition 6.2. *Il n'existe pas de point de minimum ou de solution optimale
de (6.8) dans l'espace $\mathcal{U}_{ad}$.*

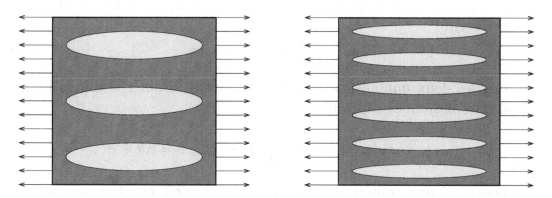

Fig. 6.3. À volume constant, plus de petits trous sont meilleurs que quelques gros
trous : la forme de droite est meilleure que celle de gauche.

Expliquons le principe mécanique de ce résultat de non-existence (voir la
Figure 6.3). Puisque l'on tire uniformément sur les cotés du domaine D, les
contraintes auront tendance à être alignées horizontalement. Il est donc avantageux de créer des trous (ou inclusions de matériau faible) qui seront allongés
dans la direction horizontale de manière à ne pas trop perturber ce champ de
contraintes. À volume constant il est clair qu'il vaut mieux avoir plus de trous
d'épaisseur plus fine que quelques gros trous. En effet, plus les trous sont
peu épais, plus les lignes de contraintes peuvent être horizontales et à peine

déformées par la présence des trous. En fait, il n'y a pas de limite à cette amélioration par raffinement de l'épaisseur des trous et par augmentation de leur nombre. Toute forme admissible peut-être améliorée par ce moyen et il n'y a donc pas de solution optimale. Autrement dit, les suites minimisantes de (6.8) correspondent à un mélange de plus en plus fin (ou microscopique) des deux matériaux et elles ne convergent pas vers une forme classique (i.e. une fonction caractéristique). En fait, le point de minimum est atteint par un matériau composite obtenu par mélange microscopique de α et β en proportions respectives θ et $(1-\theta)$ (nous reviendrons sur ce point de vue "homogénéisé" dans le Chapitre 7).

Démonstration de la Proposition 6.2. Elle est un peu technique et très semblable à la démonstration de la Proposition 5.5, mais elle est encore une fois caractéristique du phénomène de non-existence de solutions et à la base de l'idée de la méthode d'homogénéisation du Chapitre 7. Par le principe de minimisation de l'énergie complémentaire (cf. Théorème 2.22), la compliance s'écrit

$$\int_{\partial D} (e_1 \cdot n) u_\chi ds = \min_{\sigma \in \mathcal{A}} \int_D a_\chi^{-1} \sigma \cdot \sigma dx, \qquad (6.9)$$

où l'espace affine $\mathcal{A}$ est défini par

$$\mathcal{A} = \left\{ \sigma \in L^2(D)^N \text{ tel que } \begin{array}{l} \mathrm{div}\sigma = 0 \text{ dans } D \\ \sigma \cdot n = e_1 \cdot n \text{ sur } \partial D \end{array} \right\}.$$

Le minimum dans (6.9) est évidemment atteint par la contrainte $\sigma_\chi = a_\chi \nabla u_\chi$ où u_χ est la solution de (6.5). Le problème d'optimisation de formes (6.8) peut donc se réécrire

$$\inf_{\chi \in \mathcal{U}_{ad}} \inf_{\sigma \in \mathcal{A}} \int_D a_\chi^{-1} \sigma \cdot \sigma \, dx, \qquad (6.10)$$

et l'ordre des deux minimisations peut être inversé. Pour toute fonction $\chi \in \mathcal{U}_{ad}$, on a les moyennes suivantes

$$\theta = \frac{1}{|D|} \int_D \chi(x)dx \text{ et } a_0 = \frac{1}{|D|} \int_D a_\chi(x)dx = \alpha\theta + \beta(1-\theta).$$

Par ailleurs, on remarque que la condition aux limites constante e_1 est aussi la moyenne de n'importe quel σ dans $\mathcal{A}$, c'est-à-dire que

$$e_1 = \frac{1}{|D|} \int_D \sigma(x)dx.$$

En effet, pour tout $\sigma \in \mathcal{A}$, puisque $(\sigma - e_1) \cdot n = 0$ sur ∂D, il n'y a pas de terme de bord dans l'intégration par parties suivante

$$\int_D (\sigma(x) - e_1) \cdot e_i \, dx = - \int_D \mathrm{div}\,(\sigma(x) - e_1)\, x_i \, dx = 0,$$

car $\nabla x_i = e_i$ où x_i est la i-ème composante de x. En vertu du Lemme 5.8, $\forall x \in D$, on a

$$a_\chi(x)^{-1}|\sigma(x)|^2 \geq a_0^{-1}|e_1|^2 - \frac{(a_\chi(x) - a_0)}{a_0^2}|e_1|^2 + \frac{2}{a_0}e_1 \cdot (\sigma(x) - e_1). \quad (6.11)$$

En intégrant sur D, les deux derniers termes de (6.11) disparaissent puisqu'ils sont de moyenne nulle. Donc

$$\int_D a_\chi^{-1}\sigma \cdot \sigma \, dx \geq (\alpha\theta + \beta(1 - \theta))^{-1}|D|, \quad (6.12)$$

qui est donc une borne inférieure pour (6.10) (indépendante de χ). Nous examinons maintenant si cette borne inférieure est atteinte. Dans sa dérivation, la seule inégalité provient de (6.11) pour lequel nous connaissons le reste exact donné par le Lemme 5.8. Supposons qu'il existe $\chi \in \mathcal{U}_{ad}$, et donc $\sigma_\chi \in \mathcal{A}$, tels que

$$J(\chi) = \int_D a_\chi^{-1}\sigma_\chi \cdot \sigma_\chi \, dx = (\alpha\theta + \beta(1 - \theta))^{-1}|D|.$$

De (6.11) et (5.20), on déduit en cas d'égalité que, pour tout $x \in D$,

$$a_\chi(x)^{-1} \left|\sigma_\chi(x) - \frac{a_\chi(x)}{a_0}e_1\right|^2 = 0,$$

ce qui implique

$$\sigma_\chi(x) = \frac{a_\chi(x)}{a_0}e_1 \text{ dans } D.$$

Or χ n'est pas une fonction constante, mais prend les deux valeurs 0 et 1. Par conséquent, σ_χ prend aussi exactement deux valeurs, $(\alpha/a_0)e_1$ et $(\beta/a_0)e_1$, qui sont toutes deux différentes de la condition aux limites e_1, puisque $\alpha < a_0 = \alpha\theta + \beta(1 - \theta) < \beta$. Donc, σ_χ ne peut pas satisfaire les conditions aux limites. Par conséquent, $J(\chi)$ est toujours strictement plus grand que la borne inférieure (6.12).

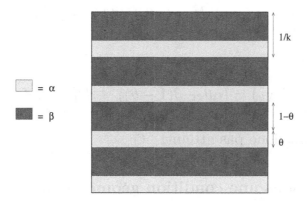

Fig. 6.4. Suite minimisante de mélanges dans le domaine D.

Pour terminer la démonstration, il reste à montrer que la borne inférieure (6.12) est précisément l'infimum de $J(\chi)$. Pour cela, on construit une suite minimisante $(\chi_k)_{k\geq 1}$ de (6.8). On introduit une fonction 1-périodique $\chi(x_2)$ définie par

$$\chi(x_2) = \begin{cases} 1 \text{ si } 0 \leq x_2 < \theta \\ 0 \text{ si } \theta \leq x_2 < 1 \end{cases},$$

dont la moyenne est précisément θ. On pose alors

$$\chi_k(x) = \chi(kx_2) \in \mathcal{U}_{ad},$$

qui appartient bien à $\mathcal{U}_{ad}$ et qui conduit au mélange représenté à la Figure 6.4. On utilise alors le Théorème 7.5 d'homogénéisation et le Lemme 7.9 sur les matériaux composites, dits laminés simples. Ces résultats affirment que la suite minimisante a_{χ_k} converge "au sens de l'homogénéisation" vers un tenseur effectif anisotrope

$$A^* = \begin{pmatrix} \alpha\theta + \beta(1-\theta) & 0 \\ 0 & \left(\alpha^{-1}\theta + \beta^{-1}(1-\theta)\right)^{-1} \end{pmatrix},$$

ce qui implique, en particulier, que la suite des compliances pour χ_k converge vers la compliance homogénéisée pour A^*

$$\lim_{k\to+\infty} \int_{\partial D} e_1 \cdot n\, u_k\, ds = \int_{\partial D} e_1 \cdot n\, u_*\, ds,$$

où u_* est la solution du **problème homogénéisé**

$$\begin{cases} -\mathrm{div}\,(A^*\nabla u_*) = 0 \text{ dans } D \\ A^*\nabla u_* \cdot n = e_1 \cdot n \text{ sur } \partial D. \end{cases}$$

Comme A^* est constant, il est facile de vérifier que le vecteur des contraintes homogénéisées est constant $\sigma_* = A^*\nabla u_* = e_1$, et donc que la compliance homogénéisée vaut

$$\int_{\partial D} e_1 \cdot n\, u_*\, ds = (\alpha\theta + \beta(1-\theta))^{-1} |D|,$$

ce qui prouve

$$\lim_{k\to+\infty} J(\chi_k) = (\alpha\theta + \beta(1-\theta))^{-1} |D| = \inf_{\chi\in\mathcal{U}_{ad}} J(\chi),$$

et le minimum n'est donc pas atteint. □

6.2.2 Existence sous une condition géométrique

On reprend le modèle de membrane élastique décrit dans l'introduction de ce chapitre, pour lequel l'optimisation de forme s'écrit

$$\inf_{\Omega\in\mathcal{U}_{ad}} J(\Omega).$$

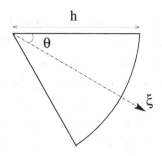

Fig. 6.5. Cône d'angle θ, de hauteur h et de direction ξ.

Par rapport à la définition minimale (1.8) de $\mathcal{U}_{ad}$, nous allons introduire une **contrainte supplémentaire de nature géométrique** qui est essentielle pour obtenir un résultat d'existence d'une forme optimale (nous reprenons ici une idée de D. Chenais [43]). Pour cela nous introduisons quelques notations.

Définition 6.3. *Soit un angle $\theta \in]0, \pi/2[$, une hauteur $h > 0$, et une direction ξ, c'est-à-dire un vecteur unité de $\mathbb{R}^N$. On appelle cône d'angle θ, de hauteur h et de direction ξ l'ouvert $C(\theta, h, \xi)$ défini par (voir la Figure 6.5)*

$$C(\theta, h, \xi) = \left\{ x \in \mathbb{R}^N \text{ tel que } x \cdot \xi > \|x\| \cos \theta \text{ et } \|x\| < h \right\}.$$

Pour $y \in \mathbb{R}^N$, on appelle cône de sommet y l'ouvert, noté $y + C(\theta, h, \xi)$, défini par

$$y + C(\theta, h, \xi) = \{ y + x \text{ tel que } x \in C(\theta, h, \xi) \}.$$

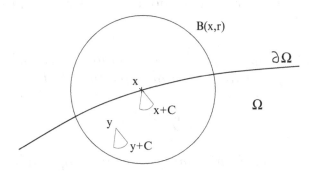

Fig. 6.6. Propriété du cône uniforme.

Définition 6.4. *Soit un angle $\theta \in]0, \pi/2[$, une hauteur $h > 0$, et un rayon $r > 0$. Un ouvert Ω de $\mathbb{R}^N$ est dit "**vérifier la propriété du cône uniforme**" si pour tout point de son bord $x \in \partial\Omega$ il existe un vecteur unité ξ_x tel que, pour tout point y dans l'intersection de Ω et d'une boule de centre x et de rayon r, le cône de sommet y, d'angle θ, de hauteur h et de direction ξ_x est inclus dans Ω, c'est-à-dire (voir la Figure 6.6)*

$$\forall y \in B(x, r) \cap \Omega, \quad y + C(\theta, h, \xi_x) \subset \Omega.$$

Remarque 6.5. Il est essentiel de voir que dans la Définition 6.4 l'angle et la taille du cône sont les mêmes pour tout point du bord. Cela implique, par exemple, que différents "morceaux" du bord ne peuvent s'approcher à moins d'une distance de l'ordre de $r + h$, ou que le bord ne peut avoir des "coins" d'angle plus petit que θ. En d'autres mots, la frontière de Ω ne peut pas trop "osciller" et il ne peut y avoir de "trous" dans Ω de taille plus petite que r. La propriété du cône uniforme impose donc certaines conditions géométriques mais n'implique pas nécessairement que l'ouvert qui la vérifie est régulier (c'est-à-dire que son bord est une surface régulière). Par exemple, Ω peut vérifier la propriété du cône uniforme et avoir des "coins".   •

Nous pouvons maintenant définir un ensemble de formes admissibles. On se fixe un domaine de travail D, que l'on suppose être un ouvert borné de $\mathbb{R}^N$, dans lequel on va chercher la forme optimale. On se donne aussi des paramètres $\theta \in]0, \pi/2[$, $h > 0$, et $r > 0$ qui permettent de définir l'ensemble d'ouverts

$$\mathcal{C}(\theta, h, r) = \left\{ \Omega \subset \mathbb{R}^N \; \begin{array}{l} \text{qui vérifie la propriété du} \\ \text{cône uniforme pour } (\theta, h, r) \end{array} \right\}.$$

On pose alors

$$\mathcal{U}_{ad} = \left\{ \Omega \subset D \text{ tel que } \Omega \in \mathcal{C}(\theta, h, r), \Gamma_D \bigcup \Gamma_N \subset \partial\Omega \text{ et } \int_\Omega dx = V_0 \right\}, \quad (6.13)$$

où V_0 est un volume imposé (compatible avec les données et notamment le volume de D). Nous pouvons alors énoncer un résultat d'existence de forme optimale.

Théorème 6.6. *On suppose que $\mathcal{U}_{ad}$ est défini par (6.13). Pour la fonction objectif (6.2) ou (6.3), le problème d'optimisation de formes*

$$\inf_{\Omega \in \mathcal{U}_{ad}} J(\Omega), \quad (6.14)$$

admet au moins un point de minimum (ou forme optimale).

La démonstration de ce théorème est due à D. Chenais [43]. Elle dépasse le cadre de ce cours et nous nous contentons d'en exposer les enjeux principaux. Tout d'abord, rappelons que les fonctions objectifs (6.2) et (6.3) ne sont pas convexes, ne serait-ce que parce qu'il n'existe pas de notion de combinaison convexe de domaines Ω. Par conséquent, la démonstration du Théorème 6.6 repose sur un autre argument, dit de **compacité**. En premier lieu, on introduit une topologie sur l'ensemble des formes admissibles $\mathcal{U}_{ad}$: on dit qu'une suite d'ouverts $(\Omega_n)_{n \geq 1}$ converge vers un ensemble limite Ω si la suite des fonctions caractéristiques $(\chi_{\Omega_n})_{n \geq 1}$ converge vers la fonction caractéristique χ_Ω pour la norme de $L^2(\mathbb{R}^N)$ (par définition, la fonction caractéristique d'un ensemble mesurable ω prend la valeur 1 aux points $x \in \omega$ et 0 ailleurs). On montre assez facilement que la fonction J est continue pour cette topologie. Le point difficile est l'argument de compacité qui montre que l'on peut extraire de toute suite minimisante de (6.14) une sous-suite qui converge pour cette topologie. On conclut alors aisément que la limite est un point de minimum de J sur $\mathcal{U}_{ad}$. Il faut bien avoir à l'esprit que cette "compacité" est directement liée à la propriété du "cône uniforme" que nous avons mise dans la définition de $\mathcal{U}_{ad}$. Plus précisément, cette propriété empêche les suites $(\Omega_n)_{n \geq 1}$ d'avoir des frontières "oscillantes" ou de développer de plus en plus de "trous". Sans cette restriction de nature géométrique, le Théorème 6.6 est faux en général.

Remarque 6.7. Bien que le résultat d'existence du Théorème 6.6 soit très satisfaisant d'un point de vue théorique, il est inutilisable d'un point de vue pratique ou numérique. En effet, la propriété du "cône uniforme" est trop difficile à mettre en oeuvre numériquement comme une contrainte que doivent satisfaire les formes admissibles.   •

Remarque 6.8. Le Théorème 6.6 s'étend à d'autres modèles que celui de la membrane élastique. En particulier, il est aussi valide pour le système de l'élasticité linéarisée.   •

6.2.3 Existence sous une condition topologique

On reprend le problème d'optimisation de formes (6.14) pour le modèle de membrane élastique mais avec une nouvelle définition de l'ensemble des formes admissibles $\mathcal{U}_{ad}$. Par rapport à la définition minimale (1.8), nous introduisons une **contrainte supplémentaire de nature topologique** qui permet en deux dimensions d'espace d'obtenir un résultat d'existence d'une forme optimale (malheureusement il n'y a pas de résultat équivalent en dimension supérieure). Il s'agit d'une idée de V. Sverak [174] qui a été étendue au cas de l'élasticité par A. Chambolle [40].

Nous nous limitons donc à la dimension deux d'espace. Soit $D \subset \mathbb{R}^2$ un domaine de travail borné. Pour tout ouvert $\Omega \subset D$ on définit le nombre de composantes connexes de son complémentaire dans D que l'on note

$$\#cc(D \setminus \Omega).$$

En particulier, ce nombre est un majorant du nombre de trous dans Ω (il peut en différer car il peut y avoir des parties de $D \setminus \Omega$ "à l'extérieur" de Ω). On se fixe un entier $k \in \mathbb{N}$ et on définit la classe d'ouverts de D

$$\mathcal{C}(D, k) = \{\Omega \subset D \text{ tel que } \#cc(D \setminus \Omega) \leq k\}. \tag{6.15}$$

On pose alors

$$\mathcal{U}_{ad} = \left\{\Omega \in \mathcal{C}(D, k), \Gamma_D \bigcup \Gamma_N \subset \partial\Omega \text{ et } \int_\Omega dx = V_0\right\}, \tag{6.16}$$

où V_0 est un volume imposé (compatible avec les données et notamment le volume de D). Nous pouvons alors énoncer un résultat d'existence de forme optimale.

Théorème 6.9. *On suppose que $\mathcal{U}_{ad}$ est défini par (6.16). Pour la fonction objectif (6.2) ou (6.3), le problème d'optimisation de formes*

$$\inf_{\Omega \in \mathcal{U}_{ad}} J(\Omega),$$

admet au moins un point de minimum (ou forme optimale).

La démonstration de ce théorème est due à V. Sverak [174] pour le modèle de membrane et A. Chambolle [40] pour celui de l'élasticité. Elle dépasse très largement le cadre de ce cours et est restreinte à la dimension deux d'espace (non seulement à cause de la définition de la topologie mais aussi à cause des outils utilisés, principalement la théorie du potentiel et des quasi-ouverts). Comme pour le Théorème 6.6, l'absence de convexité du problème conduit à l'utilisation d'un argument de **compacité**.

Dans la définition (6.15) il est essentiel de comprendre que le nombre de trous des formes admissibles est **uniformément borné** par k. En particulier, cette borne de nature topologique empêche l'apparition de suites minimisantes comme celles construites pour le contre-exemple de la Sous-section 6.2.1 (où le nombre de trous croît indéfiniment).

Remarque 6.10. Comme pour le Théorème 6.6, le Théorème 6.9 donne un résultat d'existence satisfaisant d'un point de vue théorique, mais difficilement utilisable d'un point de vue pratique ou numérique. En effet, on ne sait pas imposer numériquement la borne topologique dans (6.15). Néanmoins nous verrons qu'un certain nombre de résultats numériques confortent, ou du moins illustrent parfaitement, ce théorème. Plus précisément, pour différentes valeurs de k (ou du nombre de trous de la forme optimale) nous obtiendrons différentes formes optimales. ●

6.2.4 Existence sous une condition de régularité

On propose un autre cadre théorique (dû principalement à F. Murat et J. Simon [132], [133]) pour démontrer un résultat d'existence de forme optimale. Nous reprendrons ce cadre plus loin pour établir une notion de dérivation par rapport au domaine.

On se donne un **domaine de référence** Ω_0, que l'on suppose être un ouvert borné régulier de $\mathbb{R}^N$. Comme dans l'introduction de ce chapitre on suppose que le bord de Ω_0 est divisé en trois parties disjointes (non vides)

$$\partial \Omega_0 = \Gamma_0 \cup \Gamma_N \cup \Gamma_D,$$

où Γ_D et Γ_N sont fixes et seule Γ_0 est variable.

L'idée principale est de définir un ensemble de formes admissibles $\mathcal{U}_{ad}$ dont tout élément Ω s'obtient par application d'un difféomorphisme régulier au domaine de référence Ω_0. On restreint ainsi très significativement l'espace des formes admissibles (par rapport à la situation des Sous-sections 6.2.2 et 6.2.3), mais on y gagne une représentation très simple des formes en termes de difféomorphismes.

Rappelons tout d'abord que $W^{1,\infty}(\mathbb{R}^N; \mathbb{R}^N)$ est l'espace des fonctions lipschitziennes ϕ de $\mathbb{R}^N$ dans $\mathbb{R}^N$ telles que ϕ et $\nabla\phi$ sont uniformément bornés sur $\mathbb{R}^N$ (cf. les définitions (2.6) et (5.22)). On le munit de la norme

$$\|\phi\|_{W^{1,\infty}(\mathbb{R}^N;\mathbb{R}^N)} = \sup_{x\in\mathbb{R}^N} \left(|\phi(x)|_{\mathbb{R}^N} + |\nabla\phi(x)|_{\mathbb{R}^{N\times N}} \right),$$

qui en fait un espace de Banach (on désigne par $|\cdot|_{\mathbb{R}^N}$ la norme euclidienne dans $\mathbb{R}^N$ et par $|\cdot|_{\mathbb{R}^{N\times N}}$ une norme matricielle sur $\mathbb{R}^N$). On définit alors un espace de **difféomorphismes** (ou bijections dérivables d'inverses dérivables) sur $\mathbb{R}^N$ par

$$\mathcal{T} = \left\{ T \text{ tel que } (T - \mathrm{Id}) \in W^{1,\infty}(\mathbb{R}^N; \mathbb{R}^N), (T^{-1} - \mathrm{Id}) \in W^{1,\infty}(\mathbb{R}^N; \mathbb{R}^N) \right\}. \tag{6.17}$$

On peut voir en quelque sorte les difféomorphisme de $\mathcal{T}$ comme des perturbations de l'identité Id (autrement dit, l'application $x \to x$). On peut alors introduire un espace de **formes admissibles obtenues par déformation de Ω_0**

$$\mathcal{C}(\Omega_0) = \left\{ \Omega \text{ tel qu'il existe } T \in \mathcal{T}, \Omega = T(\Omega_0) \right\}. \tag{6.18}$$

Chaque forme admissible $\Omega \in \mathcal{C}(\Omega_0)$ est donc représentée par un difféomorphisme $T \in \mathcal{T}$. Cette représentation n'est pas unique car il se peut que deux difféomorphismes $T_1 \neq T_2 \in \mathcal{T}$ conduisent au même ouvert $\Omega = T_1(\Omega_0) = T_2(\Omega_0)$. Comme les fonctions de $W^{1,\infty}(\mathbb{R}^N; \mathbb{R}^N)$ sont continues (voir la Remarque 2.13), les applications T de $\mathcal{T}$ sont aussi des **homéomorphismes** (ou bijections continues d'inverses continus), ce qui entraîne qu'ils préservent la topologie des domaines auxquels ils s'appliquent. Ainsi, toutes les formes admissibles de $\mathcal{C}(\Omega_0)$ ont la **même topologie** que Ω_0 : cette approche ne permet donc pas d'optimiser la topologie (nombre de trous ou de composantes connexes du bord). On peut introduire une pseudo-distance sur $\mathcal{C}(\Omega_0)$ (elle ne vérifie qu'une version affaiblie de l'inégalité triangulaire)

$$d(\Omega_1, \Omega_2) = \inf_{T\in\mathcal{T} | T(\Omega_1) = \Omega_2} \left(\|T - \mathrm{Id}\|_{W^{1,\infty}(\mathbb{R}^N;\mathbb{R}^N)} + \|T^{-1} - \mathrm{Id}\|_{W^{1,\infty}(\mathbb{R}^N;\mathbb{R}^N)} \right). \tag{6.19}$$

On peut maintenant définir **une condition de régularité uniforme** des formes admissibles en se limitant à des ouverts Ω **proches** de Ω_0 au sens de cette pseudo-distance d. Plus précisément, pour $R > 0$ on pose

$$\mathcal{U}_{ad} = \left\{ \Omega \in \mathcal{C}(\Omega_0) \text{ tel que } d(\Omega, \Omega_0) \leq R, \ \Gamma_D \bigcup \Gamma_N \subset \partial\Omega \text{ et } \int_\Omega dx = V_0 \right\}. \tag{6.20}$$

Évidemment, comme dans la Sous-section 5.2.3 le choix de la constante de régularité R est arbitraire de même que le choix du domaine de référence Ω_0.

Théorème 6.11. *On suppose que $\mathcal{U}_{ad}$ est défini par (6.20). Pour les fonctions objectifs (6.2) ou (6.3), le problème d'optimisation de formes*

$$\inf_{\Omega \in \mathcal{U}_{ad}} J(\Omega), \qquad (6.21)$$

admet au moins un point de minimum (ou forme optimale).

La démonstration de ce théorème (qui dépasse, encore une fois, le cadre de ce cours) est due à F. Murat et J. Simon [133]. Elle repose, comme précédemment, sur un argument de compacité. L'idée essentielle est que les formes admissibles de $\mathcal{U}_{ad}$ ne peuvent pas changer de topologie, et que la borne de régularité uniforme R empêche les frontières de la forme Ω d'être trop oscillantes (sinon la pente des vecteurs tangents, mesurée grosso modo par $\|T - \mathrm{Id}\|_{W^{1,\infty}(\mathbb{R}^N;\mathbb{R}^N)} + \|T^{-1} - \mathrm{Id}\|_{W^{1,\infty}(\mathbb{R}^N;\mathbb{R}^N)}$, serait trop grande).

Remarque 6.12. Comme pour les théorèmes précédents, le Théorème 6.11 donne un résultat d'existence satisfaisant d'un point de vue théorique, mais inutilisable d'un point de vue pratique ou numérique. En effet, il est très difficile de vérifier numériquement la contrainte de régularité que doivent satisfaire les formes admissibles. Cependant, nous verrons plus loin que l'idée de représenter les formes admissibles par des difféomorphismes est utile pour définir une notion de dérivation par rapport au domaine. •

6.3 Différentiation par rapport au domaine

Dans cette section on reprend la paramétrisation des formes, introduite dans la Sous-section 6.2.4, qui va permettre de définir très naturellement une notion de dérivation "par rapport au domaine". Dès lors que l'on saura ainsi différentier, on pourra écrire des conditions d'optimalité pour caractériser les formes optimales et calculer des gradients pour mettre en oeuvre une méthode numérique d'optimisation. Il s'agit donc d'une notion fondamentale aussi bien du point de vue théorique que pratique.

6.3.1 Définition

La méthode de variation de frontières que nous allons décrire est très classique. Historiquement elle remonte au moins à J. Hadamard en 1907 [86]. De très nombreux auteurs ont travaillé sur ce sujet (voir par exemple [58], [100], [143], [170], [183]). On reprend ici la présentation de F. Murat et J. Simon [132], [133], déjà introduite lors de la Sous-section 6.2.4 précédente.

On se donne un domaine de référence Ω_0, que l'on suppose être un ouvert borné régulier de $\mathbb{R}^N$. Rappelons que l'on avait défini par (6.18) une classe de formes admissibles $\mathcal{C}(\Omega_0)$ composée des ouverts $\Omega = T(\Omega_0)$, où T est un difféomorphisme lipschitzien. Comme on compare T à l'identité (voir par exemple la définition (6.19) de la pseudo-distance sur $\mathcal{C}(\Omega_0)$), il est naturel de considérer plutôt la variable θ définie par

$$T = \mathrm{Id} + \theta \quad \text{avec} \quad \theta \in W^{1,\infty}(\mathbb{R}^N; \mathbb{R}^N),$$

où Id désigne l'application identité, $x \to x$ dans $\mathbb{R}^N$. Avec cette notation l'ensemble $\Omega = (\mathrm{Id} + \theta)(\Omega_0)$ est défini par

$$\Omega = \{x + \theta(x) \text{ tel que } x \in \Omega_0\}.$$

On peut donc voir $\theta(x)$ comme un champ de vecteur qui transporte ou déplace le domaine de référence Ω_0 (c'est le même principe que le champ de déplacement $u(x) : \Omega_0 \to \mathbb{R}^N$ en élasticité linéarisée, voir la Figure 6.7). Autrement dit, on **représente chaque forme admissible $\Omega \in \mathcal{C}(\Omega_0)$ par un champ de vecteurs $\theta(x)$ de $\mathbb{R}^N$ dans $\mathbb{R}^N$**. On pourra alors définir une notion de différentiabilité en Ω_0 en utilisant la dérivation par rapport à θ. Commençons par un lemme qui garantit que si θ est assez petit alors $T = \mathrm{Id} + \theta$ est bien un difféomorphisme et appartient bien à l'ensemble $\mathcal{T}$ des difféomorphismes sur $\mathbb{R}^N$ défini par (6.17).

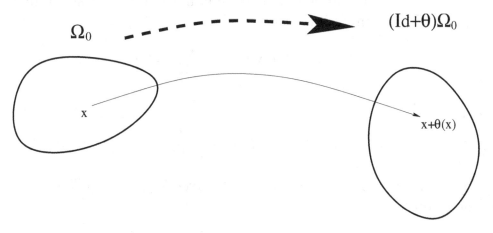

Fig. 6.7. Définition d'un domaine transporté par un champ de vecteur θ.

Lemme 6.13. *Pour tout $\theta \in W^{1,\infty}(\mathbb{R}^N; \mathbb{R}^N)$ vérifiant $\|\theta\|_{W^{1,\infty}(\mathbb{R}^N;\mathbb{R}^N)} < 1$, l'application $T = \mathrm{Id} + \theta$ est une bijection de $\mathbb{R}^N$ qui appartient à l'ensemble $\mathcal{T}$ défini par (6.17).*

Démonstration. Montrons tout d'abord que $T = \mathrm{Id} + \theta$ est une bijection de $\mathbb{R}^N$ dans $\mathbb{R}^N$. À partir de la formule

$$\theta(x) - \theta(y) = \int_0^1 (x - y) \cdot \nabla\theta\big(y + t(x - y)\big)dt,$$

on obtient que $|\theta(x)-\theta(y)| \leq \|\theta\|_{W^{1,\infty}(\mathbb{R}^N;\mathbb{R}^N)}|x-y|$, et donc θ est strictement contractante. Pour tout vecteur $b \in \mathbb{R}^N$ on introduit l'application $K(x) = b - \theta(x)$ qui est aussi strictement contractante

$$|K(x) - K(y)| \leq c|x-y| \quad \text{pour tout } x, y \in \mathbb{R}^N, \text{ avec } c < 1.$$

On en déduit que pour tout x, la suite des itérées $\{K^n(x)\}_{n\geq 1}$ est convergente, car elle vérifie le critère de Cauchy (pour $n > p$)

$$|K^n(x) - K^p(x)| \leq \sum_{i=p+1}^{n} |K^i(x) - K^{i-1}(x)| \leq c^p \sum_{i=1}^{n-p} c^{i-1}|K(x) - x|$$

$$\leq \frac{c^p}{1-c}|K(x) - x|.$$

La suite $\{K^n(x)\}_{n\geq 1}$ converge vers une limite y qui est l'unique point fixe de K, c'est-à-dire qui vérifie $K(y) = y$, et donc $b = T(y)$. Ainsi T est une bijection de $\mathbb{R}^N$.

Vérifions maintenant que $T \in \mathcal{T}$, c'est-à-dire que $(T - \mathrm{Id})$ et $(T^{-1} - \mathrm{Id})$ appartiennent à $W^{1,\infty}(\mathbb{R}^N;\mathbb{R}^N)$. Comme $T^{-1} - \mathrm{Id} = (\mathrm{Id} - T) \circ T^{-1}$, on a bien $\|T^{-1} - \mathrm{Id}\|_{L^\infty(\mathbb{R}^N;\mathbb{R}^N)} < 1$. D'autre part, $\nabla T = I + \nabla \theta$, où $I = \nabla \mathrm{Id}$ est la matrice identité constante (à ne pas confondre avec l'application identité Id, $x \to x$ dans $\mathbb{R}^N$) et comme la norme de la matrice $\nabla \theta$ est strictement plus petite que 1, ∇T est inversible et on a

$$(\nabla T)^{-1} = (I + \nabla\theta)^{-1} = \sum_{i\geq 0}(-\nabla\theta)^i,$$

ainsi que

$$|(\nabla T)^{-1} - I| \leq \frac{|\nabla\theta|}{1 - |\nabla\theta|}.$$

Par conséquent, T^{-1} est différentiable de dérivée $\nabla(T^{-1}) = ((\nabla T)^t)^{-1} \circ T^{-1}$. Finalement, on a

$$\nabla(T^{-1} - \mathrm{Id}) = ((\nabla T)^t)^{-1} \circ T^{-1} - I = \left(((\nabla T)^t)^{-1} - I\right) \circ T^{-1},$$

ce qui implique que $\nabla(T^{-1} - \mathrm{Id})$ est borné dans $L^\infty(\mathbb{R}^N;\mathbb{R}^N)$. On en déduit donc que $(T^{-1} - \mathrm{Id})$ appartient bien à $W^{1,\infty}(\mathbb{R}^N;\mathbb{R}^N)$, et $T \in \mathcal{T}$.   □

Remarque 6.14. Il est usuel et naturel de considérer l'espace $W^{1,\infty}(\mathbb{R}^N;\mathbb{R}^N)$ pour les champs de vecteur θ. Pour ceux qui préfèrent les fonctions régulières on peut faire la même théorie avec l'espace $C_b^1(\mathbb{R}^N;\mathbb{R}^N)$ des champs de vecteur continûment différentiables et uniformément bornés ainsi que leur gradient. Rappelons au passage que les fonctions de $W^{1,\infty}(\mathbb{R}^N;\mathbb{R}^N)$ sont tout de même continues. •

Définition 6.15. *Soit $J(\Omega)$ une application de l'ensemble des formes admissibles $\mathcal{C}(\Omega_0)$ dans $\mathbb{R}$. On dit que J est **différentiable par rapport au domaine** en Ω_0 si la fonction*

$$\theta \to J\Big((\,\mathrm{Id} + \theta)(\Omega_0)\Big)$$

est différentiable en 0 dans l'espace de Banach $W^{1,\infty}(\mathbb{R}^N; \mathbb{R}^N)$.

Remarque 6.16. La Définition 6.15 s'applique aussi bien à la différentiabilité au sens de Fréchet qu'au sens de Gâteaux. Rappelons dans ce contexte la différentiabilité au sens de Fréchet : il existe L, une forme linéaire continue sur $W^{1,\infty}(\mathbb{R}^N; \mathbb{R}^N)$ telle que

$$J\big((\,\mathrm{Id} + \theta)(\Omega_0)\big) = J(\Omega_0) + L(\theta) + o(\theta) , \quad \text{avec} \quad \lim_{\theta \to 0} \frac{o(\theta)}{\|\theta\|_{W^{1,\infty}}} = 0.$$

Dans la suite on notera $L = J'(\Omega_0)$. Remarquons aussi que la Définition 6.15 s'applique aussi si J est une application de $\mathcal{C}(\Omega_0)$ dans un espace de Banach. •

Une propriété surprenante de la dérivée par rapport au domaine $J'(\Omega_0)$ découle du fait que la représentation d'un domaine Ω de $\mathcal{C}(\Omega_0)$ par un difféomorphisme n'est pas unique. Autrement dit, il peut exister $\theta_1 \neq \theta_2$ tels que $(\,\mathrm{Id} + \theta_1)(\Omega_0) = (\,\mathrm{Id} + \theta_2)(\Omega_0)$. Par exemple, si $\theta_1 = 0$ et θ_2 est à support compact dans Ω_0 et de norme suffisamment petite, alors les difféomorphismes $(\,\mathrm{Id} + \theta_1)$ et $(\,\mathrm{Id} + \theta_2)$ laissent invariant chaque point du bord $\partial\Omega_0$ et ont la même image globale de l'intérieur Ω_0. Plus généralement, nous allons montrer que la forme linéaire $\theta \to J'(\Omega_0)(\theta)$ ne dépend que de la **composante normale de θ sur le bord** de Ω_0.

Proposition 6.17. *Soit Ω_0 un ouvert borné régulier de $\mathbb{R}^N$. Soit J une application différentiable en Ω_0. Si $\theta_1, \theta_2 \in W^{1,\infty}(\mathbb{R}^N; \mathbb{R}^N)$ sont tels que $\theta_2 - \theta_1 \in C^1(\mathbb{R}^N; \mathbb{R}^N)$ et $\theta_1 \cdot n = \theta_2 \cdot n$ sur $\partial\Omega_0$, alors la dérivée $J'(\Omega_0)$ vérifie*

$$J'(\Omega_0)(\theta_1) = J'(\Omega_0)(\theta_2).$$

Remarque 6.18. Ce résultat s'interprète géométriquement en disant que, si θ_1 et θ_2 sont petits, les domaines $(\,\mathrm{Id} + \theta_1)(\Omega_0)$ et $(\,\mathrm{Id} + \theta_2)(\Omega_0)$ sont égaux au second ordre près dès que $\theta_1 \cdot n = \theta_2 \cdot n$ sur $\partial\Omega_0$ (voir la Figure 6.8).

Du point de vue numérique la Proposition 6.17 est aussi très naturelle. En effet, si on maille le domaine Ω_0, alors tous les noeuds du maillage sont transportés par le champ de vecteurs θ. Mais si θ est suffisamment petit (de manière à ce qu'aucun des noeuds intérieurs à Ω_0 ne se retrouve sur le bord), alors seuls comptent les noeuds du bord dont le déplacement donne la frontière du nouveau domaine Ω. •

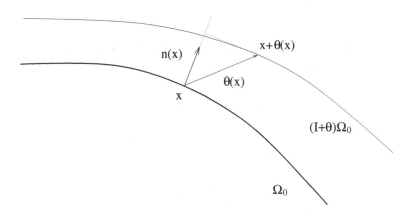

Fig. 6.8. Variation d'un domaine par un champ de vecteur θ.

Remarque 6.19. L'approche ci-dessus généralise (et simplifie, notamment pour les hypothèses de régularité) la méthode originale de J. Hadamard [86] qui consiste à faire varier la frontière d'un domaine le long de sa normale. Soit Ω_0 un domaine régulier de frontière $\partial\Omega_0$ paramétrée par une variable s et de normale unité $n(s)$. Soit une fonction $g(s)$ à valeurs réelles. Pour tout paramètre $t \geq 0$ suffisamment petit on définit un domaine $\Omega(t)$ par sa frontière

$$\partial\Omega(t) = \big\{ x \in \mathbb{R}^N \mid \exists s \in \partial\Omega_0, \ x = s + t\, g(s)\, n(s) \big\}.$$

On peut alors dériver une fonction $J(\Omega(t))$ par rapport au paramètre réel t en 0, ce qui est un cas particulier de la Définition 6.15 pour $\theta \cdot n = g(s)$. Néanmoins la méthode d'Hadamard est moins pratique car elle nécessite une paramétrisation du bord et $\Omega(t)$ est moins régulier que Ω_0 puisque $n(s)$ contient des dérivées de la paramétrisation de $\partial\Omega_0$. ●

Pour démontrer la Proposition 6.17 nous avons besoin d'un lemme préliminaire sur le flot d'un champ de vecteurs dans $\mathbb{R}^N$. Soit un champ de vecteurs $\theta \in W^{1,\infty}(\mathbb{R}^N; \mathbb{R}^N)$ et une donnée initiale $x \in \mathbb{R}^N$. On considère l'équation différentielle

$$\begin{cases} \dfrac{dy}{dt}(t) = \theta\big(y(t)\big) \\ y(0) = x \end{cases} \tag{6.22}$$

qui possède une solution unique $t \to y(t,x,\theta)$ dans $C^1(\mathbb{R}; \mathbb{R}^N)$. La solution de (6.22) vérifie immédiatement les propriétés

$$\begin{aligned} y(t+t',x,\theta) &= y(t,y(t',x,\theta),\theta) \quad \text{pour tout } t,t' \in \mathbb{R} \\ y(\lambda t,x,\theta) &= y(t,x,\lambda\theta) \quad \text{pour tout } \lambda \in \mathbb{R} \end{aligned} \tag{6.23}$$

On introduit alors la notation e^θ pour l'application de $\mathbb{R}^N$ dans $\mathbb{R}^N$ définie par

$$x \ \to \ e^\theta(x) = y(1,x,\theta) \tag{6.24}$$

qui est une bijection d'inverse $e^{-\theta}$ d'après (6.23), qui vérifie $e^0 = \mathrm{Id}$ et $t \to e^{t\theta}(x)$ est solution de (6.22).

Lemme 6.20. *Soit Ω_0 un ouvert borné régulier de $\mathbb{R}^N$. Soit $\theta \in W^{1,\infty}(\mathbb{R}^N; \mathbb{R}^N)$ tel que $\theta \cdot n = 0$ sur $\partial\Omega_0$. Alors la bijection e^θ, définie par (6.24), vérifie $e^{t\theta}(\Omega_0) = \Omega_0$ pour tout $t \in \mathbb{R}$.*

Démonstration. Comme le champ de vecteur θ est tangent à la surface $\partial\Omega_0$, il est classique que, si $x \in \partial\Omega_0$, alors la solution $e^{t\theta}(x)$ de (6.22) appartient à $\partial\Omega_0$ pour tout t. On en déduit donc que $e^{t\theta}(\partial\Omega_0) \subset \partial\Omega_0$ et $e^{-t\theta}(\partial\Omega_0) \subset \partial\Omega_0$, et donc, par composition, que $\partial\Omega_0 = e^{t\theta}(e^{-t\theta}(\partial\Omega_0)) \subset e^{t\theta}(\partial\Omega_0)$, d'où l'égalité $\partial\Omega_0 = e^{t\theta}(\partial\Omega_0)$.

Soit maintenant $x \in \Omega_0$. Si l'on considère le chemin $\left(e^{s\theta}(x)\right)_{0 \le s \le t}$, il est clair qu'il ne peut traverser $\partial\Omega_0$ d'après ce qui précède. Donc il reste dans Ω_0, c'est-à-dire que $e^{t\theta}(\Omega_0) \subset \Omega_0$. Le même raisonnement que ci-dessus, en utilisant l'identité $\Omega_0 = e^{t\theta}(e^{-t\theta}(\Omega_0))$, permet de conclure à l'égalité $e^{t\theta}(\Omega_0) = \Omega_0$. □

Démonstration de la Proposition 6.17. On pose $\theta = \theta_2 - \theta_1$ dont la trace normale est nulle sur le bord. En vertu du Lemme 6.20 on sait que $e^{t\theta}(\Omega_0) = \Omega_0$ pour tout $t \in \mathbb{R}$, donc la fonction J est constante le long de ce chemin, et on a

$$\frac{dJ\left(e^{t\theta}(\Omega_0)\right)}{dt}(0) = 0.$$

Or, par définition, la solution $e^{t\theta}(x)$ de (6.22) vérifie

$$\frac{de^{t\theta}(x)}{dt}(0) = \theta(x).$$

Formellement, par dérivation composée (il faudrait justifier ce point, ce qui est possible mais ne présente pas d'intérêt ; c'est à cet endroit que l'on utilise l'hypothèse θ de classe C^1, voir [133]), on en déduit

$$\frac{dJ\left(e^{t\theta}(\Omega_0)\right)}{dt}(0) = J'(\Omega_0)\left(\frac{de^{t\theta}}{dt}\right)(0) = J'(\Omega_0)(\theta) = 0,$$

ce qui donne le résultat par linéarité en θ. □

6.3.2 Dérivation d'intégrales

On applique la Définition 6.15 de différentiabilité par rapport au domaine à des intégrales de volume ou de surface. À chaque fois l'idée principale est la même : on se ramène, par un changement de variables, à un calcul sur le domaine fixe Ω_0. Pour ne pas alourdir la présentation, nous supposerons dans toutes les démonstrations que les fonctions considérées sont suffisamment régulières pour pouvoir opérer toutes les dérivations ou intégrations par parties nécessaires. Nous commençons par rappeler un lemme classique sur le changement de variables dans les intégrales [100], [133].

Lemme 6.21. *Soit Ω_0 un ouvert de $\mathbb{R}^N$. Soit $T \in \mathcal{T}$, un difféomorphisme de $\mathbb{R}^N$, où $\mathcal{T}$ est l'espace défini par (6.17). Soit $1 \le p \le +\infty$. Alors $f \in L^p\big(T(\Omega_0)\big)$ si et seulement si $f \circ T \in L^p(\Omega_0)$, et on a*

$$\int_{T(\Omega_0)} f\, dx = \int_{\Omega_0} f \circ T |\det \nabla T| dx \quad et \quad \int_{T(\Omega_0)} f |\det(\nabla T)^{-1}| dx = \int_{\Omega_0} f \circ T\, dx.$$

D'autre part, $f \in W^{1,p}\big(T(\Omega_0)\big)$ si et seulement si $f \circ T \in W^{1,p}(\Omega_0)$, et on a

$$(\nabla f) \circ T = \big((\nabla T)^{-1}\big)^t \nabla(f \circ T).$$

(On rappelle que l'on désigne par A^t la matrice adjointe ou transposée d'une matrice réelle A.) La dérivée de l'intégrale d'une fonction par rapport au domaine est donnée par la proposition suivante.

Proposition 6.22. *Soit Ω_0 un ouvert borné régulier de $\mathbb{R}^N$. Soit $f \in W^{1,1}$ $(\mathbb{R}^N)$ et soit J l'application de $\mathcal{C}(\Omega_0)$ dans $\mathbb{R}$ définie par*

$$J(\Omega) = \int_\Omega f(x)\, dx.$$

Alors J est différentiable en Ω_0 et on a

$$J'(\Omega_0)(\theta) = \int_{\Omega_0} \operatorname{div}\big(\theta(x) f(x)\big) dx = \int_{\partial\Omega_0} \theta(x) \cdot n(x)\, f(x)\, ds$$

pour tout $\theta \in W^{1,\infty}(\mathbb{R}^N; \mathbb{R}^N)$.

Démonstration. On réécrit $J(\Omega)$ comme une intégrale sur le domaine fixe Ω_0

$$J\big((\operatorname{Id} + \theta)(\Omega_0)\big) = \int_{\Omega_0} f \circ (\operatorname{Id} + \theta) |\det(I + \nabla\theta)| dx,$$

où $I = \nabla \operatorname{Id}$ est la matrice identité constante. L'application $\theta \to \det(I + \nabla\theta)$ est dérivable de $W^{1,\infty}(\mathbb{R}^N; \mathbb{R}^N)$ dans $L^\infty(\mathbb{R}^N)$ car

$$\det(I + \nabla\theta) = 1 + \operatorname{div}\theta + o(\theta) \quad \text{avec} \quad \lim_{\theta \to 0} \frac{\|o(\theta)\|_{L^\infty(\mathbb{R}^N)}}{\|\theta\|_{W^{1,\infty}(\mathbb{R}^N;\mathbb{R}^N)}} = 0.$$

D'autre part, si $f(x) \in W^{1,1}(\mathbb{R}^N)$, l'application $\theta \to f \circ (\operatorname{Id} + \theta)$ est dérivable de $W^{1,\infty}(\mathbb{R}^N; \mathbb{R}^N)$ dans $L^1(\mathbb{R}^N)$ car

$$f \circ (\operatorname{Id} + \theta)(x) = f(x) + \nabla f(x) \cdot \theta(x) + o(\theta) \quad \text{avec} \quad \lim_{\theta \to 0} \frac{\|o(\theta)\|_{L^1(\mathbb{R}^N)}}{\|\theta\|_{W^{1,\infty}(\mathbb{R}^N;\mathbb{R}^N)}} = 0.$$

Par composition de ces deux dérivées on obtient le résultat. $\square$

Rappelons maintenant un autre lemme classique sur le changement de variables dans les intégrales de surface [100], [133].

Lemme 6.23. *Soit Ω_0 un ouvert borné régulier de $\mathbb{R}^N$. Soit T un difféomorphisme de $\mathbb{R}^N$, de classe C^1 et qui appartient à $\mathcal{T}$, défini par (6.17). Soit $f \in L^1\big(\partial T(\Omega_0)\big)$, alors $f \circ T \in L^1(\partial\Omega_0)$, et on a*

$$\int_{\partial T(\Omega_0)} f \, ds = \int_{\partial\Omega_0} f \circ T \, |\det\nabla T| \, \left|\left((\nabla T)^{-1}\right)^t n\right|_{\mathbb{R}^N} ds,$$

où n est la normale extérieure à $\partial\Omega_0$.

La dérivée de l'intégrale de surface d'une fonction par rapport au domaine est donnée par la proposition suivante.

Proposition 6.24. *Soit Ω_0 un ouvert borné régulier de $\mathbb{R}^N$. Soit $f(x) \in W^{2,1}(\mathbb{R}^N)$ et soit J l'application de $\mathcal{C}(\Omega_0)$ dans $\mathbb{R}$ définie par*

$$J(\Omega) = \int_{\partial\Omega} f(x) \, ds.$$

Alors J est différentiable en Ω_0 et, pour tout $\theta \in C^1(\mathbb{R}^N; \mathbb{R}^N)$, on a

$$J'(\Omega_0)(\theta) = \int_{\partial\Omega_0} \left(\nabla f \cdot \theta + f\left(\operatorname{div}\theta - \nabla\theta n \cdot n\right)\right) ds = \int_{\partial\Omega_0} \theta \cdot n \left(\frac{\partial f}{\partial n} + H f\right) ds,$$

où H est la courbure moyenne de $\partial\Omega_0$ définie par $H = \operatorname{div} n$.

Démonstration. Après changement de variable on a

$$J\big((\operatorname{Id} + \theta)(\Omega_0)\big) = \int_{\partial\Omega_0} f \circ (\operatorname{Id} + \theta) \, |\det(I + \nabla\theta)| \, \left|\left((I + \nabla\theta)^{-1}\right)^t n\right|_{\mathbb{R}^N} ds.$$

Remarquons que l'on a besoin de θ de classe C^1 et pas seulement appartenant à $W^{1,\infty}(\mathbb{R}^N; \mathbb{R}^N)$ car il faut pouvoir définir la trace de $\nabla\theta$ sur $\partial\Omega_0$. Par conséquent, on démontre la différentiabilité par rapport au domaine en remplaçant $W^{1,\infty}(\mathbb{R}^N; \mathbb{R}^N)$ par $C^1(\mathbb{R}^N; \mathbb{R}^N)$ dans la Définition 6.15. On sait déjà que les applications $\theta \to \det(I + \nabla\theta)$ et $\theta \to f \circ (\operatorname{Id} + \theta)$ sont dérivables avec les hypothèses faites. Par ailleurs, on vérifie que l'application $\theta \to \left((I + \nabla\theta)^{-1}\right)^t n$ est dérivable de $C^1(\mathbb{R}^N; \mathbb{R}^N)$ dans $L^\infty(\partial\Omega_0; \mathbb{R}^N)$ car

$$\left((I + \nabla\theta)^{-1}\right)^t n = n - (\nabla\theta)^t n + o(\theta) \quad \text{avec} \quad \lim_{\theta \to 0} \frac{\|o(\theta)\|_{L^\infty(\partial\Omega_0; \mathbb{R}^N)}}{\|\theta\|_{C^1(\mathbb{R}^N; \mathbb{R}^N)}} = 0.$$

Par composition avec la dérivée de l'application $g \to |g|_{\mathbb{R}^N}$, on en déduit

$$\left|\left((I + \nabla\theta)^{-1}\right)^t n\right|_{\mathbb{R}^N} = 1 - (\nabla\theta)^t n \cdot n + o(\theta) \quad \text{avec} \quad \lim_{\theta \to 0} \frac{\|o(\theta)\|_{L^\infty(\partial\Omega_0)}}{\|\theta\|_{C^1(\mathbb{R}^N; \mathbb{R}^N)}} = 0.$$

Par composition de ces trois dérivées on obtient le résultat. La formule avec la courbure est alors le produit d'une intégration par parties sur la surface $\partial\Omega_0$ donnée par le Lemme 6.25. $\square$

Rappelons maintenant un lemme classique (quoique délicat [100], [133]) sur l'intégration par parties dans les intégrales de surface.

Lemme 6.25. *Soit Ω_0 un ouvert borné régulier de $\mathbb{R}^N$. Soit $\theta \in C^1(\mathbb{R}^N; \mathbb{R}^N)$ et $f \in W^{2,1}(\Omega_0)$. On a*

$$\int_{\partial\Omega_0} \Big(\theta \cdot \nabla f + f \mathrm{div}\theta - f(\nabla\theta\, n \cdot n)\Big)ds = \int_{\partial\Omega_0} \theta \cdot n \left(\frac{\partial f}{\partial n} + Hf\right) ds,$$

où n est la normale extérieure et H la courbure de $\partial\Omega_0$.

Remarque 6.26. Si le bord $\partial\Omega_0$ est représenté localement par une surface $x_N = \psi(x')$ avec $x' = (x_1, ..., x_{N-1})$ et que Ω_0 correspond à $x_N > \psi(x')$, on a les formules suivantes pour le vecteur normal

$$n = \frac{1}{(1+|\nabla\psi|^2)^{1/2}} \begin{pmatrix} \nabla\psi \\ -1 \end{pmatrix}$$

et pour la courbure moyenne

$$H = \frac{\Delta\psi(N-1+|\nabla\psi|^2) - (\nabla\nabla\psi)\nabla\psi \cdot \nabla\psi}{(1+|\nabla\psi|^2)^{3/2}}.$$

Dans cette représentation locale, le Lemme 6.25 se démontre par un calcul simple mais fastidieux. $\bullet$

6.3.3 Dérivation d'une fonction dépendant du domaine

Soit une fonction $u(x)$ ou, plus précisément, $u(\Omega, x)$, définie pour tout $x \in \Omega$, et qui dépend aussi du domaine Ω. Typiquement, il peut s'agir de la solution d'une équation aux dérivées partielles posée dans Ω. Nous voulons dériver cette fonction par rapport au domaine Ω.

Il existe en fait deux types de dérivées : une **dérivée eulérienne** que nous noterons U (qu'on appelle aussi dérivée de forme), et une **dérivée lagrangienne** que nous noterons Y (qu'on appelle aussi dérivée matérielle). Cette distinction est identique à celle que l'on fait classiquement en mécanique des milieux continus entre formalisme eulérien (dans un repère fixe) et formalisme lagrangien (dans un repère mobile). Expliquons brièvement et formellement comment l'on définit ces deux types de dérivées.

Le concept le plus simple, a priori, est celui de dérivée eulérienne. En un point x appartenant à la fois au domaine de référence Ω_0 et au domaine déformé $\Omega = (\mathrm{Id} + \theta)(\Omega_0)$, on peut calculer la différentielle de $u(\Omega, x)$ (la valeur de la fonction $u(\Omega)$ au point x)

$$u((\mathrm{Id}+\theta)(\Omega_0), x) = u(\Omega_0, x) + U(\theta, x) + o(\theta), \quad \text{avec} \quad \lim_{\theta\to 0} \frac{\|o(\theta)\|}{\|\theta\|} = 0, \quad (6.25)$$

où $U(\theta, x)$ est une forme linéaire continue en θ qu'on appelle dérivée eulérienne. Plus précisément, U est une dérivée directionnelle dans la direction θ. En fait, la définition (6.25) est locale et a un sens pour tous les points x

dans l'ouvert Ω_0 (car pour θ suffisamment petit x appartient aussi à Ω), mais elle pose problème pour les points x du bord : en effet, si $x \in \partial\Omega_0$ il n'est pas sûr que x appartiennent à $\Omega = (\operatorname{Id} + \theta)(\Omega_0)$. Une autre façon de voir cette difficulté est de dire que $u(\Omega)$ appartient typiquement à un espace (de Sobolev) défini sur Ω et que si on varie Ω on ne peut pas comparer $u(\Omega)$ et $u(\Omega_0)$ qui appartiennent à des espaces différents. Il s'agit là d'une difficulté sérieuse qui conduit souvent à préférer une deuxième notion de dérivation.

Un concept plus fiable, quoique plus compliqué, est celui de dérivée lagrangienne. L'idée est de se ramener, par un changement de variable à des fonctions définies sur le domaine de référence Ω_0. Si $u(\Omega)$ est définie sur le domaine Ω, on construit sa **transportée** $\overline{u}(\theta)$ sur le domaine de référence Ω_0 par le simple changement de variable, pour tout $x \in \Omega_0$,

$$\overline{u}(\theta, x) = u\big((\operatorname{Id} + \theta)(\Omega_0)\big) \circ (\operatorname{Id} + \theta) = u\Big((\operatorname{Id} + \theta)(\Omega_0), x + \theta(x)\Big). \quad (6.26)$$

Lorsque θ varie, toutes les fonctions $\overline{u}(\theta, x)$ sont définies sur le même domaine Ω_0 (ou dans le même espace fonctionnel), ce qui rend facile leur dérivation par rapport à θ : en particulier, il n'y a plus de difficulté pour les points x du bord $\partial\Omega_0$. On obtient la dérivée lagrangienne Y en dérivant la fonction $\overline{u}(\theta, x)$ par rapport à θ

$$\overline{u}(\theta, x) = \overline{u}(0, x) + Y(\theta, x) + o(\theta), \quad \text{avec} \quad \lim_{\theta \to 0} \frac{\|o(\theta)\|}{\|\theta\|} = 0, \quad (6.27)$$

où $\overline{u}(0, x) = u(\Omega_0, x)$ et $Y(\theta, x)$ est une forme linéaire continue en θ (une dérivée directionnelle dans la direction θ).

Il y a bien sûr un lien entre les deux notions. En appliquant la règle de dérivation composée à (6.26) on obtient

$$Y(\theta, x) = U(\theta, x) + \theta(x) \cdot \nabla u(\Omega_0, x). \quad (6.28)$$

Remarque 6.27. Les définitions (6.25) et (6.27) des dérivées eulériennes et lagrangiennes sont simplement formelles. En effet, pour les rendre rigoureuses il faudrait préciser à quels espaces appartiennent les diverses fonctions qui apparaissent dans ces formules. Nous rendront cela rigoureux dans la Sous-section 6.3.4. ●

En adaptant les démonstrations des Propositions 6.22 et 6.24 il est facile de les généraliser pour obtenir le résultat suivant de dérivation composée d'une intégrale de fonction dépendant du domaine.

Proposition 6.28. *Soit Ω_0 un ouvert borné régulier de $\mathbb{R}^N$. Soit $u(\Omega)$ une application de $\mathcal{C}(\Omega_0)$ dans $L^1(\mathbb{R}^N)$. On définit sa transportée de $W^{1,\infty}(\mathbb{R}^N; \mathbb{R}^N)$ dans $L^1(\mathbb{R}^N)$*

$$\overline{u}(\theta) = u\big((\operatorname{Id} + \theta)(\Omega_0)\big) \circ (\operatorname{Id} + \theta), \quad (6.29)$$

que l'on suppose être dérivable en 0 de dérivée Y (la dérivée lagrangienne de $u(\Omega)$). Alors l'application J_1 de $\mathcal{C}(\Omega_0)$ dans $\mathbb{R}$ définie par

$$J_1(\Omega) = \int_\Omega u(\Omega)\,dx$$

est différentiable en Ω_0 et, pour tout $\theta \in W^{1,\infty}(\mathbb{R}^N;\mathbb{R}^N)$, on a

$$J_1'(\Omega_0)(\theta) = \int_{\Omega_0} \Big(u(\Omega_0)\mathrm{div}\theta + Y(\theta) \Big)\,dx.$$

De même, si $\overline{u}(\theta)$ est dérivable en 0 comme application de $C^1(\mathbb{R}^N;\mathbb{R}^N)$ dans $L^1(\partial\Omega_0)$, alors l'application J_2 définie par

$$J_2(\Omega) = \int_{\partial\Omega} u(\Omega)\,dx$$

est différentiable en Ω_0 et, pour tout $\theta \in C^1(\mathbb{R}^N;\mathbb{R}^N)$, on a

$$J_2'(\Omega_0)(\theta) = \int_{\partial\Omega_0} \Big(u(\Omega_0)\,(\mathrm{div}\theta - \nabla\theta n \cdot n) + Y(\theta) \Big)ds.$$

Remarque 6.29. On peut réécrire les résultats de la Proposition 6.28 avec la dérivée eulérienne U au lieu de la dérivée lagrangienne Y. On obtient alors

$$J_1'(\Omega_0)(\theta) = \int_{\Omega_0} \Big(U(\theta) + \mathrm{div}(u(\Omega_0)\theta) \Big)dx$$

et

$$J_2'(\Omega_0)(\theta) = \int_{\partial\Omega_0} \left(U(\theta) + \theta \cdot n \left(\frac{\partial u(\Omega_0)}{\partial n} + H u(\Omega_0) \right) \right)dx,$$

qui sont bien les dérivées composées que l'on pouvait attendre.   ●

6.3.4 Dérivation d'une équation par rapport au domaine

Nous abordons maintenant un point délicat qui concerne la dérivation par rapport au domaine de la solution d'une équation aux dérivées partielles (solution que nous noterons indifféremment u ou $u(\Omega)$). Les démonstrations qui suivent sont parfois assez fastidieuses, mais fort heureusement nous verrons plus loin dans la Sous-section 6.4.3 que nous pourrons souvent nous en passer (si on se satisfait d'un calcul formel). Néanmoins il est bon de connaître au moins l'existence des résultats qui suivent.

En pratique le calcul de la dérivée lagrangienne est à la fois le plus sûr (peu de risques d'erreurs) et le plus rigoureux, mais l'expression de la dérivée eulérienne est souvent plus simple. Par conséquent nous calculerons la dérivée lagrangienne Y puis nous utiliserons la formule (6.28) pour en déduire la dérivée eulérienne U. Les résultats étant assez différents, nous traitons séparément les conditions aux limites de Dirichlet et de Neumann.

Condition aux limites de Dirichlet.

Soit Ω_0 un ouvert borné régulier de $\mathbb{R}^N$. Pour $\theta \in W^{1,\infty}(\mathbb{R}^N; \mathbb{R}^N)$ suffisamment petit, on pose $\Omega = (\operatorname{Id} + \theta)(\Omega_0)$. Pour $f \in H^1(\mathbb{R}^N)$ et $g \in H^3(\mathbb{R}^N)$ on considère l'équation suivante avec conditions aux limites de Dirichlet

$$\begin{cases} -\Delta u = f & \text{dans } \Omega \\ u = g & \text{sur } \partial\Omega, \end{cases} \tag{6.30}$$

qui admet une unique solution $u(\Omega)$ telle que $(u - g) \in H_0^1(\Omega)$. Pour trouver une formulation variationnelle de (6.30) il faut d'abord "relever" la condition aux limites inhomogène, c'est-à-dire faire le changement d'inconnue $w(\Omega) = u(\Omega) - g$, qui vérifie

$$\begin{cases} -\Delta w = f + \Delta g & \text{dans } \Omega \\ w = 0 & \text{sur } \partial\Omega. \end{cases} \tag{6.31}$$

La formulation variationnelle de (6.31) est simplement : trouver $w \in H_0^1(\Omega)$ tel que

$$\int_\Omega \nabla w \cdot \nabla\phi \, dx = \int_\Omega (f + \Delta g)\phi \, dx \quad \forall \phi \in H_0^1(\Omega). \tag{6.32}$$

Nous calculons d'abord la dérivée lagrangienne Y en se ramenant au domaine fixe Ω_0 par un changement de variable.

Proposition 6.30. *Soit $\Omega = (\operatorname{Id} + \theta)(\Omega_0)$, $u(\Omega)$ la solution de (6.30) et $w(\Omega)$ celle de (6.31). On définit leurs transportées sur Ω_0 par*

$$\overline{u}(\theta) = u\Big((\operatorname{Id} + \theta)(\Omega_0)\Big) \circ (\operatorname{Id} + \theta) \in H^1(\Omega_0),$$
$$\overline{w}(\theta) = w\Big((\operatorname{Id} + \theta)(\Omega_0)\Big) \circ (\operatorname{Id} + \theta) \in H_0^1(\Omega_0),$$

*qui vérifient $\overline{u}(\theta) = \overline{w}(\theta) + g \circ (\operatorname{Id} + \theta)$. Les applications $\theta \to \overline{u}(\theta), \overline{w}(\theta)$, de $W^{1,\infty}(\mathbb{R}^N; \mathbb{R}^N)$ dans $H^1(\Omega_0)$, sont différentiables en 0, et leurs dérivées dans la direction θ, appelées **dérivées lagrangiennes ou matérielles** de u et w respectivement, sont*

$$Y = \langle \overline{u}'(0), \theta \rangle \quad et \quad W = \langle \overline{w}'(0), \theta \rangle,$$

avec $Y = W + \theta \cdot \nabla g$, où $W \in H_0^1(\Omega_0)$ est la solution unique de

$$\begin{cases} -\Delta W = -\Delta\Big(\theta \cdot \nabla(u(\Omega_0) - g)\Big) & \text{dans } \Omega_0 \\ W = 0 & \text{sur } \partial\Omega_0. \end{cases} \tag{6.33}$$

Remarque 6.31. Le problème aux limites (6.33) est bien posé car le second membre appartient au moins à $H^{-1}(\Omega_0)$ puisque, par régularité, $u(\Omega_0)$ et g appartiennent au moins à $H^2(\Omega_0)$.

Démonstration. Le principe est de dériver la formulation variationnelle (6.32) où l'on choisit une fonction test qui dépend de θ, $\phi = \psi \circ (\mathrm{Id} + \theta)^{-1}$. Avant de dériver on se ramène au domaine fixe Ω_0 en faisant le changement de variables $x = y + \theta(y)$ avec $y \in \Omega_0$ et $x \in \Omega$. Grâce au Lemme 6.21, la formulation variationnelle (6.32) devient trouver $\overline{w} \in H_0^1(\Omega_0)$ tel que, pour tout $\psi \in H_0^1(\Omega_0)$,

$$\int_{\Omega_0} A(\theta) \nabla \overline{w}(\theta) \cdot \nabla \psi \, dy = \int_{\Omega_0} (f + \Delta g) \circ (\mathrm{Id} + \theta) \, \psi \, |\det(I + \nabla \theta)| dy \quad (6.34)$$

avec

$$A(\theta) = |\det(I + \nabla \theta)|(I + \nabla \theta)^{-1} \left((I + \nabla \theta)^{-1}\right)^t.$$

On remarque que le choix judicieux $\phi(x) = \psi \circ (\mathrm{Id} + \theta)^{-1}(x) = \psi(y)$ conduit à une fonction test ψ indépendante de θ dans (6.34). On dérive par rapport à θ en 0 la formulation variationnelle (6.34). L'application $\theta \to A(\theta)$, de $W^{1,\infty}(\mathbb{R}^N; \mathbb{R}^N)$ dans $L^\infty(\mathbb{R}^N; \mathbb{R}^{N^2})$, est dérivable en 0 car

$$A(\theta) = (1 + \mathrm{div}\theta)I - \nabla\theta - (\nabla\theta)^t + o(\theta) \quad \text{avec} \quad \lim_{\theta \to 0} \frac{\|o(\theta)\|_{L^\infty(\mathbb{R}^N;\mathbb{R}^{N^2})}}{\|\theta\|_{W^{1,\infty}(\mathbb{R}^N;\mathbb{R}^N)}} = 0.$$

Par ailleurs, des arguments identiques à ceux de la démonstration de la Proposition 6.22 montrent que le membre de droite de (6.34) est dérivable. Par conséquent, en notant $W = \langle \overline{w}'(0), \theta \rangle$ la dérivée en 0 de $\overline{w}$ dans la direction θ, on obtient

$$\int_{\Omega_0} \nabla W \cdot \nabla \psi \, dy + \int_{\Omega_0} \left(\mathrm{div}\theta I - \nabla\theta - (\nabla\theta)^t\right) \nabla \overline{w}(0) \cdot \nabla \psi \, dy$$
$$= \int_{\Omega_0} \mathrm{div}\left((f + \Delta g)\theta\right) \psi \, dy \quad (6.35)$$

avec $\overline{w}(0) = w(\Omega_0)$. Comme $\overline{w}(\theta) \in H_0^1(\Omega_0)$, sa dérivée lagrangienne W appartient aussi à $H_0^1(\Omega_0)$. Donc W est la solution de

$$\begin{cases} -\Delta W = \mathrm{div}\left[\left(\mathrm{div}\theta I - \nabla\theta - (\nabla\theta)^t\right)\nabla w(\Omega_0)\right] + \mathrm{div}\left((f + \Delta g)\theta\right) & \text{dans } \Omega_0 \\ W = 0 & \text{sur } \partial\Omega_0. \end{cases}$$

On utilise alors les relations $w(\Omega_0) = u(\Omega_0) - g$, et $\Delta u(\Omega_0) = -f$ dans Ω_0, ainsi que l'identité suivante (qui se démontre par simple identification pour tout $v \in H^1(\Omega_0)$ tel que $\Delta v \in L^2(\Omega_0)$)

$$\Delta(\nabla v \cdot \theta) = \mathrm{div}\left((\Delta v)\theta - (\mathrm{div}\theta)\nabla v + \left(\nabla\theta + (\nabla\theta)^t\right)\nabla v\right), \quad (6.36)$$

pour en déduire (6.33). Finalement, comme $\overline{u}(\theta) = \overline{w}(\theta) + g \circ (\mathrm{Id} + \theta)$ et que, selon la Proposition 6.22, la dérivée de $g \circ (\mathrm{Id} + \theta)$ est $\theta \cdot \nabla g$, on en déduit que $Y = W + \theta \cdot \nabla g$. $\square$

Corollaire 6.32. *Suivant la formule (6.28) on définit la* **dérivée eulérienne ou de forme** *U de la solution $u(\Omega)$ de (6.30) par la formule*

$$U = Y - \theta \cdot \nabla u(\Omega_0). \tag{6.37}$$

Alors U est solution dans $H^1(\Omega_0)$ de

$$\begin{cases} -\Delta U = 0 & \text{dans } \Omega_0 \\ U = -(\theta \cdot n)\frac{\partial(u(\Omega_0)-g)}{\partial n} & \text{sur } \partial\Omega_0. \end{cases} \tag{6.38}$$

De plus, U est bien la dérivée eulérienne de l'application $\Omega \to u(\Omega)$ en Ω_0 dans la direction θ au sens où elle vérifie (6.25) pour un certain choix de normes.

Remarque 6.33. Comme on s'y attend d'après la Proposition 6.17, U ne dépend que de la trace normale de $\theta \cdot n$. S'il est clair que la dérivée de forme U vérifie une équation plus simple que celle de la dérivée matérielle Y, la justification de la formule (6.25), i.e. le choix des "bons" espaces fonctionnels, est plus compliquée. ⬤

Démonstration. Nous laissons au lecteur le soin de faire le calcul facile qui permet de passer de (6.33) et (6.37) à (6.38). Pour montrer que U est la dérivée eulérienne de $u(\Omega)$ au sens de (6.25), nous allons nous contenter d'un raisonnement formel. Une justification rigoureuse est assez délicate car il faut bien préciser tous les espaces fonctionnels. Commençons par déterminer U localement à l'intérieur de Ω. Pour tout ouvert ω inclus compactement dans Ω_0, i.e. $\overline{\omega} \subset \Omega_0$ (et donc $\overline{\omega} \subset \Omega$ si θ est petit), on considère la restriction à ω de $u(\Omega)$ qui appartient à $H^1(\omega)$. Comme cet espace est fixe et indépendant de Ω, on peut alors dériver l'application $\Omega \to u(\Omega)_{|\omega}$ au sens de la Définition 6.15. De manière pratique, on multiplie l'équation (6.30) par une fonction test ϕ à support compact dans ω

$$\int_\omega \nabla u \cdot \nabla \phi \, dx = \int_\omega f\phi \, dx,$$

et on dérive cette égalité par rapport à Ω : ni la fonction test, ni le domaine d'intégration n'en dépende. On trouve donc que $u'(\Omega_0)(\theta) = U$ où U vérifie

$$\int_\omega \nabla U \cdot \nabla \phi \, dx = 0,$$

c'est-à-dire l'équation de (6.38). Par cette méthode "intérieure" on ne peut pas retrouver la condition aux limites. Pour l'obtenir il faut écrire sous forme faible la condition aux limites pour $u(\Omega)$

$$\int_{\partial\Omega} (u(\Omega) - g)\psi \, ds = 0 \quad \forall \psi \in C^\infty(\mathbb{R}^N),$$

et dériver cette relation intégrale à l'aide de la Proposition 6.24 en supposant que l'on peut appliquer le théorème de dérivation composée. On obtient

$$\int_{\partial\Omega} \left(U\psi + H(u-g)\psi + \frac{\partial\big((u-g)\psi\big)}{\partial n} \right) ds = 0,$$

ce qui conduit à la condition aux limites de (6.38).   □

Condition aux limites de Neumann.

Soit Ω_0 un ouvert borné régulier de $\mathbb{R}^N$. Pour $\theta \in W^{1,\infty}(\mathbb{R}^N; \mathbb{R}^N)$ suffisamment petit, on pose $\Omega = (\mathrm{Id} + \theta)(\Omega_0)$. Pour $f \in H^1(\mathbb{R}^N)$ et $g \in H^2(\mathbb{R}^N)$ on considère l'équation suivante avec conditions aux limites de Neumann

$$\begin{cases} -\Delta u + u = f & \text{dans } \Omega \\ \frac{\partial u}{\partial n} = g & \text{sur } \partial\Omega, \end{cases} \tag{6.39}$$

qui admet une unique solution $u(\Omega) \in H^1(\Omega)$. La formulation variationnelle de (6.39) est : trouver $u \in H^1(\Omega)$ tel que

$$\int_\Omega (\nabla u \cdot \nabla\phi + u\phi)\, dx = \int_\Omega f\phi\, dx + \int_{\partial\Omega} g\phi\, ds \quad \forall\, \phi \in H^1(\Omega). \tag{6.40}$$

Proposition 6.34. *Soit $\Omega = (\mathrm{Id} + \theta)(\Omega_0)$ et $u(\Omega)$ la solution de (6.39). On définit sa transportée $\overline{u}(\theta)$ sur Ω_0 par*

$$\overline{u}(\theta) = u\Big((\mathrm{Id}+\theta)(\Omega_0)\Big) \circ (\mathrm{Id}+\theta) \in H^1(\Omega_0).$$

L'application $\theta \to \overline{u}(\theta)$, de $C^1(\mathbb{R}^N; \mathbb{R}^N)$ dans $H^1(\Omega_0)$, est différentiable en 0, et sa dérivée dans la direction θ, appelée **dérivée lagrangienne ou matérielle** *de u, est*

$$Y = \langle \overline{u}'(0), \theta \rangle,$$

où $Y \in H^1(\Omega_0)$ est la solution unique de

$$\begin{cases} -\Delta Y + Y = -\Delta(\theta \cdot \nabla u(\Omega_0)) + \theta \cdot \nabla u(\Omega_0) & \text{dans } \Omega_0 \\ \frac{\partial Y}{\partial n} = (\nabla\theta + (\nabla\theta)^t)\nabla u(\Omega_0) \cdot n + \theta \cdot \nabla g - g\nabla\theta\, n \cdot n & \text{sur } \partial\Omega_0. \end{cases} \tag{6.41}$$

Remarque 6.35. Le problème aux limites (6.41) est bien posé car le second membre appartient au moins à $H^{-1}(\Omega_0)$ et la condition aux limites à $L^2(\partial\Omega_0)$. En effet, par régularité (voir le Théorème 2.20) la solution $u(\Omega_0)$ de (6.39) appartient au moins à $H^2(\Omega_0)$.   ●

Démonstration. On fait le changement de variable $x = y + \theta(y)$ avec $y \in \Omega_0$ et $x \in \Omega$ dans la formulation variationnelle (6.40). On pose $\psi(y) = \phi(x)$. Grâce au Lemme 6.21, la formulation variationnelle (6.40) devient trouver $\overline{u}(\theta) \in H^1(\Omega_0)$ tel que, pour tout $\psi \in H^1(\Omega_0)$,

$$\int_{\Omega_0} A(\theta)\nabla\overline{u}(\theta) \cdot \nabla\psi \, dy + \int_{\Omega_0} \overline{u}(\theta)\psi |\det(I + \nabla\theta)| dy$$

$$= \int_{\Omega_0} f \circ (\operatorname{Id} + \theta)\, \psi \, |\det(I + \nabla\theta)| dy$$

$$+ \int_{\partial\Omega_0} g \circ (\operatorname{Id} + \theta)\, \psi \, |\det(I + \nabla\theta)| \, |(I + \nabla\theta)^{-1*}n| \, ds, \tag{6.42}$$

avec

$$A(\theta) = |\det(I + \nabla\theta)|(I + \nabla\theta)^{-1}\left((I + \nabla\theta)^{-1}\right)^{t}.$$

On dérive par rapport à θ en 0 la formulation variationnelle (6.42). Par rapport à la démonstration de la Proposition 6.30 le seul nouveau terme est le dernier qui se dérive comme dans la démonstration de la Proposition 6.24. Par conséquent, en notant $Y = \langle\overline{u}'(0), \theta\rangle$ la dérivée en 0 de $\overline{u}$ dans la direction θ, on obtient

$$\int_{\Omega_0}\left(\nabla Y \cdot \nabla\psi + Y\psi\right)dy + \int_{\Omega_0}\left(\operatorname{div}\theta I - \nabla\theta - (\nabla\theta)^{t}\right)\nabla\overline{u}(0) \cdot \nabla\psi \, dy$$

$$+ \int_{\Omega_0} \overline{u}(0)\psi\operatorname{div}\theta \, dy = \int_{\Omega_0} \operatorname{div}(f\theta)\psi \, dy \tag{6.43}$$

$$+ \int_{\partial\Omega_0}\left(\theta \cdot \nabla g + g(\operatorname{div}\theta - \nabla\theta n \cdot n)\right)\psi ds,$$

avec la notation $\overline{u}(0) = u(\Omega_0)$. Autrement dit, Y est la solution de

$$\begin{cases} -\Delta Y + Y = F & \text{dans } \Omega_0 \\ \frac{\partial Y}{\partial n} = G & \text{sur } \partial\Omega_0, \end{cases}$$

avec

$$\begin{cases} F = \operatorname{div}\left[\left(\operatorname{div}\theta I - \nabla\theta - (\nabla\theta)^{t}\right)\nabla u(\Omega_0)\right] - u(\Omega_0)\operatorname{div}\theta + \operatorname{div}(f\theta) \\ G = -\left(\operatorname{div}\theta I - \nabla\theta - (\nabla\theta)^{t}\right)\nabla u(\Omega_0) \cdot n + \theta \cdot \nabla g + g\left(\operatorname{div}\theta - \nabla\theta n \cdot n\right). \end{cases}$$

On utilise alors les relations $\Delta u(\Omega_0) = u(\Omega_0) - f$ dans Ω_0 et $\frac{\partial u(\Omega_0)}{\partial n} = g$ sur $\partial\Omega_0$, et l'identité (6.36) pour en déduire (6.41). $\square$

Corollaire 6.36. *Suivant la formule (6.28) on définit la* **dérivée eulérienne ou de forme** *U de la solution $u(\Omega)$ de (6.39) par la formule*

$$U = Y - \theta \cdot \nabla u(\Omega_0). \tag{6.44}$$

Alors U est solution dans $H^1(\Omega_0)$ de

$$-\Delta U + U = 0 \quad \text{dans } \Omega_0, \tag{6.45}$$

avec la condition aux limites

$$\frac{\partial U}{\partial n} = \theta \cdot n \left(\frac{\partial g}{\partial n} - \frac{\partial^2 u(\Omega_0)}{\partial n^2} \right) + \nabla_t(\theta \cdot n) \cdot \nabla_t u(\Omega_0) \quad sur \quad \partial \Omega_0, \quad (6.46)$$

avec la notation du gradient tangentiel $\nabla_t \phi = \nabla \phi - (\nabla \phi \cdot n)n$.

De plus, U est bien la dérivée eulérienne de l'application $\Omega \to u(\Omega)$ en Ω_0 dans la direction θ au sens où elle vérifie (6.25) pour un certain choix de normes.

Remarque 6.37. Si la dérivée eulérienne ou de forme U vérifie une équation plus simple que celle de la dérivée matérielle Y, la condition aux limites est beaucoup plus compliquée : elle fait intervenir la dérivée tangentielle de $\theta \cdot n$.

•

Démonstration. Nous laissons au lecteur le soin de faire le calcul facile qui permet de passer de (6.41) et (6.44) à (6.45). Par contre, il est beaucoup plus délicat d'obtenir la condition aux limites (6.46). Un premier calcul fastidieux, qui utilise le Lemme 6.25 appliqué à $(g\phi)$, permet d'obtenir l'équation (6.47) ci-dessous. Ensuite, il faut utiliser une autre formule d'intégration par parties sur le bord pour en déduire (6.46) (nous renvoyons à [100] pour les détails).

Pour montrer (au moins formellement) que U est bien la dérivée locale de $u(\Omega)$, le raisonnement est plus facile que dans le cas d'une condition aux limites de Dirichlet car la condition aux limites de Neumann n'est pas inscrite dans le choix de l'espace fonctionnel mais est variationnelle. Autrement dit, pour un ouvert Ω régulier, on sait que toute fonction de $H^1(\Omega)$ est la restriction à Ω d'une fonction de $H^1(\mathbb{R}^N)$ (cela découle, par exemple, du Théorème 2.3). Par conséquent, on peut réécrire la formulation variationnelle (6.40) sous la forme : trouver $u(\Omega) \in H^1(\mathbb{R}^N)$ tel que

$$\int_\Omega (\nabla u \cdot \nabla \phi + u\phi) \, dx = \int_\Omega f\phi \, dx + \int_{\partial \Omega} g\phi \, ds \quad \forall \phi \in H^1(\mathbb{R}^N).$$

On dérive alors cette égalité par rapport à Ω en supposant que l'on peut appliquer le théorème de dérivation composée. On trouve donc que $u'(\Omega_0)(\theta) = U$ où U vérifie

$$\int_\Omega (\nabla U \cdot \nabla \phi + U\phi) \, dx = \int_{\partial \Omega} \theta \cdot n \left(-\nabla u \cdot \nabla \phi - u\phi + f\phi + Hg\phi + \frac{\partial(g\phi)}{\partial n} \right) ds$$
$$(6.47)$$

dont on déduit facilement (6.45), en prenant ϕ à support compact dans Ω, et plus laborieusement (6.46). $\square$

6.4 Gradient et condition d'optimalité

On combine les résultats des sections précédentes pour calculer les conditions d'optimalité ou le gradient de la fonction objectif du problème suivant d'optimisation géométrique de formes

$$\inf_{\Omega \in \mathcal{U}_{ad}} J(\Omega),$$

avec

$$\mathcal{U}_{ad} = \left\{ \Omega \in \mathcal{C}(\Omega_0) \text{ et } \int_{\Omega} dx = V_0 \right\}, \qquad (6.48)$$

où $\mathcal{C}(\Omega_0)$ est l'ensemble, défini par (6.18), des formes obtenues par difféomorphisme à partir de Ω_0. La fonction coût $J(\Omega)$ est soit la compliance (6.2), soit un critère de moindres carrés (6.3) pour atteindre une cible $u_0(x) \in L^2(\mathbb{R}^N)$, c'est-à-dire

$$J(\Omega) = \int_{\Omega} |u(\Omega) - u_0|^2 dx \qquad (6.49)$$

où la fonction $u(\Omega)$ est la solution de l'équation d'état qui est un problème aux limites posé dans Ω.

6.4.1 Conditions aux limites de Neumann

On considère l'équation d'état suivante

$$\begin{cases} -\Delta u + u = f & \text{dans } \Omega \\ \frac{\partial u}{\partial n} = g & \text{sur } \partial\Omega, \end{cases} \qquad (6.50)$$

qui, pour $f \in H^1(\mathbb{R}^N)$ et $g \in H^2(\mathbb{R}^N)$, admet une unique solution $u = u(\Omega) \in H^1(\Omega)$.

Théorème 6.38. *Soit Ω_0 un ouvert borné régulier. L'application $J(\Omega)$, définie par (6.49), est différentiable*

$$J'(\Omega_0)(\theta) = \int_{\partial\Omega_0} \theta \cdot n \left(|u(\Omega_0) - u_0|^2 + \nabla u(\Omega_0) \cdot \nabla p + p(u(\Omega_0) - f) \right.$$
$$\left. - \frac{\partial(gp)}{\partial n} - Hgp \right) ds,$$

$$(6.51)$$

où p est l'état adjoint, solution unique dans $H^1(\Omega_0)$ de

$$\begin{cases} -\Delta p + p = -2\left(u(\Omega_0) - u_0\right) & \text{dans } \Omega_0 \\ \frac{\partial p}{\partial n} = 0 & \text{sur } \partial\Omega_0, \end{cases} \qquad (6.52)$$

Remarque 6.39. La formule (6.51) a bien un sens car, Ω_0 étant régulier, les hypothèses sur les données f et g impliquent que u et p appartiennent à $H^2(\Omega)$ et donc ∇u et ∇p appartiennent à $L^2(\partial\Omega)$ par le théorème de trace. On retrouve bien dans la formule (6.51) le fait que la dérivée de forme ne dépend que de la valeur de la trace normale du champ de vecteurs θ sur le bord. •

Démonstration. On applique la Proposition 6.28 à la fonction coût pour obtenir

$$J'(\Omega_0)(\theta) = \int_{\Omega_0} \left(|u(\Omega_0) - u_0|^2 \mathrm{div}\theta + 2(u(\Omega_0) - u_0)(Y - \theta \cdot \nabla u_0) \right) dx,$$

avec la dérivée matérielle Y solution de (6.41), ce qui peut aussi s'écrire avec la dérivée de forme $U = Y - \theta \cdot \nabla u(\Omega_0)$ comme

$$J'(\Omega_0)(\theta) = \int_{\Omega_0} \left(\mathrm{div}\left(\theta |u(\Omega_0) - u_0|^2 \right) + 2(u(\Omega_0) - u_0)U \right) dx.$$

Pour simplifier cette expression et éliminer la dérivée de forme U on utilise l'état adjoint. On multiplie (6.52) par U

$$\int_{\Omega_0} \left(\nabla p \cdot \nabla U + pU \right) dx = -2 \int_{\Omega_0} \left(u(\Omega_0) - u_0 \right) U\, dx,$$

puis on multiplie l'équation (6.45), qui donne U, par p, en utilisant la condition aux limites (6.46),

$$\int_{\Omega_0} \left(\nabla p \cdot \nabla U + pU \right) dx =$$
$$\int_{\partial\Omega_0} \theta \cdot n \left(-\nabla u(\Omega_0) \cdot \nabla p - p\Delta u(\Omega_0) + \frac{\partial(gp)}{\partial n} + Hgp \right) ds.$$

On en déduit, par comparaison, la formule (6.51). $\quad\square$

On peut généraliser le Théorème 6.38 à une très grande classe de fonctions objectifs. Il existe un cas particulier très important pour lequel le problème est dit **auto-adjoint**, c'est-à-dire que l'état adjoint est égal à l'état (au signe près éventuellement) et il n'y a donc pas lieu de résoudre une équation supplémentaire pour calculer le gradient de la fonction objectif. Ce cas particulier est celui de la compliance

$$J(\Omega) = \int_{\Omega} fu\,dx + \int_{\partial\Omega} gu\,ds. \tag{6.53}$$

Théorème 6.40. *L'application $J(\Omega)$, définie par (6.53), est différentiable*

$$J'(\Omega_0)(\theta) = \int_{\partial\Omega_0} \theta \cdot n \left(-|\nabla u(\Omega_0)|^2 - |u(\Omega_0)|^2 + 2u(\Omega_0)f \right.$$
$$\left. +2\frac{\partial(gu(\Omega_0))}{\partial n} + 2Hgu(\Omega_0) \right) ds, \tag{6.54}$$

Remarque 6.41. La formule (6.54) possède une interprétation mécanique simple dans un cas particulier. Supposons qu'il n'y a pas de forces volumiques, $f = 0$, et que les forces surfaciques ne sont non nulles que là où le bord est fixe, c'est-à-dire qu'on peut avoir $g \neq 0$ seulement si $\theta \cdot n = 0$, et que $g = 0$ si $\theta \cdot n \neq 0$. Alors, la formule se simplifie

$$J'(\Omega_0)(\theta) = -\int_{\partial\Omega_0} \theta \cdot n \left(|\nabla u|^2 + u^2\right) ds.$$

On en déduit que, pour diminuer la compliance, c'est-à-dire pour avoir $J'(\Omega_0)(\theta) \leq 0$, on a toujours intérêt à agrandir le domaine, c'est-à-dire à choisir $\theta \cdot n > 0$.   ◉

Démonstration. On applique la Proposition 6.28 à la fonction coût pour obtenir

$$J'(\Omega_0)(\theta) = \int_{\Omega_0} \left(fu(\Omega_0)\mathrm{div}\theta + u(\Omega_0)\theta \cdot \nabla f + fY\right)dx$$

$$+ \int_{\partial\Omega_0} \left(gu(\Omega_0)\left(\mathrm{div}\theta - \nabla\theta n \cdot n\right) + u(\Omega_0)\theta \cdot \nabla g + gY\right)ds,$$

ou bien, en introduisant $U = Y - \theta \cdot \nabla u(\Omega_0)$,

$$J'(\Omega_0)(\theta) = \int_{\Omega_0} \left(\mathrm{div}(fu(\Omega_0)\theta) + fU\right)dx$$

$$+ \int_{\partial\Omega_0} \left(\theta \cdot n \left(\frac{\partial(gu(\Omega_0))}{\partial n} + Hgu(\Omega_0)\right) + gU\right) ds.$$

En multipliant (6.50) par U on obtient

$$\int_{\Omega_0} \left(\nabla u(\Omega_0) \cdot \nabla U + u(\Omega_0)U\right)dx = \int_{\Omega_0} fU \, dx + \int_{\partial\Omega_0} gU \, ds,$$

puis en multipliant (6.45) par $u(\Omega_0)$ et en utilisant la condition aux limites (6.46) on a

$$\int_{\Omega_0} \left(\nabla u(\Omega_0) \cdot \nabla U + u(\Omega_0)U\right)dx$$

$$= \int_{\partial\Omega_0} \theta \cdot n \left(-\nabla u(\Omega_0) \cdot \nabla u(\Omega_0) - u(\Omega_0)\Delta u(\Omega_0) + \frac{\partial(gu(\Omega_0))}{\partial n} + Hgu(\Omega_0)\right) ds.$$

On en déduit, par comparaison, la formule (6.54).   □

6.4.2 Conditions aux limites de Dirichlet

On considère l'équation d'état suivante

$$\begin{cases} -\Delta u = f & \text{dans } \Omega \\ u = g & \text{sur } \partial\Omega, \end{cases} \tag{6.55}$$

qui, pour $f \in H^1(\mathbb{R}^N)$ et $g \in H^3(\mathbb{R}^N)$, admet une unique solution $u(\Omega)$ telle que $(u - g) \in H_0^1(\Omega)$.

Théorème 6.42. *Soit Ω_0 un ouvert borné régulier. L'application $J(\Omega)$, définie par (6.49), est différentiable*

$$J'(\Omega_0)(\theta) = \int_{\partial\Omega_0} \theta \cdot n \left(|u(\Omega_0) - u_0|^2 - \frac{\partial p}{\partial n}\frac{\partial(u(\Omega_0) - g)}{\partial n} \right) ds, \qquad (6.56)$$

où p est l'état adjoint, solution unique dans $H^1(\Omega_0)$ de

$$\begin{cases} -\Delta p = -2\,(u(\Omega_0) - u_0) & dans\ \Omega_0 \\ p = 0 & sur\ \partial\Omega_0. \end{cases} \qquad (6.57)$$

Remarque 6.43. La formule (6.56) a bien un sens car, par régularité, u et p appartiennent à $H^2(\Omega)$ et donc ∇u et ∇p appartiennent à $L^2(\partial\Omega)$. On retrouve bien dans la formule (6.56) le fait que la dérivée de forme ne dépend que de la valeur de la trace normale du champ de vecteurs θ sur le bord. •

Démonstration. On applique la Proposition 6.28 à la fonction coût pour obtenir

$$J'(\Omega_0)(\theta) = \int_{\Omega_0} \left(|u(\Omega_0) - u_0|^2 \mathrm{div}\theta + 2(u(\Omega_0) - u_0)(Y - \theta \cdot \nabla u_0) \right) dx,$$

avec la dérivée matérielle $Y = W + \theta \cdot \nabla g$, où W est solution de (6.33). Pour simplifier cette expression et éliminer la dérivée W on utilise l'état adjoint. On multiplie (6.57) par W

$$\int_{\Omega_0} \nabla p \cdot \nabla W\, dx = -2\int_{\Omega_0} (u(\Omega_0) - u_0)\, W\, dx,$$

puis on écrit la formulation variationnelle de (6.33), qui définit W, avec p comme fonction test

$$\int_{\Omega_0} \nabla p \cdot \nabla W\, dx = \int_{\Omega_0} \nabla\Big(\theta \cdot \nabla(u(\Omega_0) - g)\Big) \cdot \nabla p\, dx.$$

On en déduit, par comparaison,

$$J'(\Omega_0)(\theta) = \int_{\Omega_0} \Big(|u(\Omega_0) - u_0|^2 \mathrm{div}\theta + 2(u(\Omega_0) - u_0)\theta \cdot \nabla(g - u_0)\Big) dx$$

$$- \int_{\Omega_0} \nabla\Big(\theta \cdot \nabla(u(\Omega_0) - g)\Big) \cdot \nabla p\, dx.$$

En intégrant par parties le terme contenant l'état adjoint p et en utilisant (6.57), on obtient

$$J'(\Omega_0)(\theta) = \int_{\Omega_0} \mathrm{div}\left(\theta|u(\Omega_0) - u_0|^2\right) dx - \int_{\partial\Omega_0} \frac{\partial p}{\partial n}\theta \cdot \nabla(u(\Omega_0) - g)\, ds.$$

Comme $u(\Omega_0) = g$ sur $\partial\Omega_0$, la dérivée tangentielle au bord est nulle et on a

$$\nabla(u(\Omega_0) - g) = \frac{\partial(u(\Omega_0) - g)}{\partial n}\, n \quad \text{sur} \quad \partial\Omega_0,$$

ce qui conduit à la formule (6.56).   □

On peut généraliser le Théorème 6.42 à une très grande classe de fonctions objectifs. Il existe un cas particulier très important pour lequel le problème est dit **auto-adjoint**, c'est-à-dire que l'état adjoint est égal à l'état (au signe près éventuellement) et il n'y a donc pas lieu de résoudre une équation supplémentaire pour calculer le gradient de la fonction objectif. Ce cas particulier est celui de la compliance

$$J(\Omega) = \int_{\Omega} (f + \Delta g) u \, dx. \tag{6.58}$$

Théorème 6.44. *L'application $J(\Omega)$, définie par (6.58), est différentiable*

$$J'(\Omega_0)(\theta) = \int_{\partial\Omega_0} \theta \cdot n \left((f + \Delta g) u(\Omega_0) + \left| \frac{\partial(u(\Omega_0) - g)}{\partial n} \right|^2 \right) ds. \tag{6.59}$$

Démonstration. On pose $h = f + \Delta g$ et on applique la Proposition 6.28 à la fonction coût pour obtenir

$$J'(\Omega_0)(\theta) = \int_{\Omega_0} (h u(\Omega_0)\mathrm{div}\theta + u(\Omega_0)\theta \cdot \nabla h + hY) \, dx$$

avec la dérivée matérielle $Y = W + \theta \cdot \nabla g$, où W est solution de (6.33). En multipliant par W l'équation vérifiée par $(u - g)$ on obtient

$$\int_{\Omega_0} \nabla(u(\Omega_0) - g) \cdot \nabla W \, dx = \int_{\Omega_0} h W \, dx,$$

puis en multipliant (6.33) par $(u - g)$ on a

$$\int_{\Omega_0} \nabla(u(\Omega_0) - g) \cdot \nabla W \, dx = \int_{\Omega_0} \nabla\big(\theta \cdot \nabla(u(\Omega_0) - g)\big) \cdot \nabla(u(\Omega_0) - g) \, dx.$$

On en déduit, par comparaison et après quelques calculs que nous laissons au lecteur, la formule (6.59).   □

6.4.3 Dérivation rapide : la méthode du Lagrangien

Comme nous venons de le voir dans les deux sous-sections précédentes, le calcul rigoureux de la dérivée d'une fonction objectif nécessite d'avoir su dériver la solution de l'équation d'état alors même que cette dérivée (U ou Y dans nos notations) n'apparaît pas dans le résultat final. Il y a là un certain gâchis, d'autant plus que le calcul de la dérivée U ou Y est assez délicat et fastidieux. Heureusement, comme nous l'avions annoncé, il existe une méthode

150   6 Optimisation géométrique

plus rapide pour dériver (au moins formellement) une fonction objectif. Il
s'agit de la méthode du Lagrangien, développée par J. Céa dans [35]. Cette
méthode permet aussi de "deviner" la définition de l'état adjoint p. En pratique, c'est la méthode la plus utilisée et il est **essentiel** de bien la comprendre.
Dans ce qui suit on considère une fonction objectif générale du type

$$J(\Omega) = \int_\Omega j(u(\Omega))\,dx.$$

Condition aux limites de Neumann

On suppose tout d'abord que $u(\Omega)$ est solution de (6.50). Suivant la Définition 3.22 on introduit le Lagrangien qui est la somme de la fonction objectif
et de la formulation variationnelle de l'équation d'état

$$\mathcal{L}(\Omega, v, q) = \int_\Omega j(v)\,dx + \int_\Omega \left(\nabla v \cdot \nabla q + vq - fq\right)dx - \int_{\partial\Omega} gq\,ds,$$

avec v et $q \in H^1(\mathbb{R}^N)$. Il est important de noter que l'espace $H^1(\mathbb{R}^N)$ ne
dépend pas de Ω et donc les trois variables du Lagrangien $\mathcal{L}$ sont véritablement
indépendantes. La dérivée partielle de $\mathcal{L}$ par rapport à q dans la direction
$\phi \in H^1(\mathbb{R}^N)$ est

$$\langle \frac{\partial\mathcal{L}}{\partial q}(\Omega, v, q), \phi \rangle = \int_\Omega \left(\nabla v \cdot \nabla\phi + v\phi - f\phi\right)dx - \int_{\partial\Omega} g\phi\,ds,$$

qui, lorsqu'elle s'annule, est (par construction) la formulation variationnelle
de l'équation d'état (6.50). La dérivée partielle de $\mathcal{L}$ par rapport à v dans la
direction $\phi \in H^1(\mathbb{R}^N)$ est

$$\langle \frac{\partial\mathcal{L}}{\partial v}(\Omega, v, q), \phi \rangle = \int_\Omega j'(v)\phi\,dx + \int_\Omega \left(\nabla\phi \cdot \nabla q + \phi q\right)dx,$$

qui, lorsqu'elle s'annule, n'est rien d'autre que la formulation variationnelle de
l'équation adjointe (6.52). Finalement, la dérivée de $\mathcal{L}$ par rapport au domaine,
évaluée en supposant v et q fixes (c'est-à-dire comme une dérivée partielle),
dans la direction θ est

$$\frac{\partial\mathcal{L}}{\partial\Omega}(\Omega_0, v, q)(\theta) = \int_{\partial\Omega_0} \theta \cdot n \left(j(v) + \nabla v \cdot \nabla q + vq - fq - \frac{\partial(gq)}{\partial n} - Hgq\right)ds.$$

Lorsqu'on évalue cette dérivée avec l'état $u(\Omega_0)$ et l'état adjoint $p(\Omega_0)$, on
retrouve exactement la valeur de la dérivée de la fonction objectif

$$\frac{\partial\mathcal{L}}{\partial\Omega}(\Omega_0, u, p)(\theta) = J'(\Omega_0)(\theta). \tag{6.60}$$

La relation (6.60) n'est pas un hasard. En effet, pour tout $q \in H^1(\mathbb{R}^N)$, on a

$$\mathcal{L}(\Omega, u(\Omega), q) = J(\Omega)$$

puisque $u(\Omega)$ vérifie la formulation variationnelle de l'équation d'état (6.50). Comme $u(\Omega)$ dépend de Ω, mais pas q, en dérivant cette relation et en utilisant le théorème des dérivées composées, il vient

$$J'(\Omega_0)(\theta) = \frac{\partial \mathcal{L}}{\partial \Omega}(\Omega_0, u(\Omega_0), q)(\theta) + \langle \frac{\partial \mathcal{L}}{\partial v}(\Omega_0, u(\Omega_0), q), u'(\Omega_0)(\theta)\rangle.$$

En prenant alors $q = p(\Omega_0)$ solution de l'équation adjointe (6.52), le dernier terme s'annule et on obtient

$$J'(\Omega_0)(\theta) = \frac{\partial \mathcal{L}}{\partial \Omega}(\Omega_0, u(\Omega_0), p(\Omega_0))(\theta).$$

Grâce à ce calcul on peut obtenir le "bon" résultat pour $J'(\Omega_0)$ sans passer par les dérivées de forme ou matérielle qui sont passablement compliquées à établir. Cependant, ce calcul rapide de la dérivée $J'(\Omega_0)$ n'est que **formel**. En effet, il suppose que l'on connaisse déjà la dérivabilité de u par rapport au domaine, et que l'on puisse appliquer la règle de dérivation composée.

Condition aux limites de Dirichlet

On suppose maintenant que $u(\Omega)$ est solution de (6.55). La condition aux limites de Dirichlet n'étant pas variationnelle (comme celle de Neumann) mais inscrite dans l'espace fonctionnel, la méthode du Lagrangien est un peu plus compliquée. On pourrait être tenté d'introduire, comme d'habitude, le Lagrangien défini comme la somme de la fonction objectif et de la formulation variationnelle de l'équation d'état

$$\mathcal{L}(\Omega, v, q) = \int_\Omega j(v)\,dx + \int_\Omega \Big(\nabla(v - g) \cdot \nabla q - (f + \Delta g)q \Big) dx,$$

pour toutes les fonctions $(v - g) \in H_0^1(\Omega)$ et $q \in H_0^1(\Omega)$. Malheureusement cette approche est vouée à l'échec car les trois variables (Ω, v, q) ne peuvent pas être indépendantes puisque v et q appartiennent à des espaces qui dépendent de Ω (elles ont une trace prescrite sur $\partial \Omega$). Tout au plus, peut-on remarquer que, formellement, la dérivée partielle de $\mathcal{L}$ par rapport à v donne l'équation adjointe. Mais si on calcule la dérivée partielle de $\mathcal{L}$ par rapport au domaine, on ne trouve pas la "bonne" dérivée $J'(\Omega_0)$, ce qui est fâcheux !

Pour remédier à cet inconvénient on introduit un multiplicateur de Lagrange supplémentaire λ pour la condition aux limites. Autrement dit, pour $(v, q, \lambda) \in \big(H^1(\mathbb{R}^N)\big)^3$, on définit le Lagrangien

$$\mathcal{L}(\Omega, v, q, \lambda) = \int_\Omega j(v)\,dx - \int_\Omega (\Delta v + f)q\,dx + \int_{\partial \Omega} \lambda(v - g)\,ds. \qquad (6.61)$$

Dans la définition (6.61) du Lagrangien toutes les variables sont bien **indépendantes** car les fonctions (v, q, λ) appartiennent à des espaces qui ne dépendent plus de Ω. Il est clair que les dérivées partielles de $\mathcal{L}$ par rapport à q et λ donnent (par définition même de $\mathcal{L}$) respectivement l'équation d'état et la condition aux limites satisfaites par u . Pour trouver l'équation adjointe on calcule la dérivée partielle de $\mathcal{L}$ par rapport à v dans la direction $\phi \in H^1(\mathbb{R}^N)$

$$\langle \frac{\partial \mathcal{L}}{\partial v}(\Omega, v, q, \lambda), \phi \rangle = \int_\Omega j'(v)\phi \, dx - \int_\Omega \Delta\phi \, q \, dx + \int_{\partial\Omega} \lambda\phi \, ds.$$

Après une double intégration par parties on obtient

$$\langle \frac{\partial \mathcal{L}}{\partial v}(\Omega, v, q, \lambda), \phi \rangle = \int_\Omega \left(-\Delta q + j'(v) \right) \phi \, dx + \int_{\partial\Omega} \left(\frac{\partial q}{\partial n} + \lambda \right) \phi \, ds - \int_{\partial\Omega} q \frac{\partial \phi}{\partial n} \, ds.$$

La condition $\langle (\partial\mathcal{L}/\partial v)(\Omega_0, u, p, \lambda), \phi \rangle = 0$ pour tout $\phi \in H^1(\mathbb{R}^N)$ conduit à trois relations. Tout d'abord en prenant ϕ à support compact dans Ω_0 on obtient

$$-\Delta p = -j'(u) \quad \text{dans} \quad \Omega_0.$$

Puis on peut prendre ϕ qui s'annule sur $\partial\Omega_0$ avec $\partial\phi/\partial n$ quelconque dans $L^2(\partial\Omega_0)$, ce qui donne

$$p = 0 \quad \text{sur} \quad \partial\Omega_0.$$

Finalement, pour ϕ quelconque dans $H^1(\Omega_0)$, on trouve

$$\frac{\partial p}{\partial n} + \lambda = 0 \quad \text{sur} \quad \partial\Omega_0.$$

On a donc bien retrouvé l'équation adjointe (6.57). Finalement, la dérivée partielle de $\mathcal{L}$ par rapport à Ω, dans la direction θ, évaluée avec les solutions u, p et $\lambda = -\partial p/\partial n$, est

$$\frac{\partial \mathcal{L}}{\partial \Omega}(\Omega_0, u, p, \lambda)(\theta) = \int_{\partial\Omega_0} \theta \cdot n \left(j(u) - (\Delta u + f)p + \frac{\partial((u-g)\lambda)}{\partial n} + H(u-g)\lambda \right) ds.$$

En tenant compte des conditions aux limites $p = 0$, $u = g$ et $\lambda = -\partial p/\partial n$ sur $\partial\Omega_0$, on en déduit que

$$\frac{\partial \mathcal{L}}{\partial \Omega}(\Omega_0, u, p, \lambda)(\theta) = J'(\Omega_0)(\theta). \tag{6.62}$$

Une fois de plus la relation (6.62) n'est pas un hasard puisqu'elle provient de la dérivation de

$$\mathcal{L}(\Omega, u(\Omega), q, \lambda) = J(\Omega) \quad \forall q, \lambda.$$

Comme q et λ ne dépendent pas de Ω, en dérivant cette relation et en utilisant le théorème des dérivées composées, il vient

$$J'(\Omega_0)(\theta) = \frac{\partial \mathcal{L}}{\partial \Omega}(\Omega_0, u(\Omega_0), q, \lambda)(\theta) + \langle \frac{\partial \mathcal{L}}{\partial v}(\Omega_0, u(\Omega_0), q, \lambda), u'(\Omega_0)(\theta) \rangle.$$

En prenant alors $q = p(\Omega_0)$ et $\lambda = -(\partial p/\partial n)(\Omega_0)$, où $p(\Omega_0)$ est la solution de l'équation adjointe (6.57), le dernier terme s'annule et on obtient précisément la formule (6.62). Grâce à ce calcul on trouve le "bon" résultat pour $J'(\Omega_0)$ sans passer par les dérivées eulérienne ou lagrangienne de la solution. Néanmoins, insistons encore pour dire que ce calcul rapide de la dérivée $J'(\Omega_0)$ n'est que formel puisqu'il requiert de savoir a priori que $u(\Omega)$ est dérivable par rapport au domaine.

6.5 Algorithmes numériques

Nous expliquons l'utilisation de la dérivation par rapport au domaine en matière d'algorithmes numériques sur le modèle de l'élasticité, plus complexe mais plus intéressant pour les applications pratiques.

6.5.1 Méthode de gradient

Pour minimiser numériquement la fonction coût $J(\Omega)$ on utilise une méthode de gradient sur la variable θ qui paramètre la forme $\Omega = (\text{Id} + \theta)(\Omega_0)$. Si l'on a obtenu l'expression analytique du gradient de la fonction coût sous la forme

$$J'(\Omega_0)(\theta) = \int_{\partial\Omega_0} \theta \cdot n \, d(\Omega_0) \, ds,$$

où $d(\Omega_0)$ est une fonction (qui dépend de l'état et de l'adjoint), on peut obtenir une nouvelle forme Ω_t à partir de la forme initiale Ω_0

$$\Omega_t = (\text{Id} + \theta_t)(\Omega_0) \quad \text{avec} \quad \theta_t = -t \, d(\Omega_0) \, n, \qquad (6.63)$$

où $t > 0$ est un pas de descente adéquat. Pour t suffisamment petit, on est sûr que

$$J(\Omega_t) < J(\Omega_0) \quad \text{si} \quad d(\Omega_0) \neq 0.$$

Dans la formule (6.63) il subsiste une ambiguïté quant à la définition de θ_t. En effet, θ_t doit être défini dans tout Ω_0 alors que $d(\Omega_0)n$ n'est a priori défini que sur le bord $\partial\Omega_0$. Il faut donc étendre cette trace à l'intérieur de Ω_0 pour obtenir le champ de vecteur θ_t. Nous reviendrons sur ce point pratique dans la Sous-section 6.5.3 ci-dessous.

Il y a une autre difficulté théorique et pratique avec la formule (6.63). En effet, on a toujours supposé que $\theta \in W^{1,\infty}(\mathbb{R}^N; \mathbb{R}^N)$, mais l'intégrande $d(\Omega_0)$ et la normale n peuvent être moins régulières. Si c'est le cas, il faut éventuellement régulariser ces termes (voir la Sous-section 6.5.3 ci-dessous).

La méthode de gradient est une méthode itérative : on calcule une suite de formes Ω_k pour $k \geq 0$. Chaque Ω_k est obtenu à partir de Ω_{k-1} comme Ω_t est obtenu à partir de Ω_0. En d'autres termes, à chaque itération k on utilise Ω_k comme domaine de référence pour calculer la dérivée par rapport au domaine (on ne se ramène donc pas à chaque fois au domaine initial Ω_0).

6.5.2 Modèle de structure élastique

Nous revenons au modèle de la Sous-section 1.2.4. On considère un solide élastique isotrope homogène qui occupe un domaine borné Ω. On suppose que le bord de Ω est décomposé en trois parties

$$\partial\Omega = \Gamma \cup \Gamma_N \cup \Gamma_D,$$

où $\Gamma \neq \emptyset$ est la partie variable de la frontière, $\Gamma_D \neq \emptyset$ est une partie fixe de la frontière sur laquelle le solide est fixé (condition aux limites de Dirichlet), et $\Gamma_N \neq \emptyset$ est aussi une partie fixe de la frontière sur laquelle sont appliqués les efforts g (condition aux limites de Neumann). On suppose que la partie variable Γ de la frontière est libre de tout effort (condition aux limites de Neumann homogène). Un exemple, dit de la console (ou de la plaque-console en dimension 2), est donné à la Figure 6.9. Par conséquent, le déplacement u est solution du modèle de l'élasticité linéarisée suivant

$$\begin{cases} -\mathrm{div}\sigma = 0 & \text{dans } \Omega \\ \sigma = 2\mu e(u) + \lambda\mathrm{tr}\,(e(u))I & \text{dans } \Omega \\ u = 0 & \text{sur } \Gamma_D \\ \sigma n = g & \text{sur } \Gamma_N \\ \sigma n = 0 & \text{sur } \Gamma. \end{cases} \tag{6.64}$$

On minimise la compliance

$$\inf_{\Omega\in\mathcal{U}_{ad}} \left\{ J(\Omega) = \int_{\Gamma_N} g \cdot u\, dx \right\}, \tag{6.65}$$

avec

$$\mathcal{U}_{ad} = \left\{ \Omega \in \mathcal{C}(\Omega_0),\ \Gamma_D \cup \Gamma_N \subset \partial\Omega \text{ et } \int_\Omega dx = V_0 \right\}, \tag{6.66}$$

où $\mathcal{C}(\Omega_0)$ est l'ensemble, défini par (6.18), des formes obtenues par déformation de Ω_0. La restriction que toutes les formes $\Omega \in \mathcal{U}_{ad}$ aient dans leur bord les parties fixes $\Gamma_D \cup \Gamma_N$ est facilement prise en compte dans la paramétrisation de $\Omega = (\,\mathrm{Id} + \theta)(\Omega_0)$ par le champ de vecteurs θ : il suffit d'imposer

$$\theta = 0 \quad \text{sur} \quad \Gamma_D \cup \Gamma_N$$

(seule la partie Γ de la frontière est susceptible de varier ici).

Dans ce cas particulier, la dérivée de la fonction coût est (par une simple adaptation du Théorème 6.40)

$$J'(\Omega_0)(\theta) = -\int_\Gamma \theta \cdot n \left(2\mu|e(u)|^2 + \lambda(\mathrm{tr}\,e(u))^2\right) ds. \tag{6.67}$$

Il est remarquable que l'intégrande en facteur de $\theta \cdot n$ dans (6.67) soit toujours négative. On en déduit que pour avoir $J'(\Omega_0)(\theta) \leq 0$, c'est-à-dire pour minimiser J, il faut choisir $\theta \cdot n > 0$. Autrement dit en termes mécaniques, pour

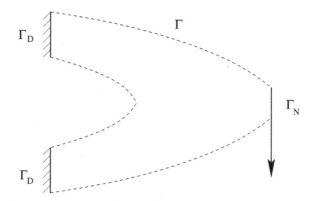

Fig. 6.9. Conditions aux limites pour une console élastique : seul le bord Γ, en pointillé, peut varier.

minimiser la compliance, c'est-à-dire maximiser la rigidité, on a toujours intérêt à "agrandir" le domaine Ω (nonobstant la contrainte de volume), et ceci d'autant plus que les déformations sont grandes. Rappelons que la dérivée de forme de la contrainte de volume $V(\Omega) = \int_\Omega dx = V_0$ est

$$V'(\Omega_0)(\theta) = \int_\Gamma \theta \cdot n \, ds.$$

La condition d'optimalité du domaine Ω_0 est donc qu'il existe un multiplicateur de Lagrange $\ell \in \mathbb{R}$ tel que

$$J'(\Omega_0)(\theta) + \ell V'(\Omega_0)(\theta) = \int_\Gamma \theta \cdot n \left(\ell - 2\mu |e(u)|^2 - \lambda (\operatorname{tr} e(u))^2 \right) ds = 0.$$

Mécaniquement, cette condition d'optimalité nous dit que le bord de la forme optimale est iso-contraint.

6.5.3 Implémentation numérique

On choisit pour Ω_0 le domaine représenté à la Figure 6.9. Il s'agit d'un cas test classique, dit de la "console élastique" ou plaque-console en dimension 2 ("cantilever" en anglais). On calcule une suite de domaines Ω_k qui vérifient les contraintes suivantes (les mêmes que celles dans la définition (6.66) de $\mathcal{U}_{ad}$)

$$\partial\Omega_k = \Gamma_k \cup \Gamma_N \cup \Gamma_D \tag{6.68}$$

où Γ_N et Γ_D sont fixes, et le volume (ou poids) est fixe

$$V(\Omega_k) = V(\Omega_0). \tag{6.69}$$

À cause de la contrainte sur le volume de la forme on utilise un algorithme de gradient à pas fixe avec projection (voir le Chapitre 3). Écrivons cet algorithme dans le cadre qui nous intéresse. Soit $t > 0$ un pas de descente fixé.

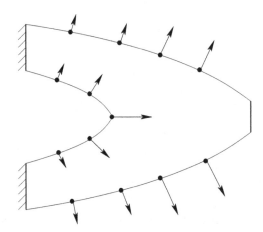

Fig. 6.10. Déplacement des noeuds du maillage de la frontière suivant le gradient de la fonction coût.

1. Initialisation de la forme Ω_0.

2. Itérations jusqu'à convergence, pour $k \geq 0$:

$$\Omega_{k+1} = (\,\text{Id} + \theta_k)(\Omega_k),$$

avec

$$\theta_k = \begin{cases} t\Big(2\mu|e(u_k)|^2 + \lambda(\text{tr}\,e(u_k))^2 - \ell_k\Big)n_k \text{ sur } \Gamma_k, \\ 0 \qquad\qquad\qquad\qquad\qquad\qquad \text{sur } \Gamma_N \cup \Gamma_D, \end{cases} \qquad (6.70)$$

où n_k est le vecteur normal au bord $\partial\Omega_k$, $t > 0$ est un pas de descente et $\ell_k \in \mathbb{R}$ est le multiplicateur de Lagrange tel que Ω_{k+1} satisfasse la contrainte de volume. Rappelons que $-2\mu|e(u_k)|^2 - \lambda(\text{tr}\,e(u_k))^2$ est l'intégrande de la dérivée de forme $J'(\Omega_k)$, et que u_k est la solution de l'équation (6.64) dans le domaine Ω_k.

Typiquement, une itération de l'algorithme ci-dessus revient à déplacer, dans la direction de la normale, les noeuds du maillage de la partie libre Γ_k de la frontière de Ω_k en préservant son volume (voir la Figure 6.10).

Contrainte de poids total

Pour vérifier la contrainte de poids total (6.66) on ajuste itérativement et a posteriori le multiplicateur de Lagrange $\ell_k \in \mathbb{R}$. Autrement dit, on choisit à l'itération k la valeur ℓ_k du multiplicateur qui aurait permis à l'itération précédente $k - 1$ de vérifier exactement la contrainte de poids. Cette procédure est très simple mais ne permet de vérifier exactement la contrainte qu'à convergence. Si l'on voulait maintenir la contrainte de poids tout au long des itérations, il faudrait pouvoir "revenir en arrière" si le maillage a été trop déformé, ce qui revient à multiplier les étapes de déplacement du maillage (ou de remaillage) et donc à augmenter le coût du calcul.

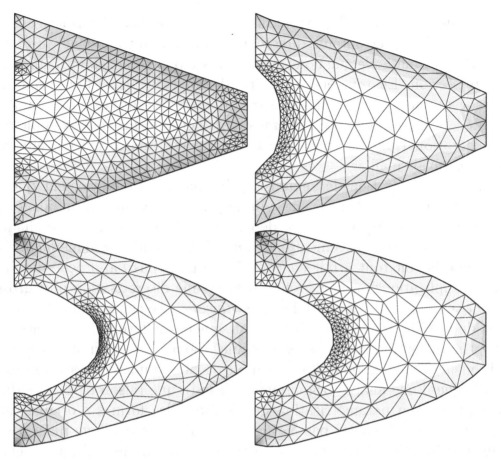

Fig. 6.11. Console optimale : forme initiale puis aux itérations 5, 10 et 20 de l'algorithme d'optimisation.

Extension du champ de déplacement et paramétrisation du bord

Dans la formule (6.70) il subsiste une ambiguïté quant à la définition de θ_k. En effet, θ_k doit être défini dans tout Ω_k alors qu'il n'est spécifié que sur le bord $\partial\Omega_k$ dans (6.70). À ce propos il existe deux possibilités. En premier lieu on peut affirmer que la seule information intéressante est la position de la frontière $\partial\Omega_{k+1}$ qui ne dépend que de la trace normale $\theta_k \cdot n_k$ sur le bord (dans le cas de petites déformations de la forme). Autrement dit, les valeurs de θ_k à l'intérieur de Ω_k ne sont pas importantes pour déterminer la frontière $\partial\Omega_{k+1}$ et il suffit d'utiliser (6.70) sur le bord (ou plus précisément pour les noeuds du bord du maillage). Néanmoins cette approche possède un inconvénient pratique : il faudra remailler la nouvelle forme Ω_{k+1} et cela coûte cher (surtout en 3-d). C'est pourquoi on préfère parfois une deuxième approche qui consiste à préalablement **étendre à l'intérieur** de Ω_k la trace de θ_k sur $\partial\Omega_k$. Par exemple, une telle extension s'obtient en résolvant le problème suivant

$$\begin{cases} -\Delta\theta_k = 0 & \text{dans } \Omega_k \\ \theta_k = 0 & \text{sur } \Gamma_D \cup \Gamma_N \\ \theta_k = t\Big(2\mu|e(u_k)|^2 + \lambda(\operatorname{tr} e(u_k))^2 - \ell_k\Big)n_k & \text{sur } \Gamma_k. \end{cases} \quad (6.71)$$

Une fois que l'on connaît θ_k partout dans Ω_k on peut alors déformer l'ensemble du maillage de Ω_k et obtenir directement un nouveau maillage du domaine Ω_{k+1}. C'est la méthode que nous avons utilisée pour les exemples numériques de cette section. En tout état de cause, lorsque cet algorithme produit des distorsions assez grandes de la forme (ce qui est le cas sur l'exemple numérique présenté ici), il faut de temps en temps remailler la forme (par exemple toutes les 10 itérations) pour ne pas faire une mauvaise approximation numérique avec un mauvais maillage.

Dans la présentation de l'extension du champ de déplacement que nous venons de faire il semble sous-entendu que tous les noeuds du maillage sur le bord de la forme ont leur propre déplacement. Autrement dit, le champ de déplacement θ et le déplacement élastique u "vivraient" sur le même maillage. Bien que cela soit tout à fait concevable, ce n'est pas l'approche dominante dans les applications où l'on préfère utiliser une discrétisation plus grossière pour θ que pour u. Il y a au moins deux raisons à ce choix. Tout d'abord une raison de stabilité numérique : il y a un risque d'oscillation de la frontière lors de l'optimisation qui serait causé par une résonance des erreurs numériques sur le même maillage pour θ et u (il s'agit plus d'une constatation expérimentale que d'une analyse rigoureuse). Ensuite une raison de commodité de représentation ou paramétrisation des formes : les formes d'origine "industrielle" ne sont en général pas caractérisées par leur maillage mais pas leur paramètres de CAO (Conception Assistée par Ordinateur). Typiquement, ces paramètres sont des splines, des courbes de Bézier ou tout autre forme de représentation utilisée en approximation de surfaces. Il faut donc traduire le champ de déplacement θ dans cette paramétrisation CAO qui utilise typiquement beaucoup moins de noeuds de contrôle sur le bord de la forme mais qui contient des paramètres additionnels de tangente ou courbure. Nous ne disons rien de ces difficultés techniques de liaison avec la CAO et nous nous contentons de remarquer que cela fait un lien très naturel entre optimisation géométrique et optimisation paramétrique !

Dans les exemples numériques de ce chapitre nous utilisons effectivement deux maillages : un (relativement) grossier pour représenter la forme, c'est-à-dire θ, et un autre plus fin pour calculer avec précision l'état u. Le maillage grossier est déformé à chaque itération de l'optimisation et le maillage fin le suit par simple interpolation.

Régularisation du champ de déplacement

Un autre défaut du champ de vecteur θ_k défini par (6.70) est son éventuelle faible régularité. Par exemple, dans les coins de la console la régularité de $|e(u_k)|^2$ est faible (typiquement guère mieux que $L^1(\Omega)$) alors que l'on voudrait que θ_k appartienne à $W^{1,\infty}(\mathbb{R}^N;\mathbb{R}^N)$. Cela peut résulter en d'éventuelles oscillations de la frontière que l'on évite grâce à une régularisation de θ_k. Combinée avec la procédure d'extension que l'on vient juste de décrire, cette régularisation peut s'obtenir en résolvant à la place de (6.71) le problème

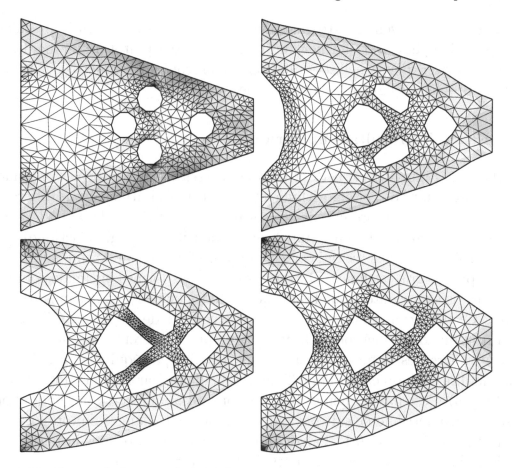

Fig. 6.12. Forme de la console initiale avec 4 trous, puis aux itérations 5, 10 et 20 de l'algorithme d'optimisation.

suivant

$$
\begin{cases}
-\Delta\theta_k = 0 & \text{dans } \Omega_k \\
\theta_k = 0 & \text{sur } \Gamma_D \cup \Gamma_N \\
\frac{\partial\theta_k}{\partial n} = t\Big(2\mu|e(u_k)|^2 + \lambda(\operatorname{tr} e(u_k))^2 - \ell_k\Big)n_k & \text{sur } \Gamma_k.
\end{cases}
\tag{6.72}
$$

On vérifie qu'il s'agit toujours d'une direction de descente car la solution de (6.72) vérifie

$$
\begin{aligned}
\left(J' + \ell_k V'\right)(\Omega_k)(\theta_k) &= -\int_{\Gamma_k} \theta_k \cdot n_k \left(2\mu|e(u_k)|^2 + \lambda(\operatorname{tr} e(u_k))^2 - \ell_k\right) ds \\
&= -t^{-1}\int_{\Omega_k} |\nabla\theta_k|^2 dx \le 0.
\end{aligned}
$$

Par contre, la solution de (6.72) a un "cran" de régularité de plus que celle de (6.71) (voir le Théorème de régularité 2.20). Remarquons au passage qu'il est possible de remplacer l'opérateur Laplacien dans (6.71) et (6.72) par le système de l'élasticité (ce qui peut permettre d'économiser du temps de calcul puisqu'il s'agit du même opérateur que pour l'équation d'état).

Les Figures 6.11, 6.12 et 6.13 ont été obtenues avec les deux améliorations proposées ci-dessus : la régularisation par (6.72) et l'utilisation d'un double maillage, un relativement grossier pour θ, et un autre plus fin pour calculer avec précision l'état u. Déformer un maillage grossier plutôt qu'un maillage fin permet d'éviter d'éventuelles oscillations de la frontière, régularise en quelque sorte le problème et rend le calcul stable.

Discussion des résultats numériques

Dans les Figures 6.11, 6.12 et 6.13 nous présentons les formes obtenues à diverses itérations de cet algorithme, et ce pour trois initialisations différentes. Les niveaux de gris représentent les isovaleurs de l'intégrande de la dérivée de forme (6.67) (qui n'est rien d'autre que la densité d'énergie élastique) : plus cette densité est élevée (ce qui correspond à un fort niveau de contraintes élastiques) plus le gris est foncé. On remarque que les formes optimales obtenues sont plus "isocontraintes" que les formes initiales (sauf éventuellement dans les coins). Ces figures permettent de se rendre compte de la **principale limitation** pratique de la méthode. On y voit que pour différentes initialisations on obtient différentes formes "optimales" qui ne sont pas équivalentes. Il est difficile de dire avec précision laquelle est la meilleure car la contrainte de poids total (6.66) n'est pas la même. Remarquons aussi que cette méthode d'optimisation géométrique ne sait pas automatiquement changer de topologie. Par exemple, sur la Figure 6.13 l'algorithme a envie de supprimer la petite barre verticale la plus à gauche, mais rien n'est prévu pour cela.

Une première conclusion est qu'il **existe de nombreux minima locaux** (éventuellement très loin d'un éventuel minimum global) et que la méthode de gradient (qui n'est que locale comme algorithme de minimisation) converge vers un minimum local (le plus proche de l'initialisation). La deuxième conclusion est que la **topologie** des itérées successives ne change pas alors qu'elle a une influence considérable sur les performances du domaine. Concrètement il y a au moins un minimum local par topologie et l'exploration de toutes les topologies possibles est fastidieuse. Cela motive donc le développement de méthodes capables d'optimiser des formes en changeant leur topologie.

Remarque 6.45. Ces exemples numériques mettent en valeur une difficulté technique supplémentaire qui est la comparaison précise de la fonction objectif entre deux formes successives. En effet, comme le maillage n'est pas le même, les erreurs de discrétisation numérique sont différentes et peuvent venir polluer la variation de la fonction coût. Cette erreur est d'autant plus faible que le maillage est fin, mais elle apparaît néanmoins toujours dans la phase finale de l'optimisation où la fonction objectif devient presque stationnaire. Il est alors difficile de dire avec précision si une forme est meilleure qu'une autre.   ●

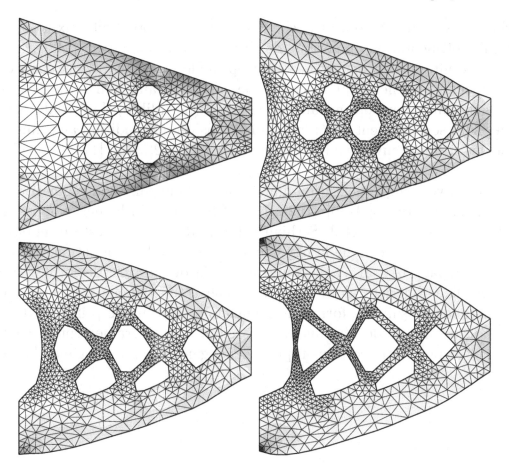

Fig. 6.13. Forme de la console initiale avec 7 trous, puis aux itérations 3, 6 et 19 de l'algorithme d'optimisation.

6.6 Bibliographie

La méthode de variation de frontières, qui est à la base de l'optimisation géométrique de formes, remonte à J. Hadamard en 1907 [86]. Elle est très classique depuis lors et nous renvoyons à [14], [35], [58], [72], [96], [97], [117], [130], [143], [151], [170], [183] pour plus de détails et d'autres références. Nous avons suivi ici la présentation de F. Murat et J. Simon [132], [133]. Nous nous sommes contentés de calculer des dérivées premières, par rapport au domaine, mais il est tout à fait possible de calculer des dérivées secondes qui permettent notamment de discriminer les minima des maxima (nous renvoyons à [100] et à sa bibliographie).

Les premiers résultats d'existence d'une forme optimale sous contrainte de régularité géométrique sont dus à D. Chenais [43], F. Murat et J. Simon [132], [133]. Plus récemment, des résultats d'existence sous contrainte topologique pour des formes planes ont été obtenus par V. Sverak [174] pour un modèle de membrane, puis par A. Chambolle [40] pour le modèle d'élasticité. Il existe d'autres types de contraintes additionnelles d'admissibilité qui permettent d'obtenir l'existence de formes optimales. Citons par exemple le travail de L. Ambrosio et G. Buttazzo [11] où une borne supérieure sur le périmètre est imposée, qui empêche la création de trop nombreux trous (voir aussi l'implémentation numérique de cette méthode dans [85], [142]).

Les résultats d'existence de forme optimale que nous avons énoncés ne s'appliquent en général qu'au cas d'une condition aux limites de Neumann homogène sur le bord optimisable de la forme (bord libre). Les résultats théoriques sont sensiblement différents dans le cas d'une condition aux limites de Dirichlet et nous renvoyons le lecteur à [29], [30], [32], [33], [174] pour plus de détails.

Une nouvelle implémentation numérique de l'optimisation géométrique est récemment apparue [8], [139], [162], [179]. Elle repose sur la méthode des lignes de niveaux de S. Osher et J. Sethian [140]. L'idée centrale est de représenter le bord d'une forme comme la ligne de niveaux zéro d'une fonction discrétisée sur un maillage fixe. Il s'agit d'une méthode de capture de formes sur un maillage fixe Eulérien, alors que l'approche traditionnelle présentée ici est une méthode de suivi de formes Lagrangienne. L'avantage principal de cette méthode des lignes de niveaux est de réduire considérablement le coût du calcul et de permettre certains types de changement de topologie de la forme.

7

Optimisation topologique par méthode d'homogénéisation

7.1 Introduction et motivation

7.1.1 Généralités

L'approche d'optimisation géométrique décrite au chapitre précédent présente plusieurs inconvénients sérieux. D'un point de vue pratique, cette approche permet d'optimiser la position de la frontière d'un domaine, mais pas sa topologie. Rappelons qu'en dimension deux d'espace la topologie d'une forme est définie comme son nombre de "trous" (ou de composantes connexes de la frontière), alors qu'en dimension trois cette définition (que nous ne précisons pas) est plus compliquée car il faut prendre en compte non seulement les trous mais aussi les "anses" ou "boucles" (le genre du domaine). En effet, il est bien connu qu'on ne peut pas déformer continûment une forme initiale en changeant sa topologie : en particulier, il n'y a pas de possibilité de créer ainsi des trous ou des boucles dans la forme. Il ne s'agit pas uniquement d'une difficulté théorique : dans la pratique numérique les formes sont représentées par des maillages que l'on déforme continûment. La disparition ou l'apparition d'un trou ou d'une boucle dans un maillage implique un changement de paramétrisation du maillage qui ne peut se faire que "manuellement" et qui peut-être très compliqué à mettre en oeuvre informatiquement (rappelons que les problèmes de génération de maillages, de CAO ou de géométrie assistée par ordinateur ne sont pas simples, particulièrement en dimension trois).

D'autre part, l'expérience montre que les algorithmes d'optimisation géométrique sont très sensibles à la forme initiale et au maillage utilisé. Plus précisément, si on change l'initialisation et le maillage, on change en général la forme optimale obtenue numériquement (voir notamment les résultats de la Section 6.5). Cette situation est typique des problèmes d'optimisation qui admettent de nombreux minima locaux, éventuellement très éloignés d'un minimum global. Pire encore, en l'absence de conditions de "régularité" sur la frontière, les problèmes d'optimisation de formes n'admettent pas en général de solutions optimales, c'est-à-dire de minimum global (voir la Sous-section

6.2.1). On dit que ces problèmes sont **mal posés**. Numériquement cela se traduit par le fait qu'il n'y a pas convergence par raffinement de maillage. Autrement dit, la suite des formes optimales obtenues sur des maillages de plus en plus fins ne converge pas lorsque le pas du maillage tends vers zéro : plus les maillages sont fins, plus des détails ou oscillations de la frontière apparaissent. Finalement, un dernier désavantage de la méthode géométrique est son coût de calcul important (surtout en 3-d) lorsqu'il faut remailler le domaine après chaque déformation importante.

Pour résumer, les inconvénients de l'approche d'optimisation géométrique sont

1. pas de variation de la topologie,

2. nombreux minima locaux,

3. coût prohibitif du remaillage en 3-d,

4. non-existence de solutions optimales.

Pour remédier à ces difficultés il faut introduire une approche **topologique** de l'optimisation de formes. Autrement dit, il faut non seulement optimiser la position des frontières mais aussi la topologie de la forme. Nous présentons deux méthodes qui réalisent ce programme. Dans ce chapitre nous décrivons la méthode d'homogénéisation, alors que le chapitre suivant est consacré aux algorithmes évolutionnaires (comme les algorithmes génétiques).

Expliquons le principe de la méthode d'homogénéisation. Alors que l'approche géométrique optimise les frontières de la forme, la méthode d'homogénéisation optimise une distribution de "matière" dans un domaine de travail (dans lequel doivent être contenues les formes admissibles). Par conséquent, on introduit comme variable d'optimisation la fonction caractéristique χ de la forme qui vaut $\chi(x) = 1$ si le point x est dans la forme et $\chi(x) = 0$ si x est à l'extérieur. Il s'agit donc d'un problème **d'optimisation discrète** 0/1 (matière ou vide) pour lequel il n'est pas possible, a priori, de définir de gradient (par rapport à χ). De plus, on sait, d'après le contre-exemple de la Sous-section 6.2.1 (ou celui de la Sous-section 5.2.1), qu'en l'absence de solution optimale, les suites minimisantes ont tendance à vouloir "fabriquer" des matériaux composites (par exemple, des fines couches de matériau, voir la Figure 6.4). L'idée centrale de la méthode d'homogénéisation est **d'autoriser ces matériaux composites comme formes admissibles "généralisées"**. Autrement dit, on autorise non seulement des trous et des frontières "macroscopiques", mais aussi "microscopiques", à une échelle si petite que la forme perforée est assimilée à un matériau composite de densité θ, comprise entre 0 et 1. Ainsi, on remplace la fonction caractéristique χ (qui ne vaut que 0 ou 1) par une fonction de **densité de matière** $0 \leq \theta \leq 1$ (qui moyenne tous les petits trous). Remarquons que si θ vaut 1, il s'agit de matériau pur, et que, si θ vaut 0, il s'agit d'un trou. Ainsi θ est bien une généralisation de χ.

Comme la densité θ prend ses valeurs dans un intervalle continu, il sera possible de faire des variations et de dériver par rapport à θ. Cette densité de matière ne sera pas la seule variable d'optimisation : nous verrons que la forme des trous (ou la **microstructure** du matériau composite) joue aussi un rôle important.

D'un point de vue pratique, alors que les algorithmes d'optimisation géométrique sont des méthodes de suivi de frontières, les algorithmes d'optimisation topologique sont plutôt des **méthodes de capture de frontières** dans un domaine de travail fixe.

7.1.2 Problème modèle

Nous revenons au modèle de la Sous-section 6.2.1, et plus particulièrement à son interprétation donnée dans la Remarque 6.1. On considère une membrane élastique qui occupe un domaine fixe Ω. On suppose que l'épaisseur de la membrane peut prendre deux valeurs distinctes en chaque point : β ou α, avec $\beta > \alpha > 0$. Autrement dit, l'épaisseur variable $h(x)$ prend la forme

$$h_\chi(x) = \alpha\chi(x) + \beta(1 - \chi(x)),$$

où $\chi(x)$ est la fonction caractéristique de la partie d'épaisseur α. Si $f \in L^2(\Omega)$ est la force appliquée, le déplacement vertical de la membrane est la solution unique dans $H_0^1(\Omega)$ de

$$\begin{cases} -\operatorname{div}(h_\chi \nabla u_\chi) = f \text{ dans } \Omega \\ u_\chi = 0 \qquad\qquad \text{ sur } \partial\Omega. \end{cases} \qquad (7.1)$$

On veut minimiser une fonction coût $J(\chi)$ donnée par

$$J(\chi) = \int_\Omega j\Big(x, u_\chi(x)\Big)\, dx, \qquad (7.2)$$

où $j(x, u)$ est une fonction de $\Omega \times \mathbb{R}$ dans $\mathbb{R}$ que l'on notera $j(u)$ pour simplifier. Comme exemples de fonction coût, nous considérerons la compliance $j(u) = fu$ ou un critère de moindres carrés $j(u) = |u - u_0|^2$ pour obtenir un déplacement cible $u_0 \in L^2(\Omega)$. Le problème d'optimisation de la forme d'une membrane s'écrit ici

$$\inf_{\chi \in \mathcal{U}_{ad}} J(\chi), \qquad (7.3)$$

avec $(0 \leq V_\alpha \leq |\Omega|$ est une contrainte de volume)

$$\mathcal{U}_{ad} = \Big\{ \chi \in L^\infty(\Omega; \{0, 1\}),\ \int_\Omega \chi(x)\, dx = V_\alpha \Big\}.$$

Remarque 7.1. On peut aussi interpréter ce problème d'optimisation de membrane comme un problème d'optimisation du mélange de deux matériaux conducteurs dans le domaine Ω. Comme $\beta \geq \alpha$, la phase β est meilleure conductrice que la phase α (il peut s'agir de conduction de la chaleur ou du courant électrique).

Remarque 7.2. Si l'on prend une valeur très faible de α, i.e. $\beta >> \alpha$, et si les forces sont appliquées seulement là où l'épaisseur vaut β, on peut vérifier (voir par exemple [2]) que, lorsque α tend vers zéro, le problème aux limites (7.1) converge vers vers le même problème posé dans le sous-domaine $\Omega_\beta = \{x \in \Omega, \chi(x) = 0\}$ d'épaisseur β avec une condition aux limites de Neumann sur la partie du bord de $\partial\Omega_\beta$ qui est en contact avec la très faible épaisseur α. Autrement dit, on peut "approcher" les trous ou le vide par une fine épaisseur et remplacer un problème d'optimisation de la position d'une frontière libre par un problème d'optimisation de la position d'une interface entre deux sous-domaines d'épaisseurs distinctes.   •

7.1.3 But de la méthode d'homogénéisation

Comme l'a montré le contre-exemple de la Sous-section 6.2.1 (mais aussi celui de la Sous-section 5.2.1), en l'absence de contraintes supplémentaires sur l'ensemble des formes admissibles $\mathcal{U}_{ad}$, la fonction objectif $J(\chi)$ peut ne pas atteindre son minimum, c'est-à-dire qu'il n'existe pas de forme optimale pour le problème (7.3). La raison mécanique de ce phénomène générique de non-existence est qu'il est souvent avantageux de faire beaucoup de petits trous ou de petites inclusions de faible épaisseur (plutôt que quelques grand trous ou zones de faible épaisseur) dans une structure donnée afin d'améliorer sa performance mesurée par la fonction $J(\chi)$. Par conséquent, atteindre le minimum peut faire appel à un processus de passage à la limite (lorsque les trous ou inclusions deviennent de plus en plus petits et de plus en plus nombreux) conduisant à une forme "généralisée" (ou homogénéisée) qui est un **matériau composite** mélange des phases d'origine.

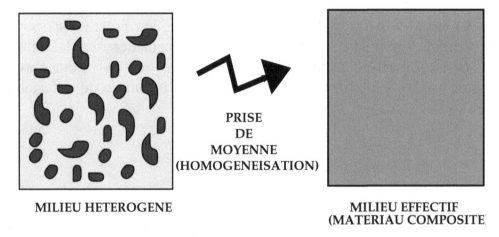

MILIEU HETEROGENE

PRISE DE MOYENNE (HOMOGENEISATION)

MILIEU EFFECTIF (MATERIAU COMPOSITE

Fig. 7.1. Homogénéisation (ou comportement effectif) d'une microstructure.

Afin de prendre en compte ce phénomène mécanique d'optimalité réalisée, non pas par une forme, stricto sensu, mais par un matériau composite, nous devons élargir l'espace des formes admissibles en autorisant, dès le départ, les matériaux composites obtenus par homogénéisation d'un mélange fin de deux phases (voir la Figure 7.1). Une telle structure composite est déterminée par deux fonctions : $\theta(x)$, la proportion volumique locale d'une phase (prenant ses valeurs entre 0 et 1), et $A^*(x)$, le tenseur de sa loi de comportement effectif correspondant à sa microstructure. Bien entendu, il faut aussi trouver une définition adéquate de la fonction objectif homogénéisée $J(\theta, A^*)$ qui généralise $J(\chi)$ pour ces structures composites.

Ce procédé de généralisation des formes admissibles est appelé **relaxation**, ou, dans ce cas particulier, **homogénéisation**. Pour une présentation générale de la relaxation le lecteur pourra consulter [54], [63], [181]. Il est essentiel de noter que cette relaxation ne change pas la physique du problème. En effet, une forme optimale composite est simplement une moyenne (ou une équivalence en un certain sens) de formes classiques proches de l'optimalité. Mathématiquement, une forme composite optimale n'est que la limite au sens de l'homogénéisation d'une suite minimisante de formes classiques. Intrinsèquement, le problème d'optimisation de formes n'est donc pas modifié. En particulier, toute solution possible du problème original est aussi solution du problème homogénéisé. Pour calculer cette formulation relaxée ou homogénéisée de l'optimisation de formes, on fait appel à la théorie de l'homogénéisation. L'objectif final est double : d'une part prouver un résultat d'existence pour la formulation relaxée du problème d'optimisation de forme, et d'autre part trouver une nouvelle famille d'algorithmes numériques pour le calcul des formes optimales.

7.2 Homogénéisation

Cette section est une brève introduction à la théorie de l'homogénéisation qui étudie les méthodes de moyennisation dans les équations aux dérivées partielles. En d'autres termes, l'homogénéisation cherche des paramètres effectifs (ou homogénéisés, ou macroscopiques, ou moyennés) pour décrire des milieux désordonnés ou très hétérogènes. Pour une présentation plus complète nous renvoyons à [2], [24], [48], [103], [134], [135], [158], [176].

L'homogénéisation a d'abord été développée pour des structures périodiques. Celles-ci sont très nombreuses dans la nature ou dans les applications industrielles et on dispose d'une méthode très simple et très puissante pour les homogénéiser : la méthode des développements asymptotiques à deux échelles que nous présentons à la Sous-section 7.2.2. Néanmoins l'homogénéisation n'est pas réduite au cas périodique : il existe aussi une théorie de l' homogénéisation non périodique qui, quoiqu'un peu plus compliquée, conduit essentiellement aux mêmes résultats en ce qui nous concerne ici. Par conséquent, par souci de simplicité nous ne traiterons que le cas de l'homogénéisation périodique (sans perte de généralité).

Dans une structure périodique, nous notons ϵ le rapport de la période sur la taille caractéristique de la structure. En général, ce paramètre positif ϵ est petit, et l'homogénéisation consiste à effectuer une **analyse asymptotique** lorsque ϵ tend vers zéro. La limite ainsi obtenue sera dite homogénéisée, macroscopique, ou effective. Dans le problème homogénéisé la forte hétérogénéité de la structure périodique d'origine est moyennée et remplacée par l'utilisation de coefficients homogénéisés.

7.2.1 Position du problème

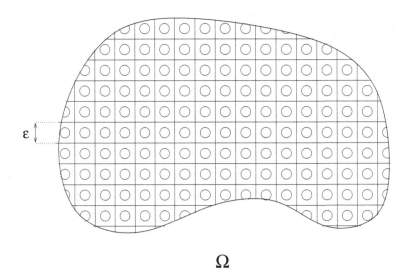

$$\Omega$$

Fig. 7.2. Milieu composite périodique

On considère le problème modèle de la Sous-section 7.1.2 qui s'interprète comme une membrane hétérogène pouvant avoir localement deux valeurs possibles de son épaisseur, ou bien comme un problème de diffusion dans un domaine occupé par deux matériaux différents. On suppose que le milieu est périodique, c'est-à-dire que la répartition des deux épaisseurs ou des deux phases est périodique. On note Ω (un ouvert borné de $\mathbb{R}^N$ avec $N \geq 1$) le domaine périodique de période ϵ, avec $0 < \epsilon << 1$, et $Y = (0,1)^N$ la cellule unité de périodicité. Le tenseur de rigidité de la membrane (ou de diffusion) dans Ω n'est pas constant mais varie périodiquement avec la période ϵ dans chacune des directions de l'espace. Pour mettre en valeur cette périodicité de taille ϵ, on écrit ce tenseur sous la forme

$$A\left(\frac{x}{\epsilon}\right)$$

où $A(y)$ est un tenseur (une matrice), défini pour $y \in Y$, qui vérifie la propriété de Y-périodicité

$$A(y + e_i) = A(y) \quad \forall i \in \{1, ..., N\}, \text{ avec } (e_i)_{1 \leq i \leq N} \text{ la base canonique de } \mathbb{R}^N,$$

c'est-à-dire que $A(y)$ est périodique de période 1 dans tous les directions principales $(e_i)_{1 \leq i \leq N}$ de l'espace. Ceci assure que $x \rightarrow A\left(\frac{x}{\epsilon}\right)$ est périodique de période ϵ pour tout $\epsilon > 0$. En toute généralité, $A(y)$ est une matrice non nécessairement isotrope ou même symétrique (s'il y a des effets de convection). On suppose néanmoins que A est coercive et bornée, c'est-à-dire qu'il existe deux constantes $\beta \geq \alpha > 0$ telles que, pour n'importe quel vecteur $\xi \in \mathbb{R}^N$ et en tout point $y \in Y$,

$$\alpha|\xi|^2 \leq \sum_{i,j=1}^{N} A_{ij}(y)\xi_i\xi_j \leq \beta|\xi|^2.$$

En toute généralité le tenseur $A(y)$ peut être discontinu en y pour modéliser les discontinuités des propriétés élastiques quand on passe d'une phase à une autre.

Si l'on note $f(x)$ le terme source et si l'on impose des conditions aux limites de Dirichlet (par souci de simplicité), le problème modèle est

$$\begin{cases} -\mathrm{div}\left(A\left(\frac{x}{\epsilon}\right)\nabla u_\epsilon\right) = f & \text{dans } \Omega \\ u_\epsilon = 0 & \text{sur } \partial\Omega, \end{cases} \tag{7.4}$$

dont on sait qu'il admet une unique solution $u_\epsilon \in H_0^1(\Omega)$ si $f \in L^2(\Omega)$. En pratique, le domaine Ω avec ses propriétés mécaniques $A\left(\frac{x}{\epsilon}\right)$ est très hétérogène à une petite échelle de l'ordre de ϵ. La connaissance des détails du déplacement élastique à cette si petite échelle n'est pas nécessaire pour une analyse globale de la structure : en général on se contente de déterminer son comportement moyen sous l'effet de la force f. D'un point de vue numérique, résoudre l'équation (7.4) par n'importe quelle méthode raisonnable nécessite un temps et une mémoire machine considérable si ϵ est petit, puisque le pas du maillage doit être au moins plus petit que ϵ, ce qui conduit à un nombre de degrés de liberté (ou d'éléments) pour un niveau donné de précision au moins de l'ordre de $1/\epsilon^N$. Il est donc préférable de moyenner ou homogénéiser les propriétés matérielles de Ω et de calculer une approximation de u_ϵ sur un maillage grossier. Ce procédé de moyennisation du déplacement, solution de (7.4), et de détermination des propriétés effectives de Ω est précisément ce que l'on appelle **l'homogénéisation**.

Afin de trouver le comportement homogénéisé de Ω, on utilise une méthode de **développements asymptotiques à deux échelles**. Il s'agit d'une analyse asymptotique de l'équation (7.4) lorsque la période ϵ tend vers 0. L'idée de base est de postuler que la solution u_ϵ s'écrit comme une série en puissances de ϵ

$$u_\epsilon = \sum_{i=0}^{+\infty} \epsilon^i u_i.$$

Le premier terme u_0 de cette série sera identifié à la solution de l'équation, dite homogénéisée, dont le tenseur d'élasticité A^* décrira les propriétés macroscopiques d'un milieu homogène équivalent. L'intérêt de cette approche est que les simulations numériques sur le modèle homogénéisé ne nécessitent qu'un maillage grossier puisque les hétérogénéités de taille ϵ ont été moyennées. Par ailleurs, cette méthode donnera une formule explicite pour calculer ce tenseur homogénéisé A^* qui, en général, n'est pas une moyenne usuelle de $A(y)$.

Remarque 7.3. D'un point de vue mathématique, l'homogénéisation peut s'interpréter de la façon suivante. Plutôt que d'étudier l'équation (7.4) pour une valeur précise de ϵ qui est la taille caractéristique des hétérogénéités, on plonge ce problème dans une suite de problèmes indexés par la période ϵ qui est désormais vue comme un petit paramètre tendant vers 0. Par conséquent, on considère la suite des solutions $(u_\epsilon)_{\epsilon>0}$ dans l'espace de Sobolev $H_0^1(\Omega)$.

Multipliant (7.4) par u_ϵ, intégrant par parties, et utilisant l'inégalité de Poincaré, on obtient l'estimation a priori

$$\|u_\epsilon\|_{H_0^1(\Omega)} \leq C\|f\|_{L^2(\Omega)} \tag{7.5}$$

où C est une constante positive qui ne dépend pas de ϵ. On en déduit que la suite u_ϵ est bornée dans $H_0^1(\Omega)$. Par conséquent, le Théorème de Rellich 2.10 nous dit qu'il existe une sous-suite qui converge dans $L^2(\Omega)$ vers une limite $u \in H_0^1(\Omega)$. Finalement, le procédé d'homogénéisation consiste à trouver l'équation satisfaite par cette limite u. Bien sûr, nous trouverons que cette limite u coïncide avec le premier terme u_0 du développement asymptotique ci-dessus, et donc qu'il s'agit bien de la solution homogénéisée. •

7.2.2 Développements asymptotiques à deux échelles

La méthode des développements asymptotiques à deux échelles est une méthode formelle d'homogénéisation qui permet de traiter un très grand nombre de problèmes posés dans des milieux périodiques. Comme nous l'avons déjà dit, l'hypothèse de départ est de supposer que la solution u_ϵ de l'équation (7.4) est donnée par un développement en série de ϵ, dit "à deux échelles", du type

$$u_\epsilon(x) = \sum_{i=0}^{+\infty} \epsilon^i u_i\left(x, \frac{x}{\epsilon}\right), \tag{7.6}$$

où chaque terme $u_i(x,y)$ est une fonction de deux variables $x \in \Omega$ et $y \in Y = (0,1)^N$, qui est périodique en y de période Y. La variable x est dite **lente ou macroscopique**, tandis que y est dite **rapide ou microscopique**. Cette série est injectée dans l'équation, et la règle de dérivation composée suivante est utilisée

$$\nabla\left(u_i\left(x, \frac{x}{\epsilon}\right)\right) = \left(\epsilon^{-1}\nabla_y u_i + \nabla_x u_i\right)\left(x, \frac{x}{\epsilon}\right),$$

où ∇_y et ∇_x désignent les dérivées partielles par rapport à la variable rapide y et à la variable lente x. Par exemple, on a

$$\nabla u_\epsilon(x) = \epsilon^{-1}\nabla_y u_0\left(x, \frac{x}{\epsilon}\right) + \sum_{i=0}^{+\infty} \epsilon^i\left(\nabla_y u_{i+1} + \nabla_x u_i\right)\left(x, \frac{x}{\epsilon}\right).$$

L'équation (7.4) devient une série en ϵ

$$-\epsilon^{-2}\Big(\mathrm{div}_y(A\nabla_y u_0)\Big)\left(x,\frac{x}{\epsilon}\right)$$
$$-\epsilon^{-1}\Big(\mathrm{div}_y(A(\nabla_x u_0+\nabla_y u_1))+\mathrm{div}_x(A\nabla_y u_0)\Big)\left(x,\frac{x}{\epsilon}\right)$$
$$-\sum_{i=0}^{+\infty}\epsilon^i\Big(\mathrm{div}_x\Big(A(\nabla_x u_i+\nabla_y u_{i+1})\Big)$$
$$+\mathrm{div}_y\Big(A(\nabla_x u_{i+1}+\nabla_y u_{i+2})\Big)\Big)\left(x,\frac{x}{\epsilon}\right)=f(x).\qquad(7.7)$$

En identifiant chaque puissance de ϵ dans (7.7) comme une équation individuelle, on obtient une "cascade" d'équations (sur le principe qu'une série entière de ϵ est nulle si et seulement si tous ses coefficients sont nuls). En fait, seuls les trois premiers termes de cette série (en ϵ^{-2}, ϵ^{-1}, et ϵ^0) suffisent pour notre propos. Pour résoudre ces équations nous aurons besoin du résultat suivant d'existence et d'unicité.

Lemme 7.4. *Soit $H^1_\#(Y)$ l'espace de Sobolev des fonctions périodiques de période Y. Soit $g\in L^2(Y)$. Le problème aux limites*

$$\begin{cases}-\mathrm{div}_y\Big(A(y)\nabla_y v(y)\Big)=g(y)\ dans\ Y\\ y\to v(y)\ Y\text{-périodique}\end{cases}$$

admet une unique solution $v\in H^1_\#(Y)/\mathbb{R}$ (à une constante additive près) si et seulement si

$$\int_Y g(y)\,dy=0.\qquad(7.8)$$

Démonstration. Vérifions que (7.8) (appelée alternative de Fredholm) est une condition nécessaire d'existence d'une solution. On intègre l'équation sur Y

$$\int_Y \mathrm{div}_y\Big(A(y)\nabla_y v(y)\Big)dy=\int_{\partial Y}A(y)\nabla_y v(y)\cdot n\,ds=0$$

à cause des conditions aux limites de périodicité. En effet, la fonction $A(y)\nabla v(y)$, étant périodique, prend des valeurs égales sur des cotés opposés de Y, tandis que la normale n change de signe. Nous laissons au lecteur le soin d'appliquer le Théorème de Lax-Milgram dans $H^1_\#(Y)/\mathbb{R}$ pour montrer que (7.8) est aussi suffisant. $\square$

L'équation en ϵ^{-2} est

$$-\mathrm{div}_y\Big(A(y)\nabla_y u_0(x,y)\Big)=0,$$

qui s'interprète comme une équation dans la cellule unité Y avec des conditions aux limites de périodicité. Dans cette équation y est la variable et x n'est qu'un paramètre. En vertu du Lemme 7.4 il existe une unique solution de cette équation, à une constante additive près. On en déduit donc que u_0 est une fonctions constante par rapport à y mais qui peut néanmoins dépendre de x, c'est-à-dire qu'il existe une fonction $u(x)$, qui dépend seulement de x, telle que

$$u_0(x, y) \equiv u(x).$$

Comme $\nabla_y u_0 = 0$, **l'équation en ϵ^{-1}** devient

$$-\mathrm{div}_y\Big(A(y)\nabla_y u_1(x, y)\Big) = \mathrm{div}_y\Big(A(y)\nabla_x u(x)\Big), \qquad (7.9)$$

qui est une équation pour l'inconnue u_1 dans la cellule de périodicité Y. À cause du Lemme 7.4, l'équation (7.9) admet une unique solution, à une constante additive près, ce qui nous permet de calculer $u_1(x, y)$ en fonction du gradient $\nabla_x u(x)$. On note $(e_i)_{1 \leq i \leq N}$ la base canonique de $\mathbb{R}^N$. Pour chaque vecteur e_i, on appelle **problème de cellule** l'équation suivante avec condition aux limites de périodicité

$$\begin{cases} -\mathrm{div}_y\Big(A(y)\,(e_i + \nabla_y w_i(y))\Big) = 0 \text{ dans } Y \\ y \to w_i(y) \qquad\qquad\qquad Y\text{-périodique.} \end{cases} \qquad (7.10)$$

En vertu du Lemme 7.4, (7.10) admet une unique solution w_i (à une constante additive près) que l'on interprète comme le déplacement local ou microscopique causé par la déformation (ou le gradient) moyen e_i. Par linéarité, on calcule facilement $u_1(x, y)$, solution de (7.9), en fonction des dérivées partielles de $u(x)$ et des $w_i(y)$

$$u_1(x, y) = \sum_{i=1}^{N} \frac{\partial u}{\partial x_i}(x) w_i(y). \qquad (7.11)$$

En fait u_1 est défini à l'addition d'une fonction de x près, mais cela n'importe pas puisque seul le gradient $\nabla_y u_1$ joue un rôle dans la suite.

Finalement, **l'équation en ϵ^0** est

$$-\mathrm{div}_y\Big(A(y)\nabla_y u_2(x, y)\Big) = \mathrm{div}_y\Big(A(y)\nabla_x u_1\Big) + \mathrm{div}_x\Big(A(y)(\nabla_y u_1 + \nabla_x u)\Big) + f, \qquad (7.12)$$

qui est une équation pour l'inconnue u_2 dans la cellule de périodicité Y. Selon le Lemme 7.4, l'équation (7.12) admet une unique solution, à une constante additive près, si la condition de compatibilité suivante est vérifiée

$$\int_Y \Big[\mathrm{div}_y\Big(A(y)\nabla_x u_1\Big) + \mathrm{div}_x\Big(A(y)(\nabla_y u_1 + \nabla_x u)\Big) + f(x)\Big]\,dy = 0. \qquad (7.13)$$

En intégrant et en utilisant la périodicité, le premier terme de (7.13) s'annule. Par conséquent, (7.13) se simplifie en

$$-\mathrm{div}_x\left(\int_Y A(y)\,(\nabla_y u_1 + \nabla_x u)\,dy\right) = f(x) \quad \text{dans } \Omega. \qquad (7.14)$$

En insérant l'expression (7.11) pour $u_1(x,y)$ (qui dépend linéairement de $\nabla_x u(x)$) dans l'équation (7.14), on obtient **l'équation homogénéisée** pour u

$$\begin{cases} -\mathrm{div}_x\left(A^*\nabla_x u(x)\right) = f(x) & \text{dans } \Omega, \\ u = 0 & \text{sur } \partial\Omega, \end{cases} \qquad (7.15)$$

avec

$$A^*\nabla_x u = \sum_{j=1}^{N} \frac{\partial u}{\partial x_j} \int_Y A(y)\,(e_j + \nabla_y w_j)\,dy.$$

La condition aux limites de Dirichlet pour u provient du développement asymptotique appliqué à la même condition aux limites pour u_ϵ. Le **tenseur homogénéisé** A^* est donc défini par ses coefficients

$$A^*_{ij} = \int_Y A(y)\,(e_j + \nabla_y w_j) \cdot e_i\, dy. \qquad (7.16)$$

De manière équivalente, A^* est défini par une formule plus symétrique

$$A^*_{ij} = \int_Y A(y)\,(e_i + \nabla_y w_i(y)) \cdot (e_j + \nabla_y w_j(y))\,dy, \qquad (7.17)$$

qui s'obtient en remarquant qu'à cause de la formulation variationnelle de (7.10)

$$\int_Y A(y)\,(e_j + \nabla_y w_j(y)) \cdot \nabla_y w_i(y)\,dy = 0.$$

Les formules (7.16) ou (7.17) ne sont pas totalement explicites car elles dépendent des solutions w_i des problèmes de cellule que l'on ne peut pas résoudre analytiquement en général. Le tenseur constant A^* décrit les propriétés effectives ou homogénéisées du milieu hétérogène $A\left(\frac{x}{\epsilon}\right)$. Remarquons qu'il ne dépend pas du choix du domaine Ω, de la force f, ou des conditions aux limites sur $\partial\Omega$. Nous donnerons des exemples de calcul explicite de A^* dans la Section 7.3.

7.2.3 Convergence au sens de l'homogénéisation

La méthode des développements asymptotiques à deux échelles est seulement formelle d'un point de vue mathématique. En général, elle conduit heuristiquement à des résultats corrects, mais elle ne constitue pas une preuve du procédé d'homogénéisation. La raison en est que la série postulée (7.6) n'est pas exacte après les deux premiers termes (ce sont les seuls que l'on peut pleinement justifier). Par exemple, cette série ne tient pas compte d'éventuels phénomènes de couches limites au voisinage du bord $\partial\Omega$ (qui sont pourtant présentes dans la plupart des cas). Nous renvoyons à [24], [103] pour plus de détails.

Néanmoins, il est possible de justifier rigoureusement que l'équation (7.15) est bien l'équation homogénéisée du problème d'origine (7.4), c'est-à-dire que

u_ϵ est proche de la solution homogénéisée u lorsque ϵ est petit. Nous nous contentons ici d'énoncer ce résultat.

Théorème 7.5. *Soit u_ϵ la solution de (7.4). Soit u la solution du problème homogénéisé (7.15), et $(w_i)_{1 \leq i \leq N}$ les solutions des problèmes de cellule (7.10). On a*

$$u_\epsilon(x) = u(x) + \epsilon \sum_{i=1}^{N} \frac{\partial u}{\partial x_i}(x) w_i\left(\frac{x}{\epsilon}\right) + r_\epsilon \quad avec \quad \|r_\epsilon\|_{H^1(\Omega)} \leq C\sqrt{\epsilon}. \quad (7.18)$$

En particulier,

$$\|u_\epsilon - u\|_{L^2(\Omega)} + \left\| \nabla u_\epsilon(x) - \nabla u(x) - \sum_{i=1}^{N} \frac{\partial u}{\partial x_i}(x)(\nabla_y w_i)\left(\frac{x}{\epsilon}\right) \right\|_{L^2(\Omega)^N} \leq C\sqrt{\epsilon},$$
$$(7.19)$$

et

$$\lim_{\epsilon \to 0} \int_\Omega A\left(\frac{x}{\epsilon}\right) \nabla u_\epsilon \cdot \nabla u_\epsilon \, dx = \int_\Omega A^* \nabla u \cdot \nabla u \, dx.$$

*On dit que $A\left(\frac{x}{\epsilon}\right)$ **converge au sens de l'homogénéisation** vers A^*.*

Il est bon de noter que si le terme correcteur est petit (de l'ordre de ϵ) dans (7.18), il n'en est pas de même dans (7.19) où le terme correcteur est d'ordre 1. On peut évidemment déduire de (7.19) une estimation similaire en termes de contraintes $A\left(\frac{x}{\epsilon}\right) \nabla u_\epsilon(x)$. Le Théorème 7.5 se généralise facilement à d'autres types de conditions aux limites (Neumann par exemple) ou à d'autres types d'équations (celles de l'élasticité par exemple).

· Un cas particulier important pour la suite est celui où le tenseur $A(y)$ correspond au mélange de deux phases α et β. Autrement dit, il existe une fonction caractéristique $\chi(y)$ (qui ne prend que les valeurs 0 ou 1) telle que

$$A(y) = \alpha\chi(y) + \beta\left(1 - \chi(y)\right). \quad (7.20)$$

On note $\theta = \int_Y \chi(y) \, dy$ la fraction volumique de la phase α : $(1 - \theta)$ est donc la fraction volumique de la phase β.

Définition 7.6. *On note G_θ **l'ensemble de toutes les tenseurs homogénéisés** A^* obtenus par homogénéisation du tenseur microscopique (7.20) avec la contrainte de volume $\theta = \int_Y \chi(y) \, dy$. Autrement dit, G_θ est l'ensemble des matériaux composites fabriqués par mélange des phases α et β en proportions θ et $(1 - \theta)$.*

Le Théorème 7.5 et la Définition 7.6 se généralisent comme suit dans le cas non-périodique (voir par exemple [2], [135], [176]). Soit $\chi_\epsilon(x)$ une suite de fonctions caractéristiques dans $L^\infty(\Omega; \{0, 1\})$ (ici ϵ est un paramètre qui tend vers zéro mais qui n'indique pas nécessairement une période ou même une longueur caractéristique). On introduit le coefficient de conductivité

$$A_\epsilon(x) = \alpha\chi_\epsilon(x) + \beta\,(1 - \chi_\epsilon(x)). \qquad (7.21)$$

Pour $f \in L^2(\Omega)$ on introduit la solution u_ϵ de

$$\begin{cases} -\mathrm{div}\,(A_\epsilon(x)\nabla u_\epsilon) = f & \text{dans } \Omega \\ u_\epsilon = 0 & \text{sur } \partial\Omega. \end{cases} \qquad (7.22)$$

Théorème 7.7. *Il existe une sous-suite, toujours notée ϵ, une densité $\theta \in L^\infty(\Omega; [0,1])$ et un tenseur homogénéisé symétrique $A^*(x) \in L^\infty(\Omega; \mathbb{R}^{N^2})$ tels que χ_ϵ converge en moyenne (faiblement) vers θ, A_ϵ **converge au sens de l'homogénéisation** vers A^*, c'est-à-dire que, pour tout $f \in L^2(\Omega)$, la solution u_ϵ de (7.22) converge dans $L^2(\Omega)$ vers la solution u du problème homogénéisé*

$$\begin{cases} -\mathrm{div}\,(A^*(x)\nabla u) = f & \text{dans } \Omega \\ u = 0 & \text{sur } \partial\Omega. \end{cases} \qquad (7.23)$$

De plus, pour presque tout $x \in \Omega$, $A^*(x)$ appartient à $G_{\theta(x)}$, introduit dans la Définition 7.6.

Remarque 7.8. On dit qu'une suite de fonctions χ_ϵ converge en moyenne ou faiblement vers une limite θ dans $L^\infty(\Omega)$ si, pour toute fonction test $\phi \in L^1(\Omega)$, on a

$$\lim_{\epsilon \to 0} \int_\Omega \chi_\epsilon \phi \, dx = \int_\Omega \theta\phi \, dx.$$

Plus précisément d'un point de vue mathématique, il s'agit ici de convergence "faible $\star$". Il n'est pas nécessaire pour la suite de maîtriser la convergence faible... Pour plus de détails sur la convergence faible nous renvoyons à [28].

•

Application à l'optimisation de formes

Nous pouvons maintenant appliquer la méthode d'homogénéisation au problème d'optimisation de formes (7.3). Soit χ_ϵ une suite (minimisante ou pas) de fonctions caractéristiques. Par le Théorème 7.7 on sait que, pour une sous-suite, la conductivité $A_\epsilon = \alpha\chi_\epsilon + \beta(1 - \chi_\epsilon)$ converge au sens de l'homogénéisation vers un tenseur homogénéisé $A^* \in G_\theta$ où θ est la limite faible de χ_ϵ. Pour la fonction objectif

$$J(\chi) = \int_\Omega j(u)\,dx \quad \text{avec} \quad |j(u)| \le C(1 + |u|^2), \qquad (7.24)$$

ce même Théorème 7.7 nous dit que u_ϵ converge vers u dans $L^2(\Omega)$, et donc par le théorème de convergence dominée de Lebesgue

$$J(\chi_\epsilon) = \int_\Omega j(u_\epsilon)\,dx \to \int_\Omega j(u)\,dx = J(\theta, A^*),$$

où u est la solution du problème homogénéisé (7.23).

Au vu de ce résultat on décide d'élargir l'espace des formes admissibles en autorisant, dès le départ, les matériaux composites obtenus par mélange des deux phases (ou épaisseurs) α et β Une telle structure composite est déterminée par deux fonctions : $\theta(x)$, la proportion volumique locale de matériau α (prenant ses valeurs entre 0 et 1), et $A^*(x)$, le tenseur homogénéisé correspondant à sa microstructure.

Les résultats précédents de la théorie l'homogénéisation nous permettent d'établir les faits suivants (pour plus de détails voir [2]). L'ensemble admissible homogénéisé est

$$\mathcal{U}_{ad}^* = \Big\{ (\theta, A^*) \in L^\infty \left(\Omega; [0,1] \times \mathbb{R}^{N^2} \right),$$

$$A^*(x) \in G_{\theta(x)} \text{ dans } \Omega, \int_\Omega \theta(x)\, dx = V_\alpha \Big\},$$

où G_θ est introduit à la Définition 7.6. Le problème homogénéisé est

$$\begin{cases} -\text{div}\,(A^* \nabla u) = f \text{ dans } \Omega \\ u = 0 \qquad\qquad \text{sur } \partial\Omega. \end{cases} \tag{7.25}$$

Le problème d'optimisation **relaxé ou homogénéisé** s'écrit ici

$$\inf_{(\theta, A^*) \in \mathcal{U}_{ad}^*} J(\theta, A^*) = \int_\Omega j(u)\, dx, \tag{7.26}$$

où la fonction objectif n'a pas changé sous l'hypothèse (7.24). Nous verrons dans la Section 7.4 que le problème (7.26) **admet toujours une solution optimale** et qu'il existe des algorithmes numériques très performants pour sa minimisation. Par ailleurs, nous verrons aussi que toute solution optimale de (7.26) est limite d'une suite minimisante du problème d'origine (7.3), et réciproquement toute suite minimisante de (7.3) converge vers une solution optimale de (7.26).

Cependant, la formulation relaxée (7.26) n'est pas encore entièrement explicite puisque l'on n'a pas encore donné de caractérisation explicite de l'ensemble G_θ ! Trouver une représentation simple de G_θ est en fait un problème très difficile que nous résoudrons dans la Section 7.3. Nous verrons aussi que l'on n'a pas besoin, en général, de minimiser sur l'ensemble de tous les matériaux composites, mais qu'il suffit de se restreindre à un sous-ensemble particulier, L_θ, de G_θ qu'on appelle les laminés séquentiels. Ces matériaux sont obtenus par mise en couches successives des phases α et β dans des directions et avec des proportions données. L'intérêt essentiel de ces matériaux laminés séquentiels est qu'ils ont des propriétés effectives optimales et que leurs tenseurs homogénéisés A^* sont donnés par une formule explicite plus simple que (7.17).

7.3 Matériaux composites

Cette section est une introduction à l'étude théorique des matériaux composites dans le cadre de l'homogénéisation. Pour plus d'informations sur l'étude des matériaux composites nous renvoyons à [128] et aux références citées. On se restreint pour l'instant au modèle de membrane (ou à l'équation de conduction). On discute tout d'abord le cas de la dimension un d'espace qui est très simple puisqu'on y dispose d'une formule explicite pour A^*. On introduit ensuite une classe particulière de matériaux composites, appelés **laminés séquentiels**, qui ont aussi des propriétés effectives données explicitement par une formule algébrique. Ensuite, après avoir présenté une caractérisation variationnelle de A^*, on introduit le **principe variationnel de Hashin et Shtrikman** qui permet d'obtenir des bornes optimales sur les propriétés effectives des matériaux composites. On en déduit alors une caractérisation simple de l'ensemble G_θ de tous les tenseurs homogénéisés A^*, obtenus par mélange de deux phases en proportions θ et $(1 - \theta)$.

7.3.1 Le cas de la dimension $N = 1$

En dimension d'espace $N = 1$ on peut résoudre explicitement le problème de cellule (7.10) et donner une formule explicite pour le tenseur homogénéisé A^* (qui est un scalaire puisque $N = 1$). En effet, le problème de cellule est simplement

$$\begin{cases} -\Big(A(y)\,(1 + w'(y))\Big)' = 0 \text{ dans } [0,1] \\ y \to w(y) \qquad\qquad 1\text{-périodique,} \end{cases} \tag{7.27}$$

où le signe ' indique la dérivé en espace. En intégrant cette équation différentielle, on trouve que

$$w(y) = -y + \int_0^y \frac{C_1}{A(t)} dt + C_2,$$

où C_1, C_2 sont deux constantes d'intégration. Pour que w soit périodique, c'est-à-dire que $w(0) = w(1)$ il faut que

$$C_1 = \left(\int_0^1 \frac{1}{A(y)} dy\right)^{-1},$$

tandis que C_2 est quelconque (ce qui est compatible avec le résultat d'unicité à une constante près du Lemme 7.4). En injectant l'expression obtenue pour w dans la formule (7.17) pour A^*, c'est-à-dire

$$A^* = \int_0^1 A(y)\,(1 + w'(y))^2\, dy,$$

on trouve la **moyenne harmonique** de $A(y)$

$$A^* = \left(\int_0^1 \frac{1}{A(y)} dy\right)^{-1}. \tag{7.28}$$

Si $A(y)$ représente le mélange de deux phases, c'est-à-dire s'il existe une fonction caractéristique $\chi(y) = 0, 1$ telle que

$$A(y) = \alpha\chi(y) + \beta\left(1 - \chi(y)\right),$$

alors on peut simplifier (7.28) en

$$A^* = \left(\frac{\theta}{\alpha} + \frac{1-\theta}{\beta}\right)^{-1}, \tag{7.29}$$

où $\theta = \int_0^1 \chi(y)\, dy$ est la fraction volumique de la phase α. Il est remarquable que la formule (7.29) ne dépende que de la fraction volumique et pas de la géométrie (on dit aussi la microstructure) du mélange. Nous verrons que cela n'est plus le cas en dimensions supérieures, ce qui complique très nettement le problème.

On peut interpréter la formule de la moyenne harmonique (7.29) en se rappelant que α^{-1}, β^{-1}, et $(A^*)^{-1}$ sont des résistances, et qu'il est bien connu que les résistances en série se moyennent ainsi.

7.3.2 Composites laminés simples

On se place désormais en dimension $N \geq 2$ et on considère une géométrie unidimensionnelle pour le mélange des deux phases isotropes α et β. Autrement dit, on suppose que les deux phases sont réparties en couches parallèles orthogonales à la direction e_1. Dans la cellule de périodicité $Y = (0,1)^N$, on note $\chi(y_1)$ la fonction caractéristique (qui ne dépend que de la première coordonnée y_1) de la phase α. Pour $0 \leq \theta \leq 1$, on suppose que $\chi(y_1)$ est définie par

$$\chi(y_1) = \begin{cases} 1 & \text{si } 0 < y_1 < \theta \\ 0 & \text{si } \theta < y_1 < 1, \end{cases} \tag{7.30}$$

ce qui correspond à la Figure 7.3 avec $\theta = \int_Y \chi\, dy$ la fraction volumique de α dans la cellule Y. On note A^* la conductivité homogénéisée correspondant au matériau composite obtenu par homogénéisation périodique de

$$A(y) = \alpha\chi(y_1) + \beta\left(1 - \chi(y_1)\right).$$

Bien que α et β soient des scalaires (i.e. ces deux phases sont isotropes), nous allons voir que A^* est une matrice non scalaire (c'est-à-dire que le matériau composite laminé n'est pas isotrope).

Lemme 7.9. *Soit $\chi(y)$ la fonction caractéristique définie par (7.30), et A^* le tenseur homogénéisé correspondant, appelé* **laminé simple**. *Alors A^* est donné par la formule explicite*

$$A^* = \begin{pmatrix} \lambda_\theta^- & & & 0 \\ & \lambda_\theta^+ & & \\ & & \ddots & \\ 0 & & & \lambda_\theta^+ \end{pmatrix},$$

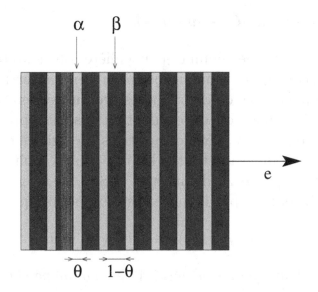

Fig. 7.3. Un laminé simple (de rang 1) défini par (7.30).

avec

$$\lambda_\theta^- = \left(\frac{\theta}{\alpha} + \frac{1-\theta}{\beta}\right)^{-1} \quad et \ \lambda_\theta^+ = \theta\alpha + (1-\theta)\beta.$$

Démonstration. D'après la formule (7.17) pour A^* il faut calculer les solutions $(w_i)_{1 \le i \le N}$ du problème de cellule (7.10). Pour $i = 1$ on vérifie facilement que la solution est unidimensionnelle, c'est-à-dire que $w_1(y) = w(y_1)$ avec w la solution du problème (7.27) en dimension 1. Pour $2 \le i \le N$ on vérifie aussi que $w_i(y) \equiv 0$ est solution triviale ! En effet, au sens faible ou au sens des distributions on a

$$\text{div}_y\Big(\alpha\chi(y_1)e_i + \beta\,(1 - \chi(y_1))\,e_i\Big) = 0 \quad \text{dans} \quad Y,$$

puisque les conditions de transmission à l'interface entre les deux phases (voir la Remarque 2.21) sont vérifiées, la composante normale du vecteur $(\alpha\chi+\beta(1-\chi))e_i$ étant continue (en fait nulle). Avec ces solutions on voit immédiatement que A^* est diagonal et que A_{11}^* est égal à la moyenne harmonique λ_θ^- comme en dimension 1, tandis que pour $2 \le i \le N$ A_{ii}^* est égal à la moyenne arithmétique λ_θ^+. □

Remarque 7.10. On peut interpréter le résultat du Lemme 7.9 en se rappelant que α^{-1}, β^{-1}, et $(A^*)^{-1}$ sont des résistances, et qu'il est bien connu que les résistances en série (dans la direction e_1) se moyennent de manière arithmétique (ce qui correspond à une moyenne harmonique pour la conductivité), tandis que les résistances en parallèles (dans les directions orthogonales à e_1) se moyennent de manière harmonique (ce qui correspond à une moyenne arithmétique pour la conductivité)   ●

7.3.3 Composites laminés séquentiels

Nous introduisons une famille particulière de matériaux composites appelés laminés séquentiels. Commençons par généraliser le Lemme 7.9 sur la lamination simple au cas de deux phases éventuellement anisotropes, dont les propriétés (mécaniques ou de conductivité) sont représentées par deux matrices, A et B, d'ordre N, définies positives (la rigidité ou bien la conductivité n'est pas la même dans toutes les directions). Soit $\chi(y_1)$ la fonction caractéristique de la phase A, définie par (7.30), et A^* le composite laminé (voir la Figure 7.3) obtenu par homogénéisation périodique de

$$A(y) = \chi(y_1)A + (1 - \chi(y_1))B.$$

Lemme 7.11. *Le tenseur homogénéisé A^* est donné par la formule explicite, dite de lamination,*

$$A^* = \theta A + (1 - \theta)B - \frac{\theta(1 - \theta)\,(A - B)e_1 \otimes (A - B)^t e_1}{(1 - \theta)Ae_1 \cdot e_1 + \theta Be_1 \cdot e_1}. \qquad (7.31)$$

Si on suppose de plus que $(A - B)$ est inversible, alors la formule (7.31) est équivalente à

$$\theta\,(A^* - B)^{-1} = (A - B)^{-1} + \frac{(1 - \theta)}{Be_1 \cdot e_1}e_1 \otimes e_1. \qquad (7.32)$$

Démonstration. Par la linéarité de la définition (7.16) de A^*, pour $\xi \in \mathbb{R}^N$, on a

$$A^*\xi = \int_Y A(y)\,(\xi + \nabla_y w_\xi)\,dy,$$

où w_ξ est la solution de

$$\begin{cases} -\text{div}_y\Big(A(y)\,(\xi + \nabla_y w_\xi(y))\Big) = 0 \text{ dans } Y \\ y \to w_\xi(y) \qquad\qquad\qquad Y\text{-périodique.} \end{cases} \qquad (7.33)$$

On pose $u(y) = \xi \cdot y + w_\xi(y)$ et on cherche $u(y)$ qui soit affine dans chacune des phases, c'est-à-dire

$$u = \chi(y_1)\,(a \cdot y + c_a) + (1 - \chi(y_1))\,(b \cdot y + c_b)$$
$$\nabla_y u = \chi(y_1)a + (1 - \chi(y_1))\,b$$
$$A(y)\nabla_y u = \chi(y_1)Aa + (1 - \chi(y_1))\,Bb,$$

où c_a, c_b sont deux constantes telles que u soit continu dans Y. Afin d'éliminer les constantes, on prend deux points x et y sur l'interface entre les deux phases et on soustrait la condition de continuité de part et d'autre de l'interface en x et en y pour obtenir

$$(a - b) \cdot x = (a - b) \cdot y.$$

Comme $x - y$ peut être n'importe quel vecteur dans le plan de l'interface orthogonale à la direction e_1, on en déduit qu'il existe $t \in \mathbb{R}$ tel que

$$b - a = te_1.$$

Pour que $-\mathrm{div}_y(A(y)\nabla_y u) = 0$ au sens faible dans Y, il suffit que la composante normale de $A(y)\nabla_y u$ soit continue à travers l'interface (voir la Remarque 2.21). En effet, $A(y)\nabla_y u$ est constant dans chaque phase, et il n'y a donc qu'à vérifier la condition de saut à l'interface, i.e.,

$$Aa \cdot e_1 = Bb \cdot e_1.$$

Comme $b - a = te_1$, cette relation donne la valeur $t = \frac{(A-B)a \cdot e_1}{Be_1 \cdot e_1}$. Pour que $w_\xi = u - \xi \cdot y$ soit bien la solution de (7.33), il reste simplement à vérifier qu'elle est périodique, ce qui revient, dans le cas présent, à vérifier que la moyenne de son gradient est nulle, $\int_Y \nabla_y w_\xi \, dy = 0$, ce qui nous donne la relation suivante liant a et b

$$\int_Y \nabla_y u \, dy = \theta a + (1 - \theta)b = \xi.$$

On peut alors calculer a et b en fonction de ξ et on trouve

$$a = \xi - (1 - \theta)\frac{(A - B)\xi \cdot e_1}{(1 - \theta)Ae_1 \cdot e_1 + \theta Be_1 \cdot e_1}e_1.$$

D'autre part, la définition de A^* entraîne que

$$A^*\xi = \int_Y A(y)\nabla_y u \, dy = \theta Aa + (1 - \theta)Bb,$$

ce qui donne

$$A^*\xi = \theta A\xi + (1 - \theta)B\xi - \frac{\theta(1 - \theta)(A - B)\xi \cdot e_1}{(1 - \theta)Ae_1 \cdot e_1 + \theta Be_1 \cdot e_1}(A - B)e_1,$$

qui est la formule désirée (7.31). La formule (7.32) s'obtient alors aisément grâce au fait que, si M est une matrice inversible, on a

$$\left(M + c(Me) \otimes (M^t e)\right)^{-1} = M^{-1} - \frac{c}{1 + c(Me \cdot e)}e \otimes e. \quad \square$$

Le matériau composite A^* donné par (7.31) est appelé **laminé simple** dans la direction e_1 des phases A et B en proportions θ et $(1-\theta)$. En variant la proportion et la direction on obtient une famille de matériaux composites. Mais on peut agrandir encore plus cette famille en laminant entre eux ces laminés simples. Par exemple, si A_1^* et A_2^* sont deux laminés simples, on peut les laminer en proportions $\tau, 1 - \tau$ dans une direction e pour obtenir un nouveau composite A^* caractérisée par l'analogue de (7.31)

$$A^* = \tau A_1^* + (1 - \tau)A_2^* - \frac{\tau(1 - \tau)(A_1^* - A_2^*)e \otimes (A_1^* - A_2^*)e}{(1 - \tau)A_1^* e \cdot e + \tau A_2^* e \cdot e}. \tag{7.34}$$

En fait, la formule (7.34) peut être interprétée comme une règle de mélange pour des matériaux composites. En répétant ce procédé dans toutes les directions et en toutes proportions, on obtient un sous-ensemble L_θ de G_θ, constitué de matériaux laminés de façon réitérée.

Définition 7.12. *Le sous-ensemble $L_\theta \subset G_\theta$ de tous les* **matériaux laminés** *obtenu à partir des phases A et B en proportions θ et $(1 - \theta)$ est le plus petit sous-ensemble de G_θ qui contienne tous les laminés simples définis par (7.31), et qui est stable par lamination (c'est-à-dire par la formule de mélange (7.34)).*

Un **laminé séquentiel** est un cas particulier de matériau laminé, obtenu par un procédé itératif de lamination où chaque laminé précédent est mélangé avec une seule phase pure (toujours la même au cours des itérations). En utilisant la forme spéciale de (7.32) (qui ne donne pas directement la valeur de A^*, au contraire de (7.31)), on peut caractériser de manière explicite un laminé séquentiel. Soit $(e_i)_{1 \le i \le p}$ une collection de vecteurs unitaires et $(\theta_i)_{1 \le i \le p}$ des proportions dans l'intervalle $[0, 1]$. Un laminé simple A_1^* de A et B, en proportions θ_1, $(1 - \theta_1)$, est défini par

$$\theta_1 \left(A_1^* - B\right)^{-1} = (A - B)^{-1} + (1 - \theta_1)\frac{e_1 \otimes e_1}{Be_1 \cdot e_1}.$$

Ce laminé simple A_1^* est laminé à nouveau avec la phase B, dans la direction e_2 et en proportions θ_2, $(1 - \theta_2)$ respectivement, pour obtenir un nouveau laminé noté A_2^*. Par récurrence on obtient A_p^* en laminant A_{p-1}^* et B dans la direction e_p et en proportions θ_p, $(1 - \theta_p)$, respectivement. Le tenseur homogénéisé A_p^* est défini par

$$\theta_p \left(A_p^* - B\right)^{-1} = \left(A_{p-1}^* - B\right)^{-1} + (1 - \theta_p)\frac{e_p \otimes e_p}{Be_p \cdot e_p}.$$

En remplaçant $(A_{p-1}^* - B)^{-1}$ dans cette formule par la même formule qui donne $(A_{p-2}^* - B)^{-1}$, et ainsi de suite, on obtient une formule du même type que (7.32), c'est-à-dire

$$\left(\prod_{j=1}^{p} \theta_j\right) \left(A_p^* - B\right)^{-1} = (A - B)^{-1} + \sum_{i=1}^{p} \left((1 - \theta_i)\prod_{j=1}^{i-1} \theta_j\right) \frac{e_i \otimes e_i}{Be_i \cdot e_i}. \tag{7.35}$$

Remarquons que nous laminons toujours les laminés intermédiaires avec la même phase B. En d'autres termes, la première phase A est entourée de couches successives de B. On peut ainsi dire que A joue le rôle de l'inclusion et B celui de la matrice. Globalement, A_p^* est un mélange de A et B en différentes couches à des échelles très séparées (voir la Figure 7.4).

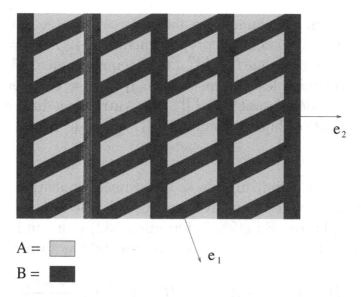

Fig. 7.4. Un laminé séquentiel de rang 2 défini par (7.35).

Définition 7.13. *Le matériau composite A_p^*, défini par la formule (7.35), est appelé un* **laminé séquentiel de rang** *p, de matrice B et d'inclusion A. Il est caractérisé par ses directions de lamination $(e_i)_{1 \leq i \leq p}$ et ses proportions $(\theta_i)_{1 \leq i \leq p}$ à chaque étape du procédé.*

Dans la Définition 7.13 le mot "séquentiel" veut dire que ce type de laminé est construit itérativement en laminant toujours avec la même phase. Dans la formule (7.35) la fraction volumique totale de la phase A est $\theta = \prod_{i=1}^{p} \theta_i$. Si cette fraction volumique totale est fixée, il est intéressant de voir quels laminés séquentiels de rang p on peut obtenir en variant les proportions $(\theta_i)_{1 \leq i \leq p}$.

Lemme 7.14. *Soit $(e_i)_{1 \leq i \leq p}$ une collection de vecteurs unitaires. Soit θ une fraction volumique dans l'intervalle $[0,1]$. Pour toute famille de nombre réels $(m_i)_{1 \leq i \leq p}$ vérifiant*

$$\sum_{i=1}^{p} m_i = 1 \ et \ m_i \geq 0, \ 1 \leq i \leq p,$$

il existe un laminé séquentiel A_p^* de rang p, de matrice B et d'inclusion A, en proportions $(1-\theta)$ et θ, respectivement, et de directions de lamination $(e_i)_{1 \leq i \leq p}$, tel que

$$\theta \left(A_p^* - B \right)^{-1} = (A - B)^{-1} + (1-\theta) \sum_{i=1}^{p} m_i \frac{e_i \otimes e_i}{Be_i \cdot e_i}. \qquad (7.36)$$

Les nombres $(m_i)_{1 \leq i \leq p}$ sont appelés paramètres de lamination.

Démonstration. En comparant les formules (7.35) et (7.36) on voit que

$$(1-\theta)m_i = (1-\theta_i) \prod_{j=1}^{i-1} \theta_j \qquad (7.37)$$

pour $1 \le i \le p$. Si on connaît les paramètres $(m_i)_{1 \le i \le p}$ et la densité θ, (7.37) donne séquentiellement les proportions $(\theta_i)_{1 \le i \le p}$ de $i = 1$ à p. Comme $\sum_{i=1}^p m_i = 1$, on retrouve que $\theta = \prod_{i=1}^p \theta_i$. Réciproquement, si les proportions $(\theta_i)_{1 \le i \le p}$ sont connues, les paramètres $(m_i)_{1 \le i \le p}$ se calculent facilement à partir de (7.37) en définissant $\theta = \prod_{i=1}^p \theta_i$. Autrement dit, l'équation (7.37) définit une application bijective entre $(\theta_i)_{1 \le i \le p}$ et le couple $(\theta, (m_i)_{1 \le i \le p})$.
□

Bien sûr, on peut définir une classe de laminés séquentiels symétrique par rapport à la Définition 7.13 en inversant les rôles de A et B, A devenant la matrice et B l'inclusion. En effet, la formule (7.32) pour un laminé simple de A et B en proportions θ et $(1 - \theta)$ est équivalente à sa forme symétrique,

$$(1 - \theta) \left(A^* - A \right)^{-1} = (B - A)^{-1} + \theta \frac{e_1 \otimes e_1}{A e_1 \cdot e_1}. \tag{7.38}$$

À partir de (7.38) on obtient une forme symétrique de (7.35) pour un laminé séquentiel de rang p de matrice A et d'inclusion B

$$\left(\prod_{j=1}^p (1 - \theta_j) \right) \left(A_p^* - A \right)^{-1} = (B - A)^{-1} + \sum_{i=1}^p \left(\theta_i \prod_{j=1}^{i-1} (1 - \theta_j) \right) \frac{e_i \otimes e_i}{A e_i \cdot e_i},$$

où, à chaque étape, θ_i est la proportion de A et $(1 - \theta_i)$ celle de A_{i-1}^*. La fraction volumique totale de B est $1 - \theta = \prod_{i=1}^p (1 - \theta_i)$. Un analogue du Lemme 7.14 est aussi valable.

Lemme 7.15. *Soit $(e_i)_{1 \le i \le p}$ une collection de vecteurs unitaires. Soit θ une fraction volumique dans l'intervalle $[0, 1]$. Pour toute famille de nombre réels $(m_i)_{1 \le i \le p}$ vérifiant*

$$\sum_{i=1}^p m_i = 1 \ et \ m_i \ge 0, \ 1 \le i \le p,$$

il existe un laminé séquentiel A_p^* de rang p, de matrice A et d'inclusion B, en proportions θ et $(1 - \theta)$, respectivement, et de directions de lamination $(e_i)_{1 \le i \le p}$, tel que

$$(1 - \theta) \left(A_p^* - A \right)^{-1} = (B - A)^{-1} + \theta \sum_{i=1}^p m_i \frac{e_i \otimes e_i}{A e_i \cdot e_i}. \tag{7.39}$$

La classe des laminés séquentiels est une famille très riche de matériaux composites, aux propriétés homogénéisées explicites et simplement paramétrées. De plus, nous verrons que cette classe contient des composites optimaux (voir la Sous-section 7.3.5 pour cette notion) très utiles pour les applications.

Remarque 7.16. Il existe d'autres classes de matériaux composites aux propriétés explicites et qui peuvent être optimaux. Par exemple, la construction des sphères concentriques ou des ellipsoïdes confocales, ou les inclusions périodiques de Vigdergauz (voir [2], [128]). Mais les laminés séquentiels forment la classe la plus simple à utiliser en pratique.   ●

7.3.4 Caractérisation variationnelle des coefficients homogénéisés

Le tenseur homogénéisé A^* est défini par (7.17) en fonction des solutions des problèmes de cellule. Lorsque le tenseur microscopique $A(y)$ est une matrice **symétrique** (ce que nous supposons par la suite), on peut donner une autre caractérisation utile de A^* en fonction d'un principe variationnel standard. Notons tout d'abord que, si $A(y)$ est symétrique, alors le tenseur homogénéisé A^* est aussi une matrice symétrique au vu de la formule (7.17). Par conséquent, A^* est complètement déterminé par la connaissance de la forme quadratique associée $A^*\xi \cdot \xi$ où ξ est un vecteur quelconque. À partir de la définition (7.17) il n'est pas difficile de vérifier que

$$A^*\xi = \int_Y A(y)\,(\xi + \nabla w_\xi)\,dy \quad \text{et} \quad A^*\xi \cdot \xi = \int_Y A(y)\,(\xi + \nabla w_\xi) \cdot (\xi + \nabla w_\xi)\,dy,$$

où $w_\xi(y) = \sum_{i=1}^N \xi_i w_i(y)$ est la solution de

$$\begin{cases} -\mathrm{div}\Big(A(y)\,(\xi + \nabla w_\xi(y))\Big) = 0 \text{ dans } Y \\ y \to w_\xi(y) \qquad\qquad\qquad Y\text{-périodique.} \end{cases} \qquad (7.40)$$

Il est clair que (7.40) est l'équation d'Euler du principe variationnel suivant : trouver w_ξ qui minimise

$$\int_Y A(y)\,(\xi + \nabla w) \cdot (\xi + \nabla w)\,dy$$

parmi tous les déplacements périodiques w. En d'autres termes, $A^*\xi \cdot \xi$ est donné par la minimisation de l'énergie (en formulation primale)

$$A^*\xi \cdot \xi = \min_{w \in H^1_\#(Y)/\mathbb{R}} \int_Y A(y)\,(\xi + \nabla w) \cdot (\xi + \nabla w)\,dy \qquad (7.41)$$

où $H^1_\#(Y)$ est l'espace de Sobolev des fonctions périodiques dans Y.

On peut facilement déduire de ce principe variationnel des estimations ou bornes sur le tenseur A^*. En prenant $w = 0$ dans (7.41) on obtient la **borne arithmétique**

$$A^* \leq \int_Y A(y)\,dy \qquad (7.42)$$

au sens des formes quadratiques. Pour obtenir une borne inférieure (et non plus supérieure) on élargit l'espace de minimisation dans (7.41). En effet, comme $\int_Y \nabla w \, dy = 0$, si l'on remplace ∇w par un champ de vecteur $\zeta(y)$ à moyenne nulle sur Y, on obtient une borne inférieure de (7.41), à savoir

$$A^* \xi \cdot \xi \geq \min_{\zeta \in L^2_\#(Y)^N, \ \int_Y \zeta \, dy = 0} \int_Y A(y) \, (\xi + \zeta(y)) \cdot (\xi + \zeta(y)) \, dy \qquad (7.43)$$

Il est facile de calculer explicitement le minimum dans le membre de droite de (7.43) puisqu'il ne contient plus de dérivée. Le minimiseur $\zeta_\xi(y)$ de ce problème convexe vérifie l'équation d'Euler suivante

$$A(y) \, (\xi + \zeta_\xi(y)) = \lambda$$

où $\lambda \in \mathbb{R}$ est un multiplicateur de Lagrange pour la contrainte $\int_Y \zeta \, dy = 0$. Comme $\zeta_\xi(y)$ vérifie cette contrainte on en déduit la valeur de λ et celle du minimum qui donne la **borne harmonique**

$$A^* \geq \left(\int_Y A(y)^{-1} \, dy \right)^{-1}. \qquad (7.44)$$

Nous allons voir dans la sous-section suivante que l'on peut améliorer ces estimations.

7.3.5 Caractérisation de G_θ et principe d'Hashin-Shtrikman

L'ensemble G_θ, introduit à la Définition 7.6, peut être caractérisé explicitement en utilisant un principe variationnel dit de Hashin et Shtrikman [95].

Théorème 7.17. *L'ensemble G_θ des tenseurs de tous les matériaux composites obtenus par mélange de α et β en proportions θ et $(1 - \theta)$ est égal à l'ensemble de toutes les matrices symétriques A^* dont les valeurs propres $\lambda_1, ..., \lambda_N$ vérifient*

$$\lambda_\theta^- \leq \lambda_i \leq \lambda_\theta^+ \quad \forall \ 1 \leq i \leq N \qquad (7.45)$$

$$\sum_{i=1}^N \frac{1}{\lambda_i - \alpha} \leq \frac{1}{\lambda_\theta^- - \alpha} + \frac{N-1}{\lambda_\theta^+ - \alpha} \qquad (7.46)$$

$$\sum_{i=1}^N \frac{1}{\beta - \lambda_i} \leq \frac{1}{\beta - \lambda_\theta^-} + \frac{N-1}{\beta - \lambda_\theta^+}, \qquad (7.47)$$

où λ_θ^- et λ_θ^+ sont les moyennes harmonique et arithmétique de α et β définies par

$$\lambda_\theta^- = \left(\frac{\theta}{\alpha} + \frac{1-\theta}{\beta} \right)^{-1} \quad et \quad \lambda_\theta^+ = \theta\alpha + (1-\theta)\beta.$$

De plus les bornes (7.46) et (7.47) sont optimales car atteintes par un choix adéquat de laminés séquentiels de rang N.

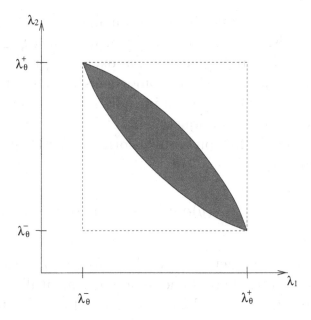

Fig. 7.5. L'ensemble G_θ pour $N = 2$.

Remarque 7.18. L'inégalité (7.46) est une borne inférieure pour A^* car elle l'empêche d'avoir des valeurs propres qui s'approchent (par dessus) de α. De même, l'inégalité (7.47) est une borne supérieure pour A^* car elle l'empêche d'avoir des valeurs propres qui s'approchent (par dessous) de β. En dimension $N = 2$ ces deux inégalités définissent les bords, inférieur et supérieur, de G_θ dans la représentation de la Figure 7.5. ●

Démonstration. Commençons par montrer que les inégalités (7.46) et (7.47) sont des égalités pour un certain choix optimal de laminé séquentiel d'ordre N. Suivant la formule du Lemme 7.14, on considère un laminé séquentiel d'ordre N avec des directions de lamination $(e_i)_{1 \leq i \leq N}$ qui forment une base orthonormée et des paramètres de lamination $(m_i)_{1 \leq i \leq N}$ vérifiant $\sum_{i=1}^{N} m_i = 1$ et $m_i \geq 0$ pour $1 \leq i \leq N$. D'après (7.36) les valeurs propres λ_i de A^* sont données par

$$\frac{\theta}{\lambda_i - \beta} = \frac{1}{\alpha - \beta} + (1 - \theta)\frac{m_i}{\beta}. \tag{7.48}$$

En sommant (7.48) on obtient exactement l'égalité dans la borne (7.47). L'égalité dans l'autre borne (7.46) s'obtient de la même manière à partir du Lemme 7.15.

Un calcul simple mais un peu fastidieux montre ensuite que toute matrice dont les valeurs propres vérifient les inégalités (7.45), (7.46), et (7.47) est un laminé simple de deux laminés séquentiels d'ordre N qui vérifient, l'un l'égalité dans la borne (7.46), et l'autre l'égalité dans (7.47) (voir [2] pour plus de détails). Par conséquent, l'ensemble de matrices défini par (7.45), (7.46), et (7.47) est inclus dans L_θ et donc dans G_θ.

Pour prouver la réciproque, c'est-à-dire que toute matrice $A^* \in G_\theta$ vérifie (7.45), (7.46), et (7.47), nous allons utiliser le **principe variationnel de Hashin et Shtrikman**, qui permet d'obtenir des bornes ou des estimations de l'énergie effective ou homogénéisée d'un matériau composite. Si A^* est le tenseur homogénéisé d'un matériau composite, et si $\xi \in \mathbb{R}^N$ est la valeur moyenne locale d'un champ de gradient (par exemple, gradient de température ou de potentiel électrique), l'énergie homogénéisée est la quantité $A^*\xi \cdot \xi$.

Remarquons tout d'abord que les inégalités (7.45) sont de simples conséquences des moyennes arithmétique (7.42) et harmonique (7.44). Pour obtenir la borne inférieure (7.46), on écrit la formule (7.41) qui donne le tenseur homogénéisé (symétrique) A^*

$$A^*\xi \cdot \xi = \min_{w(y)\in H^1_\#(Y)} \int_Y \left(\chi(y)\alpha + (1-\chi(y))\beta\right)(\xi + \nabla w) \cdot (\xi + \nabla w) dy$$

avec $\chi(y)$ une fonction caractéristique de moyenne $\int_Y \chi(y)dy = \theta$. À cause des conditions aux limites de périodicité on voudrait utiliser l'analyse en série de Fourier pour évaluer A^*. Malheureusement, il y a des termes trilinéaires en y qui ne vont pas pouvoir être calculés simplement (par application du théorème de Plancherel). Par conséquent, nous allons d'abord simplifier cette formule en faisant un certain nombre d'hypothèses.

On soustrait à $(\chi\alpha + (1-\chi)\beta)$ le **matériau de référence** α

$$
\begin{aligned}
\int_Y (\chi\alpha + (1-\chi)\beta)\,|\xi + \nabla w|^2 dy = {} & \int_Y (1-\chi)(\beta - \alpha)|\xi + \nabla w|^2 dy \\
& + \int_Y \alpha|\xi + \nabla w|^2 dy.
\end{aligned}
\tag{7.49}
$$

Nous allons maintenant utiliser la dualité convexe (ou transformée de Legendre) dans un cas très simple : pour toute matrice M symétrique définie positive, et pour tout $\zeta \in \mathbb{R}^N$, on a

$$M\zeta \cdot \zeta = \max_{\eta \in \mathbb{R}^N}\left(2\zeta \cdot \eta - M^{-1}\eta \cdot \eta\right).$$

Comme $\beta - \alpha > 0$, on peut appliquer cette formule, point par point dans Y, au premier terme dans le membre de droite de (7.49), et il vient

$$
\int_Y (1-\chi)(\beta - \alpha)|\xi + \nabla w|^2 dy =
$$
$$
\max_{\eta(y)\in L^2_\#(Y)^N} \int_Y (1-\chi)\left(2(\xi + \nabla w)\cdot\eta - (\beta - \alpha)^{-1}|\eta|^2\right) dy,
$$

qui devient une inégalité si on restreint la maximisation à des vecteurs η constants dans Y

$$
\int_Y (1-\chi)(\beta - \alpha)|\xi + \nabla w|^2 dy \geq
$$
$$
\max_{\eta \in \mathbb{R}^N} \int_Y (1-\chi)\left(2(\xi + \nabla w)\cdot\eta - (\beta - \alpha)^{-1}|\eta|^2\right) dy.
\tag{7.50}
$$

En combinant (7.49) et (7.50), en intégrant et en utilisant la relation $\int_Y \nabla w \, dy = 0$, qui est due à la périodicité de w, on obtient

$$\int_Y (\chi\alpha + (1-\chi)\beta)\,|\xi + \nabla w|^2 dy \geq$$

$$(1-\theta)\left(2\xi\cdot\eta - (\beta-\alpha)^{-1}|\eta|^2\right) - 2\int_Y \chi\nabla w\cdot\eta \, dy + \alpha|\xi|^2 + \int_Y \alpha|\nabla w|^2 dy.$$
$$(7.51)$$

En minimisant (7.51) par rapport à $w(y)$, on obtient pour tout $\eta \in \mathbb{R}^N$,

$$A^*\xi\cdot\xi \geq \alpha|\xi|^2 + (1-\theta)\left(2\xi\cdot\eta - (\beta-\alpha)^{-1}|\eta|^2\right) + g(\chi,\eta), \qquad (7.52)$$

où $g(\chi,\eta)$ est un terme, dit non-local, défini par

$$g(\chi,\eta) = \min_{w(y)\in H^1_\#(Y)} \int_Y \left(\alpha|\nabla w|^2 - 2\chi\nabla w\cdot\eta\right) dy. \qquad (7.53)$$

On calcule le terme non-local (7.53) au moyen de l'analyse de Fourier. Par périodicité, la fonction caractéristique χ et la fonction test w s'écrivent comme des séries de Fourier

$$\chi(y) = \sum_{k\in\mathbb{Z}^N} \hat{\chi}(k)e^{2i\pi k\cdot y}, \quad w(y) = \sum_{k\in\mathbb{Z}^N} \hat{w}(k)e^{2i\pi k\cdot y}.$$

Comme χ et w sont à valeurs réelles, leurs coefficients de Fourier satisfont

$$\overline{\hat{\chi}(k)} = \hat{\chi}(-k) \text{ et } \overline{\hat{w}(k)} = \hat{w}(-k).$$

Le gradient de w est

$$\nabla w(y) = \sum_{k\in\mathbb{Z}^N} 2i\pi e^{2i\pi k\cdot y}\hat{w}(k)k.$$

La formule de Plancherel donne

$$\int_Y \left(\alpha|\nabla w|^2 - 2\chi\nabla w\cdot\eta\right) dy = \sum_{k\in\mathbb{Z}^N}\left(4\pi^2\alpha|\hat{w}(k)k|^2 - 4i\pi\overline{\hat{\chi}(k)}\hat{w}(k)\,k\cdot\eta\right)$$

$$= \sum_{k\in\mathbb{Z}^N}\left(4\pi^2\alpha|k|^2|\hat{w}(k)|^2 + 4\pi\mathcal{I}m\left(\overline{\hat{\chi}(k)}\hat{w}(k)\right)\eta\cdot k\right).$$
$$(7.54)$$

La minimisation par rapport à $w(y)$ in $H^1_\#(Y)$ est équivalente à la minimisation par rapport aux nombres $\hat{w}(k) \in \mathbb{C}$, pour chaque fréquence k indépendamment. La fréquence $k = 0$ donne une contribution nulle dans la somme (7.54). Pour toutes les autres fréquences le minimum est atteint par

$$\hat{w}(k) = -\frac{i\hat{\chi}(k)}{2\pi\alpha|k|^2}\eta\cdot k,$$

et la valeur du minimum est

$$-\frac{|\hat{\chi}(k)|^2 (\eta \cdot k)^2}{\alpha |k|^2}.$$

Par conséquent, en introduisant une matrice M définie par

$$M = \frac{1}{\theta(1-\theta)} \sum_{k \in \mathbb{Z}^N, \ k \neq 0} |\hat{\chi}(k)|^2 \frac{k}{|k|} \otimes \frac{k}{|k|},$$

on obtient

$$g(\chi, \eta) = -\alpha^{-1} \theta(1-\theta) M\eta \cdot \eta. \tag{7.55}$$

Comme la formule de Plancherel donne

$$\sum_{k \in \mathbb{Z}^N, \ k \neq 0} |\hat{\chi}(k)|^2 = \int_Y |\chi(y) - \theta|^2 \, dy = \theta(1-\theta),$$

on en déduit que la matrice symétrique positive M a une trace égale à 1. En regroupant (7.52) et (7.55) on obtient, pour tout $\xi, \eta \in \mathbb{R}^N$,

$$A^* \xi \cdot \xi \geq \alpha |\xi|^2 + (1-\theta)\left(2\xi \cdot \eta - (\beta - \alpha)^{-1}|\eta|^2\right) - \alpha^{-1}\theta(1-\theta)M\eta \cdot \eta. \tag{7.56}$$

On minimise l'inégalité (7.56) par rapport à ξ, ce qui s'obtient en prenant $\xi = (1-\theta)(A^* - \alpha)^{-1}\eta$, et on en déduit

$$(1-\theta)(A^* - \alpha)^{-1}\eta \cdot \eta \leq (\beta - \alpha)^{-1}|\eta|^2 + \alpha^{-1}\theta M\eta \cdot \eta \quad \forall \eta \in \mathbb{R}^N. \tag{7.57}$$

En prenant la trace de l'inégalité (7.57), vue comme une inégalité matricielle, et comme $\text{tr } M = 1$, on obtient bien la borne inférieure (7.46).

La preuve de la borne supérieure (7.47) est similaire en partant de la formule (7.41) où l'on soustrait à $(\chi A + (1-\chi)B)$ l'autre matériau de référence β. □

7.4 Formulation homogénéisée de l'optimisation

7.4.1 Définition

Nous avons maintenant tous les outils pour justifier et définir rigoureusement la formulation homogénéisée du problème modèle d'optimisation de formes (7.3). En reprenant les notations de la Sous-section 7.2.3, le problème d'optimisation **relaxé ou homogénéisé** est

$$\min_{(\theta, A^*) \in \mathcal{U}_{ad}^*} J(\theta, A^*) = \int_\Omega j(u) \, dx, \tag{7.58}$$

avec une fonction objectif $j(u)$ qui vérifie l'hypothèse (7.24), un ensemble admissible homogénéisé donné par

$$\mathcal{U}_{ad}^* = \left\{ (\theta, A^*) \in L^\infty \left(\Omega; [0,1] \times \mathbb{R}^{N^2} \right), \right.$$
$$\left. A^*(x) \in G_{\theta(x)} \text{ dans } \Omega, \int_\Omega \theta(x)\, dx = V_\alpha \right\}, \qquad (7.59)$$

où G_θ est explicitement caractérisé par le Théorème 7.17. Bien sûr, le critère J est évalué grâce à la résolution de l'équation d'état homogénéisée

$$\begin{cases} -\mathrm{div}\,(A^*\nabla u) = f \text{ dans } \Omega \\ u = 0 \qquad\qquad\quad \text{sur } \partial\Omega. \end{cases} \qquad (7.60)$$

On peut démontrer (voir [2]) que le problème relaxé (7.58) admet une solution optimale et qu'on **n'a pas changé la signification physique** du problème d'optimisation.

Théorème 7.19. *La formulation homogénéisée (7.58) est la relaxation du problème d'optimisation de formes (7.3) au sens où :*
- **(i)** *il existe, au moins, une forme optimale composite (θ, A^*) qui minimise (7.58),*
- **(ii)** *toute suite minimisante de formes classiques χ pour (7.3) converge, au sens de l'homogénéisation, vers une solution optimale (θ, A^*) de (7.58),*
- **(iii)** *toute solution optimale (θ, A^*) de (7.58) est la limite d'une suite minimisante χ pour (7.3).*

En particulier, les valeurs des minima de l'énergie originale et homogénéisée coïncident

$$\inf_{\chi\in\mathcal{U}_{ad}} J(\chi) = \min_{(\theta, A^*)\in\mathcal{U}_{ad}^*} J(\theta, A^*).$$

Le Théorème 7.19 est très important puisqu'il explique en quoi le problème physique (au sens de concret) d'optimisation de formes n'est pas modifié fondamentalement par sa relaxation ou son homogénéisation. En effet, les formes optimales homogénéisées y sont explicitement caractérisées comme des représentations des limites de suites minimisantes de formes classiques. Autrement dit, si on sait déterminer une forme composite optimale, alors on sait trouver **automatiquement** une forme classique quasi-optimale, c'est-à-dire aussi proche que l'on veut (en termes de comportement et de performance) de cette forme composite optimale.

Le Théorème 7.19 démontre aussi l'existence de solutions au problème d'optimisation (dans une classe de formes admissibles homogénéisées), mais son application la plus importante est qu'il conduit à de **nouveaux algorithmes numériques** d'optimisation de formes basés sur la minimisation de la formulation homogénéisée (7.58).

7.4.2 Conditions d'optimalité

Un des intérêts de la formulation homogénéisée (7.58) est qu'il est très facile de calculer un gradient ou de trouver des conditions d'optimalité. En effet, les variables d'optimisation (θ, A^*) sont désormais continues (au contraire de la fonction caractéristique χ qui ne prend que les valeurs discrètes 0 ou 1), et on peut donc différentier simplement le critère J. En d'autres termes, on est passé d'une situation d'optimisation géométrique pour la minimisation de $J(\chi)$ à une situation d'optimisation paramétrique (beaucoup plus simple) pour la minimisation de $J(\theta, A^*)$.

Calculons donc le gradient de la fonction objectif

$$J(\theta, A^*) = \int_\Omega j(u)dx, \tag{7.61}$$

où $j(u)$ est une fonction de classe C^1 de $\mathbb{R}$ dans $\mathbb{R}$, telle que $|j(u)| \leq C(u^2 + 1)$ et $|j'(u)| \leq C(|u| + 1)$ pour tout $u \in \mathbb{R}$ (bien sûr j peut aussi dépendre de x). Ces hypothèses sont vérifiées en particulier pour la compliance $j(u) = fu$ ou pour un critère de moindres carrés $j(u) = |u - u_0|^2$ avec un déplacement cible $u_0 \in L^2(\Omega)$. Comme d'habitude on introduit un état adjoint p, solution unique dans $H_0^1(\Omega)$ de

$$\begin{cases} -\operatorname{div}(A^*\nabla p) = -j'(u) & \text{dans } \Omega \\ p = 0 & \text{sur } \partial\Omega. \end{cases} \tag{7.62}$$

Remarquons que le critère (7.61) ne dépend pas directement de θ, de même que l'équation d'état (7.60) (bien sûr θ et A^* sont contraints par la relation $A^* \in G_\theta$). Par conséquent, on calcule seulement la dérivée de $J(\theta, A^*)$ par rapport à A^*.

Proposition 7.20. *Soit $\alpha > 0$ et $\mathcal{M}_\alpha$ l'ensemble des matrices symétriques définies positives M telles que $M \geq \alpha I$. Le critère (7.61) est différentiable par rapport à A^* dans $L^\infty(\Omega; \mathcal{M}_\alpha)$, et sa dérivée est*

$$\nabla_{A^*} J(\theta, A^*) = \nabla u \otimes \nabla p, \tag{7.63}$$

où u est l'état, solution de (7.60), et p est l'adjoint, solution de (7.62).

Nous renvoyons le lecteur au Chapitre 5 pour la démonstration de la Proposition 7.20 qui est très semblable à celle du Théorème 5.19 (rappelons que θ et A^* sont des variables indépendantes dans ce résultat). Il est remarquable que l'expression de la dérivée (7.63) ne dépend ni de θ, ni de A^* (directement). Cela va nous permettre de simplifier considérablement la formulation homogénéisée (7.58).

Théorème 7.21. *Soit (θ, A^*) un point de minimum global de J dans $\mathcal{U}_{ad}^*$ qui admet u et p comme état et état adjoint. Il existe $(\tilde{\theta}, \tilde{A}^*)$, autre point de minimum global de J dans $\mathcal{U}_{ad}^*$, qui admet les mêmes état u et état adjoint p, et tel que $\tilde{A}^*$ est un laminé simple de rang 1.*

Autrement dit, on peut remplacer dans la définition (7.59) de $\mathcal{U}_{ad}^*$ l'ensemble G_θ par son sous-ensemble des laminés simples de rang 1.

Démonstration. On fixe θ et on fait des variations uniquement par rapport à $A^* \in G_\theta$. On remarque tout d'abord que l'ensemble G_θ est convexe. En effet, les inégalités (7.45), (7.46), et (7.47), qui le définissent, forment un ensemble convexe des valeurs propres λ_i de A^* : or, un ensemble convexe par rapport aux valeurs propres est en fait convexe par rapport aux matrices. Comme G_θ est convexe, la condition d'optimalité ou inéquation d'Euler (3.13) pour A^* est

$$\int_\Omega (A^0 - A^*)\nabla u \cdot \nabla p \, dx \geq 0.$$

pour tout $A^0 \in G_\theta$. Cette condition est équivalente à

$$A^* \nabla u \cdot \nabla p = \min_{A^0 \in G_\theta} \left(A^0 \nabla u \cdot \nabla p \right). \tag{7.64}$$

en tout point de Ω. Si ∇u ou ∇p est nul, alors n'importe quel A^* dans G_θ est optimal. Sinon, on définit deux vecteurs unités

$$e = \frac{\nabla u}{|\nabla u|} \quad \text{et} \quad e' = \frac{\nabla p}{|\nabla p|},$$

et (7.64) revient à trouver les points de minimum A^* de

$$4A^0 e \cdot e' = A^0(e + e') \cdot (e + e') - A^0(e - e') \cdot (e - e').$$

Une borne inférieure est facilement obtenue

$$\min_{A^0 \in G_\theta} 4A^0 e \cdot e' \geq \min_{A^0 \in G_\theta} A^0(e + e') \cdot (e + e') - \max_{A^0 \in G_\theta} A^0(e - e') \cdot (e - e')$$
$$= \lambda_\theta^- |e + e'|^2 - \lambda_\theta^+ |e - e'|^2.$$
$$\tag{7.65}$$

Il se trouve que (7.65) est en fait une égalité ! En effet, comme $(e + e') \perp (e - e')$, on peut choisir $A^0 = A^1$, un laminé simple de rang 1 dans une direction parallèle à $e + e'$ et orthogonale à $e - e'$, qui vérifie

$$A^1(e + e') = \lambda_\theta^-(e + e') \quad \text{et} \quad A^1(e - e') = \lambda_\theta^+(e - e') \tag{7.66}$$

d'après le Lemme 7.9, et on obtient

$$4A^1 e \cdot e' = \lambda_\theta^- |e + e'|^2 - \lambda_\theta^+ |e - e'|^2 = \min_{A^0 \in G_\theta} 4A^0 e \cdot e'. \tag{7.67}$$

En fait, tout tenseur A^* optimal dans (7.65), c'est-à-dire qui vérifie l'égalité (7.67) (en remplaçant A^1 par A^*), vérifie aussi (7.66) comme A^1. Cela est dû aux bornes arithmétique (7.42) et harmonique (7.44) qui impliquent que

$$4A^* e \cdot e' = A^*(e + e') \cdot (e + e') - A^*(e - e') \cdot (e - e') \geq \lambda_\theta^- |e + e'|^2 - \lambda_\theta^+ |e - e'|^2,$$
$$\tag{7.68}$$

et l'inégalité serait stricte dans (7.68) si A^* ne vérifiait pas (7.66), ce qui serait une contradiction avec l'égalité pour A^* dans (7.67). Par conséquent, n'importe quel A^* optimal dans (7.64) vérifie, comme le laminé simple A^1,

$$2A^*\nabla u = 2A^1\nabla u = \left(\lambda_\theta^+ + \lambda_\theta^-\right)\nabla u - \left(\lambda_\theta^+ - \lambda_\theta^-\right)\frac{|\nabla u|}{|\nabla p|}\nabla p$$

$$2A^*\nabla p = 2A^1\nabla p = \left(\lambda_\theta^+ + \lambda_\theta^-\right)\nabla p - \left(\lambda_\theta^+ - \lambda_\theta^-\right)\frac{|\nabla p|}{|\nabla u|}\nabla u,$$

(7.69)

et on peut donc remplacer A^* par ce laminé simple A^1 **sans changer** u et p. L'argument utilisé ne fonctionne que si ∇u et ∇p ne sont pas nuls : il faut le modifier sinon et nous renvoyons à [2], [135], [176] pour ces détails techniques. $\square$

Remarque 7.22. Le Théorème 7.21 n'est plus valable si l'on pratique de l'optimisation **multi-chargements**, c'est-à-dire si l'on optimise une forme dans différentes configurations de chargement (voir la Sous-section 1.2.2). Dans ce cas, il y a alors autant d'équations d'état et d'équations adjointes que de configurations de forces, et on ne peut plus se limiter aux matériaux composites laminés simples (voir [2]). •

L'intérêt du Théorème 7.21 est qu'il permet de paramétrer de façon très simple les matériaux composites optimaux dans la formulation homogénéisée (7.58). On se limite désormais à des **laminés simples de rang 1**, paramétrés en dimension $N = 2$ par la fraction volumique θ et un angle de lamination $\phi \in [0, \pi]$ (en dimension $N = 3$ il faudrait deux angles). Par souci de simplicité nous nous limitons maintenant au cas $N = 2$. Le tenseur homogénéisé de n'importe quel laminé simple se représente donc par la formule

$$A^*(\theta, \phi) = \begin{pmatrix} \cos\phi \, \sin\phi \\ -\sin\phi \, \cos\phi \end{pmatrix} \begin{pmatrix} \lambda_\theta^+ & 0 \\ 0 & \lambda_\theta^- \end{pmatrix} \begin{pmatrix} \cos\phi & -\sin\phi \\ \sin\phi & \cos\phi \end{pmatrix}.$$

L'ensemble admissible est donc simplifié en

$$\mathcal{U}_{ad}^L = \left\{(\theta, \phi) \in L^\infty\left(\Omega; [0, 1] \times [0, \pi]\right), \int_\Omega \theta(x)\, dx = V_\alpha\right\}, \quad (7.70)$$

où θ et ϕ sont deux variables complètement indépendantes. On désigne désormais par $J(\theta, \phi)$ la fonction objectif. Il est très facile de calculer son gradient.

Proposition 7.23. *Le critère $J(\theta, \phi)$ est différentiable par rapport à (θ, ϕ) dans $\mathcal{U}_{ad}^L$, et sa dérivée est*

$$\nabla_\phi J(\theta, \phi) = \frac{\partial A^*}{\partial \phi}\nabla u \cdot \nabla p, \quad (7.71)$$

$$\nabla_\theta J(\theta, \phi) = \frac{\partial A^*}{\partial \theta}\nabla u \cdot \nabla p \quad (7.72)$$

où u est l'état, solution de (7.60), et p est l'adjoint, solution de (7.62).

Démonstration. On compose la dérivé de J par rapport à A^* (donnée par la Proposition 7.20) avec les dérivées partielles $\frac{\partial A^*}{\partial \phi}$ et $\frac{\partial A^*}{\partial \theta}$. Il est bien sûr très simple de calculer ces dérivées partielles de A^* et nous laissons leur calcul explicite au lecteur. $\square$

7.4.3 Algorithme numérique

À partir de la Proposition 7.23 on construit facilement un algorithme de gradient projeté pour la minimisation de la fonction objectif $J(\theta, \phi)$. Les formules (7.71) et (7.72) fournissent les dérivées partielles de $J(\theta, \phi)$. L'angle ϕ n'est pas restreint, donc on peut lui appliquer un simple algorithme de gradient à pas fixe. Par contre, la fraction volumique θ doit rester entre 0 et 1 et satisfaire une contrainte de volume. On lui applique donc un algorithme de gradient projeté à pas fixe.

Fig. 7.6. Fraction volumique θ (échelle de 0 à 1 en allant du blanc au noir) pour le problème (7.73).

1. On **initialise** les paramètres de forme θ_0 et ϕ_0 (par exemple, égaux à des constantes).

2. Jusqu'à convergence, pour $k \geq 0$ on **itère** en calculant l'état u_k et l'état adjoint p_k, solutions de (7.60) et (7.62) respectivement avec les précédents paramètres de forme (θ_k, ϕ_k), puis on **met à jour** ces paramètres par

$$\theta_{k+1} = \max\left(0, \min\left(1, \theta_k - t_k\left(\ell_k + \frac{\partial A^*}{\partial \theta}(\theta_k, \phi_k)\nabla u_k \cdot \nabla p_k\right)\right)\right)$$

$$\phi_{k+1} = \phi_k - t_k\frac{\partial A^*}{\partial \phi}(\theta_k, \phi_k)\nabla u_k \cdot \nabla p_k$$

avec ℓ_k un multiplicateur de Lagrange pour la contrainte de volume (voir l'exemple (3.48) pour la détermination itérative de la valeur de ℓ_k), et $t_k > 0$ un pas de descente tel que $J(\theta_{k+1}, \phi_{k+1}) < J(\theta_k, \phi_k)$.

Une telle méthode de gradient converge toujours vers un minimum local, et sa vitesse de convergence est en partie gouvernée par l'efficacité d'une méthode de "line search" pour trouver un bon pas de descente t_k. On peut l'accélérer par une méthode de gradient conjugué ou par une méthode de Newton. Dans ce qui suit nous allons présenter des graphiques de la fraction volumique θ qui varie entre 0 et 1. L'échelle de couleur va du blanc (0) au noir (1).

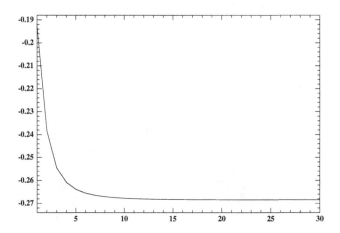

Fig. 7.7. Historique de convergence : fonction objectif en fonction du nombre d'itérations pour le problème (7.73).

Donnons un exemple d'application de cet algorithme numérique pour le problème suivant de maximisation de la compliance. On minimise

$$\min_{(\theta,A^*)\in\mathcal{U}_{ad}^L}\left\{J(\theta,A^*)=-\int_\Omega u(x)dx\right\},\qquad(7.73)$$

où u est la solution de

$$\begin{cases} -\text{div}\,(A^*\nabla u)=1 \text{ dans } \Omega \\ u=0 \qquad\qquad\quad \text{ sur } \partial\Omega, \end{cases}\qquad(7.74)$$

et l'état adjoint est simplement $p = u$. Dans ce cas, le Théorème 7.21 affirme qu'à l'optimum on a forcément $A^*\nabla u = \lambda_\theta^-\nabla u$. Par conséquent, on ne pratique pas l'algorithme de gradient sur l'angle de lamination qu'on choisit à chaque itération tel que $A^*\nabla u = \lambda_\theta^-\nabla u$.

On résout (7.73) dans le domaine $\Omega = (0,1)^2$ avec les phases $\alpha = 1$ et $\beta = 2$. On fixe une contrainte de volume de 50% de α. On initialise avec une valeur constante de $\theta = 0.5$. La Figure 7.6 montre la fraction volumique optimale θ. L'algorithme converge très rapidement (bien avant les 30 itérations utilisées ici) comme le montre la Figure 7.7.

Si l'on interprète le problème (7.74) comme une membrane soumise à un chargement uniforme, la maximisation de la compliance revient à chercher la membrane la moins solide possible ! Effectivement, les résultats montrent que le matériau le plus faible est placé le long des bords de Ω (où la membrane est fixée), alors que le plus rigide est au centre et près des coins. En fait, la vraie motivation mécanique de ce problème est la **maximisation de la**

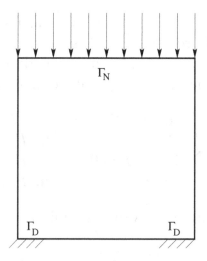

Fig. 7.8. Conditions aux limites pour le radiateur optimal (7.76).

rigidité à la torsion d'une section de barre (voir par exemple le tome II de [157]). Il s'agit d'un des premiers cas test numériques de la littérature (voir [2], [75], [78]). Dans ce cas, α et β sont les inverses des modules de Young, et donc le plus rigide est α, placé sur les bords, et le plus mou est β, placé au centre (ce qui correspond bien à l'intuition mécanique). Remarquons que seule une petite partie du domaine est effectivement occupée par du matériau composite. Il s'agit d'une situation exceptionnelle comme le montre l'exemple suivant.

Fig. 7.9. Initialisation et forme optimale homogénéisée du radiateur optimal (fraction volumique θ variant de 0 à 1, du blanc au noir).

Étudions un autre exemple que nous qualifierons de **"radiateur optimal"**. On considère l'optimisation d'un dispositif de refroidissement constitué de deux matériaux isotropes de conductivité $\alpha = 0.01$ et $\beta = 1$, en proportions $50, 50\%$, dans un domaine $\Omega = (0, 1)^2$. Les conditions aux limites sont indiquées à la Figure 7.8. On applique un flux de chaleur uniforme sur le bord supérieur, la température est fixée nulle sur les deux extrémités du bord inférieur, et le reste du bord est supposé isolé (paroi adiabatique). Par conséquent, le flux de chaleur imposé ne peut sortir du domaine que par les deux extrémités du bord inférieur. La température, noté u, est solution de

$$
\begin{cases}
-\operatorname{div}\left(A^{*}\nabla u\right)=0 \text{ dans } \Omega \\
A^{*}\nabla u \cdot n = 1 & \text{sur } \Gamma_N \\
A^{*}\nabla u \cdot n = 0 & \text{sur } \Gamma \\
u = 0 & \text{sur } \Gamma_D.
\end{cases}
\tag{7.75}
$$

Pour optimiser ce radiateur on veut minimiser la température sur le bord

Fig. 7.10. Forme optimale pénalisée du radiateur optimal.

supérieur

$$
\min_{(\theta,A^{*})\in\mathcal{U}_{ad}^{L}}\left\{ J(\theta,A^{*})=\int_{\Gamma_N} u\,ds\right\},
\tag{7.76}
$$

qui est encore un problème auto-adjoint avec $p=-u$. Dans ce cas, le Théorème 7.21 implique qu'à l'optimum on a forcément $A^{*}\nabla u = \lambda_{\theta}^{+}\nabla u$. Encore une fois, on ne pratique pas l'algorithme de gradient sur l'angle de lamination qu'on choisit à chaque itération tel que $A^{*}\nabla u = \lambda_{\theta}^{+}\nabla u$. Remarquons que ce choix revient à convexifier le problème d'origine, ou bien à appliquer un algorithme d'optimisation paramétrique de l'épaisseur. On utilise le même algorithme que précédemment et on obtient le résultat de la Figure 7.9 qui contient une large zone occupée par des matériaux composites. La courbe de convergence se trouve à la Figure 7.11.

Pour obtenir une forme "classique" qui ne contient pas de zone composite, on peut appliquer une technique de **pénalisation** qui force la densité θ à ne prendre que les valeurs 0 et 1 (voir la Sous-section 7.5.5 ci-dessous pour plus de détails sur la pénalisation). Le résultat de cette pénalisation est présenté à la Figure 7.10.

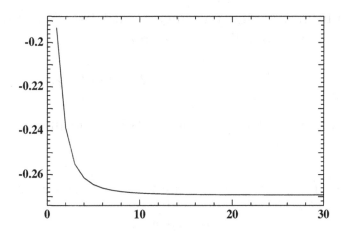

Fig. 7.11. Historique de convergence pour l'optimisation du radiateur (7.76).

7.5 Généralisation en élasticité

7.5.1 Problème modèle

Nous revenons au modèle de la Sous-section 1.2.4, c'est-à-dire à l'optimisation de structures élastiques. Pour pouvoir appliquer la méthode d'homoeagénéisation, nous allons nous limiter à la minimisation de la compliance. Considérons un domaine de travail borné $D \in \mathbb{R}^N$ ($N = 2, 3$ est la dimension de l'espace), dans lequel on cherche une forme optimale $\Omega \subset D$. Soit $\Gamma_D \neq \emptyset$ et $\Gamma_N \neq \emptyset$ deux parties du bord de D qui supporterons respectivement une condition aux limites de Dirichlet (la forme est fixée sur Γ_D) et une condition aux limites de Neumann (des efforts surfaciques g sont appliqués sur Γ_N). On suppose que le bord de Ω est composé de trois parties (voir la Figure 7.12)

$$\partial\Omega = \Gamma \cup \Gamma_N \cup \Gamma_D \quad \text{avec} \quad \Gamma_N \cup \Gamma_D \subset \partial D,$$

où Γ est une frontière libre de tout effort. La forme Ω est occupée par un matériau élastique, linéaire et isotrope, de loi de Hooke A caractérisée par des coefficients de Lamé μ et λ,

$$\sigma = Ae(u) = 2\mu e(u) + \lambda\big(\operatorname{tr} e(u)\big)I.$$

Le déplacement u est donc solution du modèle de l'élasticité linéarisée

$$\begin{cases} \sigma = Ae(u) \text{ avec } e(u) = \frac{1}{2}\left(\nabla u + (\nabla u)^t\right), \\ \operatorname{div}\sigma = 0 \quad \text{dans } \Omega \\ u = 0 \qquad \text{sur } \Gamma_D \\ \sigma n = g \qquad \text{sur } \Gamma_N \\ \sigma n = 0 \qquad \text{sur } \Gamma. \end{cases} \tag{7.77}$$

On définit un ensemble de formes admissibles

$$\mathcal{U}_{ad} = \{\Omega \subset D, \ \Gamma_D \cup \Gamma_N \subset \partial\Omega\}, \tag{7.78}$$

et pour un multiplicateur de Lagrange positif fixé $\ell > 0$ on minimise une somme pondérée de la compliance et du poids

$$\inf_{\Omega \in \mathcal{U}_{ad}} \left\{ J(\Omega) = c(\Omega) + \ell V(\Omega) \right\}, \qquad (7.79)$$

où $V(\Omega) = \int_\Omega dx$ est le volume ou le poids de la forme Ω. Rappelons que la compliance est définie par

$$c(\Omega) = \int_{\Gamma_N} g \cdot u \, ds = \min_{\substack{\text{div}\sigma = 0 \text{ dans } \Omega \\ \sigma n = g \text{ sur } \Gamma_N \\ \sigma n = 0 \text{ sur } \Gamma}} \int_\Omega A^{-1}\sigma \cdot \sigma \, dx. \qquad (7.80)$$

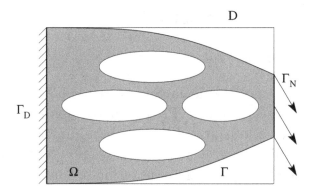

Fig. 7.12. Forme admissible Ω dans le domaine de travail D.

En suivant la démarche adoptée précédemment pour un problème de membrane ou de conduction, on peut aussi appliquer la méthode d'homogénéisation au problème d'optimisation de structures élastiques (7.79). L'idée principale est d'élargir l'espace des formes admissibles en autorisant les matériaux composites "poreux" obtenus par homogénéisation du matériau élastique d'origine A et du vide (ou trous). Plus précisément, on commence par remplir les trous d'un matériau "mou" B afin de se retrouver dans le cadre habituel de l'homogénéisation de deux constituants (on fera ultérieurement tendre B vers 0 pour retrouver le vide ; cette approximation peut se justifier [2] mais nous ne le ferons pas ici). On considère alors les matériaux composites constitués des deux phases A et B qui sont caractérisés par deux fonctions : $\theta(x)$, la proportion volumique locale de matériau A (prenant ses valeurs entre 0 et 1), et $A^*(x)$, le tenseur homogénéisé correspondant à sa microstructure. L'ensemble admissible homogénéisé est

$$\mathcal{U}_{ad}^* = \left\{ (\theta, A^*) \in L^\infty \left(D; [0,1] \times \mathbb{R}^{N^4} \right), A^*(x) \in G_{\theta(x)} \text{ dans } D \right\},$$

où G_θ est la généralisation aux équations de l'élasticité de l'ensemble introduit à la Définition 7.6. Le problème homogénéisé est

$$\begin{cases} \sigma = A^*e(u) \text{ avec } e(u) = \frac{1}{2}\left(\nabla u + (\nabla u)^t\right), \\ \operatorname{div}\sigma = 0 \quad \text{dans } D, \\ u = 0 \quad \text{sur } \Gamma_D \\ \sigma n = g \quad \text{sur } \Gamma_N \\ \sigma n = 0 \quad \text{sur } \partial D \setminus (\Gamma_D \cup \Gamma_N). \end{cases} \tag{7.81}$$

La compliance homogénéisée est définie par

$$c(\theta, A^*) = \int_{\Gamma_N} g \cdot u \, ds = \min_{\substack{\operatorname{div}\sigma = 0 \text{ dans } D \\ \sigma n = g \text{ sur } \Gamma_N \\ \sigma n = 0 \text{ sur } \partial D \setminus \Gamma_N \cup \Gamma_D}} \int_D A^{*-1}\sigma \cdot \sigma \, dx. \tag{7.82}$$

Le problème d'optimisation **relaxé ou homogénéisé** s'écrit donc

$$\min_{(\theta, A^*) \in \mathcal{U}_{ad}^*} \left\{ J(\theta, A^*) = c(\theta, A^*) + \ell \int_D \theta(x) \, dx \right\}. \tag{7.83}$$

Cependant, la formulation relaxée (7.83) n'est pas encore entièrement explicite puisque l'on n'a pas encore donné de caractérisation explicite de l'ensemble G_θ dans le cadre de l'élasticité! Malheureusement, une telle caractérisation est inconnue en élasticité. Cependant, le choix particulier de la compliance dans la fonction objectif permet de se passer de la connaissance complète de G_θ, et de se limiter à la détermination de **bornes optimales** sur l'énergie homogénéisée.

En effet, on peut échanger l'ordre des minimisations en σ et (θ, A^*) dans (7.82)-(7.83). Puis, comme l'homogénéisation est un phénomène local, la minimisation en (θ, A^*) est à effectuer de façon indépendante en chaque point x du domaine. On peut alors réécrire (7.83) sous la forme

$$\min_{(\theta, A^*) \in \mathcal{U}_{ad}^*} J(\theta, A^*) = \min_{\substack{\operatorname{div}\sigma = 0 \text{ dans } D \\ \sigma n = g \text{ sur } \Gamma_N \\ \sigma n = 0 \text{ sur } \partial D \setminus \Gamma_N \cup \Gamma_D}} \left\{ \int_D \min_{\substack{A^* \in G_\theta \\ 0 \le \theta \le 1}} \left(A^{*-1}\sigma \cdot \sigma + \ell\theta\right) dx \right\}.$$

Or, pour un tenseur des contraintes admissible fixé σ, la minimisation de l'énergie complémentaire

$$\min_{A^* \in G_\theta} A^{*-1}\sigma \cdot \sigma$$

est un problème classique en homogénéisation qu'on désigne sous le nom de problème de borne optimale sur l'énergie effective d'un matériau composite. Nous allons brièvement étudier sa résolution dans la Sous-section 7.5.3. Nous verrons qu'il suffit de restreindre G_θ à son sous-ensemble L_θ des laminés séquentiels (définis dans la Sous-section 7.3.3). L'intérêt essentiel de ces matériaux laminés séquentiels est qu'ils sont optimaux et que leur loi de Hooke est donnée par une formule explicite.

7.5.2 Formule de lamination en élasticité

On peut facilement généraliser au cas de l'élasticité les formules de lamination de la Sous-section 7.3.3, obtenues dans le cadre d'une équation de membrane ou de conduction. On considère deux phases isotropes A et B dont les tenseurs d'élasticité sont donnés, pour toute matrice symétrique ξ, par

$$A\xi = 2\mu_A \xi + \lambda_A (\operatorname{tr} \xi) I, \quad B\xi = 2\mu_B \xi + \lambda_B (\operatorname{tr} \xi) I,$$

où I est la matrice identité, et $(\mu_{A,B}, \lambda_{A,B})$ sont les coefficients de Lamé des phases. Rappelons que $\lambda_{A,B}$ est défini par

$$\lambda_{A,B} = \kappa_{A,B} - \frac{2}{N} \mu_{A,B},$$

et que les modules de cisaillement $\mu_{A,B}$ et de compression isotrope $\kappa_{A,B}$ sont toujours positifs. On suppose que B est un matériau plus faible que A au sens où

$$0 < \mu_B < \mu_A, \quad 0 < \kappa_B < \kappa_A.$$

Contrairement à ce que nous avions fait précédemment nous allons écrire la formule de lamination en fonctions des tenseurs inverses A^{-1}, B^{-1} et A^{*-1} (qui s'appliquent à des contraintes plutôt qu'à des déformations) car c'est sous cette forme que la formule nous sera utile en optimisation de formes. Dans ce cadre il est plus commode de travailler en contraintes plutôt qu'en déformations, c'est-à-dire qu'on utilise une caractérisation variationnelle duale ou complémentaire de (7.41) (voir la Section 2.2.2). Plus précisément, le tenseur A^{*-1} est caractérisé par

$$A^{*-1}\sigma \cdot \sigma = \min_{\substack{\tau(y) \in L^2_{\#}(Y)^{N^2} \\ \operatorname{div}\tau(y) = 0 \\ \int_Y \tau(y) dy = 0}} \int_Y (\chi A + (1-\chi)B)^{-1} (\sigma + \tau) \cdot (\sigma + \tau) \, dy \quad (7.84)$$

où $L^2_{\#}(Y)^{N^2}$ est l'espace des champs de contrainte périodiques de carré intégrable dans Y, et $\chi(y)$ est la fonction caractéristique de la phase A. Dans le cas d'un laminé simple, $\chi(y)$ est défini par (7.30) (voir la Figure 7.3). En cherchant une solution du problème de minimisation (7.84) sous la forme d'un champ de contrainte constant dans chacune des deux phases, un calcul algébrique, simple dans le principe (voir par exemple [2]), conduit au résultat suivant.

Lemme 7.24. *Soit A^* un matériau composite laminé simple, obtenu par mise en couches de A et B, en proportions θ et $(1-\theta)$, dans la direction e. Alors*

$$(1-\theta)\left(A^{*-1} - A^{-1}\right)^{-1} = (B^{-1} - A^{-1})^{-1} + \theta f_A(e) \quad (7.85)$$

où $f_A(e)$ est un tenseur d'ordre 4 défini, pour toute matrice symétrique ξ, par la forme quadratique

$$f_A(e)\xi \cdot \xi = A\xi \cdot \xi - \frac{1}{\mu_A}|A\xi e|^2 + \frac{\mu_A + \lambda_A}{\mu_A(2\mu_A + \lambda_A)}((A\xi)e \cdot e)^2. \quad (7.86)$$

On peut encore réitérer ce procédé de lamination comme expliqué dans la Sous-section 7.3.3. En laminant p fois de suite le précédent composite laminé avec la même phase A on obtient un laminé séquentiel de rang p dont les propriétés sont données par le résultat suivant [2], [71].

Proposition 7.25. *Soit A^* un laminé séquentiel de rang p obtenu par mélange d'une matrice A et d'inclusion B, en proportion θ et $(1-\theta)$ respectivement, de directions de laminations $(e_i)_{1\leq i\leq p}$ et de paramètres de lamination $(m_i)_{1\leq i\leq p}$ qui vérifient $0 \leq m_i \leq 1$ et $\sum_{i=1}^{p} m_i = 1$. Alors*

$$(1-\theta)\left(A^{*-1} - A^{-1}\right)^{-1} = (B^{-1} - A^{-1})^{-1} + \theta\sum_{i=1}^{p} m_i f_A(e_i) \quad (7.87)$$

où $f_A(e_i)$ est défini par (7.86).

7.5.3 Bornes de Hashin et Shtrikman en élasticité

En élasticité on ne connaît pas explicitement l'ensemble G_θ de tous les matériaux composites obtenus par mélange de deux phases élastiques isotropes. La méthode utilisée dans la Sous-section 7.3.5, qui est basée sur le principe variationnel de Hashin et Shtrikman permet seulement d'obtenir des bornes sur l'ensemble G_θ mais pas de le caractériser complètement. En effet, il existe des tenseurs d'élasticité qui vérifient ces bornes mais qui ne sont pas des tenseurs de matériaux composites. Contentons nous de donner sans démonstration le résultat le plus célèbre sur ces bornes de Hashin et Shtrikman (voir [71], [95], [128], [2] pour plus de détails).

Théorème 7.26. *Soit A^* un tenseur d'élasticité homogénéisé dans G_θ que l'on suppose isotrope, c'est-à-dire que, pour toute matrice symétrique ξ,*

$$A^*\xi = 2\mu_*\xi + \left(\kappa_* - \frac{2\mu_*}{N}\right)(\operatorname{tr}\xi)I.$$

Ses modules de compression isotrope κ_* et de cisaillement μ_* vérifient

$$\frac{\theta}{\kappa_* - \kappa_B} \leq \frac{1}{\kappa_A - \kappa_B} + \frac{1-\theta}{2\mu_B + \lambda_B} \quad (7.88)$$

$$\frac{1-\theta}{\kappa_A - \kappa_*} \leq \frac{1}{\kappa_A - \kappa_B} - \frac{\theta}{2\mu_A + \lambda_A} \quad (7.89)$$

et

$$\frac{\theta}{2(\mu_* - \mu_B)} \leq \frac{1}{2(\mu_A - \mu_B)} + \frac{(1-\theta)(N-1)(\kappa_B + 2\mu_B)}{(N^2 + N - 2)\mu_B(2\mu_B + \lambda_B)} \qquad (7.90)$$

$$\frac{1-\theta}{2(\mu_A - \mu_*)} \leq \frac{1}{2(\mu_A - \mu_B)} - \frac{\theta(N-1)(\kappa_A + 2\mu_A)}{(N^2 + N - 2)\mu_A(2\mu_A + \lambda_A)}. \qquad (7.91)$$

De plus, les bornes inférieures (7.88) et (7.90) (respectivement, les bornes supérieures (7.89) et (7.91)) sont simultanément atteintes par un laminé séquentiel de rang p avec $p = 3$ si $N = 2$, et $p = 6$ si $N = 3$.

Bien que l'on ne connaisse pas exactement l'ensemble G_θ, le principe variationnel de Hashin et Shtrikman permet d'établir des **bornes optimales** sur l'énergie effective ou homogénéisée d'un matériau composite. Dans le contexte de l'optimisation de formes, cela nous permettra de donner une formulation relaxée, ou homogénéisée, entièrement explicite de la minimisation de la compliance. Dans ce cadre, l'énergie qui nous sera utile est l'énergie duale ou complémentaire : si σ est la valeur moyenne locale d'un champ de contraintes et si A^* est le tenseur d'élasticité homogénéisé d'un matériau composite, l'énergie complémentaire homogénéisée est la quantité $A^{*-1}\sigma \cdot \sigma$ définie par (7.84).

Proposition 7.27. *Soit G_θ l'ensemble des tenseurs d'élasticité homogénéisés obtenus par mélange des phases A et B en proportions θ et $(1-\theta)$. Soit L_θ le sous-ensemble de G_θ constitués des matériaux composites laminés. Pour tout tenseur de contrainte σ,*

$$HS(\sigma) = \min_{A^* \in G_\theta} A^{*-1}\sigma \cdot \sigma = \min_{A^* \in L_\theta} A^{*-1}\sigma \cdot \sigma, \qquad (7.92)$$

et le minimum dans (7.92) est atteint par un laminé séquentiel de rang N dont les directions de lamination coïncident avec les vecteurs propres de la matrice σ.

Remarque 7.28. L'égalité (7.92) est appelée une **borne de Hashin et Shtrikman** sur l'énergie. Cette borne est dite **optimale** car, pour chaque valeur de la contrainte σ, il existe une microstructure A^* (ici, un laminé séquentiel de rang N) qui réalise le minimum dans (7.92). Un tel tenseur optimal A^* peut s'interpréter comme le matériau composite le **plus rigide** possible sous la contrainte σ dans l'ensemble G_θ.

La propriété d'alignement du laminé optimal avec les directions principales de la contrainte σ n'est pas un postulat mais plutôt un résultat rigoureux de la théorie de l'homogénéisation. On retrouve ainsi des principes mécaniques bien connus comme celui d'optimalité des structures en treillis de Michell [141], [145], [153]. •

Lorsque le matériau faible est dégénéré, $B = 0$, c'est-à-dire lorsque l'on considère des matériaux composites micro-perforés, on peut calculer explicitement la valeur du minimum $HS(\sigma)$ dans la Proposition 7.27. Désormais, on désigne par (μ, λ) les coefficients de Lamé de la phase A, en oubliant l'indice pour simplifier l'écriture. On note $(\sigma_i)_{1 \leq i \leq N}$ et $(e_i)_{1 \leq i \leq N}$ les valeurs et vecteurs propres orthonormalisés de la matrice (symétrique donc diagonalisable) σ. Un calcul fastidieux (voir [2]) conduit à

$$HS(\sigma) = A^{-1}\sigma \cdot \sigma + \frac{1-\theta}{\theta} g^*(\sigma),$$

avec, en dimension $N = 2$,

$$g^*(\sigma) = \frac{\kappa + \mu}{4\mu\kappa}(|\sigma_1| + |\sigma_2|)^2. \tag{7.93}$$

De plus, si $N = 2$, un laminé séquentiel de rang 2, optimal pour la minimisation (7.92), est caractérisé par ses paramètres de lamination

$$m_1 = \frac{|\sigma_2|}{|\sigma_1| + |\sigma_2|}, \quad m_2 = \frac{|\sigma_1|}{|\sigma_1| + |\sigma_2|}. \tag{7.94}$$

En dimension $N = 3$, les formules sont nettement plus compliquées. Contentons nous de les donner dans un cas particulier simple, à savoir lorsque le module de Poisson du matériau A est nul, i.e. $\lambda = 0$. Dans ce cas, on numérote les valeurs propres de σ de telle façon que $|\sigma_1| \leq |\sigma_2| \leq |\sigma_3|$, et on a

$$g^*(\sigma) = \frac{1}{4\mu} \begin{cases} (|\sigma_1| + |\sigma_2| + |\sigma_3|)^2 & \text{si } |\sigma_3| \leq |\sigma_1| + |\sigma_2| \\ 2\left((|\sigma_1| + |\sigma_2|)^2 + |\sigma_3|^2\right) & \text{si } |\sigma_3| \geq |\sigma_1| + |\sigma_2| \end{cases}$$

et un laminé séquentiel de rang 3, optimal pour la minimisation (7.92), est donné par ses paramètres

$$m_1 = \frac{|\sigma_3| + |\sigma_2| - |\sigma_1|}{|\sigma_1| + |\sigma_2| + |\sigma_3|}, \quad m_2 = \frac{|\sigma_1| - |\sigma_2| + |\sigma_3|}{|\sigma_1| + |\sigma_2| + |\sigma_3|}, \quad m_3 = \frac{|\sigma_1| + |\sigma_2| - |\sigma_3|}{|\sigma_1| + |\sigma_2| + |\sigma_3|}, \tag{7.95}$$

si $|\sigma_3| \leq |\sigma_1| + |\sigma_2|$, et

$$m_1 = \frac{|\sigma_2|}{|\sigma_1| + |\sigma_2|}, \quad m_2 = \frac{|\sigma_1|}{|\sigma_1| + |\sigma_2|}, \quad m_3 = 0 \tag{7.96}$$

sinon.

Remarque 7.29. On peut interpréter mécaniquement les formules (7.95) et (7.96) donnant le laminé séquentiel le plus rigide possible sous la contrainte σ. Lorsque la contrainte est relativement isotrope (i.e. $|\sigma_3| < |\sigma_1| + |\sigma_2|$), on trouve que tous les paramètres m_i sont strictement positif. Dans ce cas le laminé séquentiel ressemble à une matrice de matériau A percé par des trous isolés (un peu comme une mousse ou une éponge). Au contraire si la contrainte est presque uniaxiale (i.e. $|\sigma_3| \geq |\sigma_1| + |\sigma_2|$), alors il n'y a pas de lamination dans la direction e_3 car $m_3 = 0$. Dans ce cas le laminé séquentiel ressemble au matériau A percé de longs tubes creux alignés dans la direction principale des efforts e_3. ●

7.5.4 Formulation homogénéisée de l'optimisation

Rappelons la formulation relaxée ou homogénéisée de la minimisation de la compliance

$$
\min_{\substack{A^* \in G_\theta \\ 0 \le \theta \le 1}} J(\theta, A^*) = \min_{\substack{\operatorname{div}\sigma = 0 \text{ dans } D \\ \sigma n = g \text{ sur } \Gamma_N \\ \sigma n = 0 \text{ sur } \partial D \setminus \Gamma_N \cup \Gamma_D}} \left\{ \int_D \min_{\substack{A^* \in G_\theta \\ 0 \le \theta \le 1}} \left(A^{*-1}\sigma \cdot \sigma + \ell\theta \right) dx \right\}.
$$

$$(7.97)$$

Dans cette formulation relaxée on peut remplacer l'ensemble G_θ (inconnu!) par son sous-ensemble L_θ des composites laminés et on a

$$
\min_{A^* \in G_\theta} A^{*-1}\sigma \cdot \sigma = \min_{A^* \in L_\theta} A^{*-1}\sigma \cdot \sigma = A_\sigma^{*-1}\sigma \cdot \sigma \qquad (7.98)
$$

où A_σ^* est le laminé séquentiel optimal de rang N dans cette minimisation. Rappelons qu'il s'agit d'un laminé séquentiel de matrice A et d'inclusions vides dont le tenseur d'élasticité est donné par

$$
A_\sigma^{*-1} = A^{-1} + \frac{1-\theta}{\theta} \left(\sum_{i=1}^{N} m_i f_A(e_i) \right)^{-1}, \qquad (7.99)
$$

avec $(e_i)_{1 \le i \le N}$ les vecteurs propres normalisés de σ, $(m_i)_{1 \le i \le N}$ les proportions de lamination données par les formules explicites (7.94), (7.95), ou (7.96), et $f_A(e_i)$ le tenseur d'ordre 4 défini par (7.86). En dimension $N = 2$ on peut expliciter un peu plus la formule (7.99) : dans la base (e_1, e_2) des vecteurs propres de σ les composantes de A_σ^* sont

$$
A_{1111}^* = \frac{4\kappa\mu(\kappa+\mu)\theta(m_1 + (1-\theta)m_2)m_2}{4\kappa\mu \, m_1 m_2 \theta^2 - (\kappa+\mu)^2(1-\theta)}
$$

$$
A_{1122}^* = A_{2211}^* = \frac{4\kappa\mu(\kappa-\mu)\theta^2 m_1 m_2}{4\kappa\mu \, m_1 m_2 \theta^2 - (\kappa+\mu)^2(1-\theta)}
$$

$$
A_{2222}^* = \frac{4\kappa\mu(\kappa+\mu)\theta(m_2 + (1-\theta)m_1)m_1}{4\kappa\mu \, m_1 m_2 \theta^2 - (\kappa+\mu)^2(1-\theta)}
$$

$$
A_{1212}^* = A_{1211}^* = A_{1222}^* = 0 \, .
$$

Remarquons que A^* est singulier (non inversible) et qu'il faut donc le régulariser (en remplaçant le 0 par un petit $\epsilon > 0$ dans la dernière ligne) pour pouvoir résoudre numériquement les équations de l'élasticité (cf. [2], [4]).

Après cette étape cruciale, la minimisation par rapport à la densité θ est aisément faite à la main, ce qui termine le calcul explicite des paramètres de la forme composite optimale pour un tenseur de contraintes donné σ. Citons simplement pour l'exemple la valeur optimale de la densité en 2-D

$$\theta_{opt} = \min\left(1, \sqrt{\frac{\kappa + \mu}{4\mu\kappa\ell}}\left(|\sigma_1| + |\sigma_2|\right)\right).$$ (7.100)

Seule la minimisation en σ reste à faire numériquement par une méthode d'éléments finis. On peut alors démontrer le théorème suivant (cf. [2], [4])

Théorème 7.30. *La formulation homogénéisée (7.97) est la relaxation du problème d'optimisation de formes (7.79) au sens où,* **(i)** *il existe, au moins, une forme optimale composite (θ, A^*) qui minimise (7.97),* **(ii)** *toute suite minimisante de formes classiques Ω pour (7.79) converge, au sens de l'homogénéisation, vers un minimiseur (θ, A^*) de (7.97),* **(iii)** *les valeurs des minima de l'énergie originale et homogénéisée coïncident*

$$\inf_{\Omega \in \mathcal{U}_{ad}} J(\Omega) = \min_{\substack{A^* \in G_\theta \\ 0 \leq \theta \leq 1}} J(\theta, A^*).$$

Plus encore que ce théorème d'existence de solutions, l'intérêt de la méthode d'homogénéisation provient de l'algorithme numérique d'optimisation qu'on en déduit.

Remarque 7.31. On a pu obtenir une formulation homogénéisée et un théorème de relaxation pour le problème de minimisation de la compliance, grâce à la borne optimale de Hashin et Shtrikman qui permet de remplacer G_θ par L_θ. Malheureusement, pour une autre fonction objectif (comme un moindre carré pour atteindre un déplacement cible) cet échange n'est pas possible et on ne dispose donc ni d'une formulation homogénéisée explicite, ni d'un résultat de relaxation comme le Théorème 7.30 (voir néanmoins la notion de relaxation partielle dans [2]).   ●

7.5.5 Algorithme numérique d'optimisation de formes

Le principe de la méthode est de calculer une forme composite optimale pour la formulation homogénéisé (7.97), plutôt que d'essayer de trouver une forme classique quasi-optimale pour la formulation originale (7.79). En effet, rappelons que ce problème (7.79) est mal posé et n'admet pas en général de solution classique, ce qui numériquement se traduit par la présence de nombreux minima locaux correspondants à différentes initialisations ou maillage possibles. Au contraire le problème homogénéisé (7.97) admet un minimum global. De plus, l'homogénéisation transforme un difficile problème d'optimisation discrète (du type 0/1 selon qu'en un point il y a ou non du matériau) en un problème beaucoup plus simple d'optimisation continue (la densité de matériau varie continûment entre 0 et 1). Les calculs sont donc effectués sur un maillage fixe du domaine de travail D sur lequel la forme optimale sera capturée par notre algorithme.

Le problème homogénéisé (7.97) d'optimisation de formes est, comme on l'a vu, une double minimisation par rapport aux paramètres de formes (θ, A^*)

et aux tenseurs des contraintes statiquement admissibles σ. L'algorithme suivant, dit des **directions alternées** (dû à [4]), se propose de minimiser alternativement et itérativement dans chacune de ces variables :
- initialisation de la forme (θ_0, A_0^*)
- itérations $k \geq 1$ jusqu'à convergence
    - étant donnée une forme $(\theta_{k-1}, A_{k-1}^*)$, on calcule les contraintes σ_k par résolution d'un problème d'élasticité linéaire (par une méthode d'éléments finis)
    - étant donné ce tenseur des contraintes σ_k, on calcule les nouveaux paramètres de forme (θ_k, A_k^*) avec les formules explicites d'optimalité (7.94)-(7.100) faisant intervenir σ_k.

Pour l'initialisation on peut partir du domaine D plein i.e. $\theta_0 \equiv 1$, ou bien, si le volume est imposé, du matériau composite isotrope qui est optimal pour la borne supérieure de Hashin et Shtrikman (voir le Théorème 7.26) et de densité uniforme correspondant au volume imposé. La convergence est détectée lorsque la suite des paramètres de formes (θ_k, A_k^*) devient stationnaire. En général, il suffit de quelques dizaines d'itérations pour obtenir une forme optimale. Comme chaque étape de ce procédé itératif est une minimisation partielle, la valeur de la fonction objectif décroît toujours, ce qui assure la convergence de la méthode vers un point stationnaire de la fonction objectif. La partie d'optimisation des paramètres de formes est locale et facile grâce aux formules explicites. Tout l'effort de calcul porte donc sur la résolution d'une succession de problèmes d'élasticité linéaire.

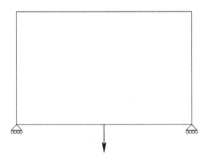

Fig. 7.13. Chargement d'un pont 2-D.

Nous présentons maintenant une série de cas tests effectués avec cet algorithme qui converge très vite indépendamment du choix initial (θ_0, A_0^*) et qui est stable par raffinement du maillage. Tous les tests sont effectués avec les données suivantes. Le module de Young E du matériau est normalisé à 1, et le module de Poisson ν est fixé à 0.3. Rappelons que le module de Young E et celui de Poisson ν sont reliés aux modules de compression et de cisaillement (κ, μ) par

$$\mu = \frac{E}{2(1+\nu)}, \quad \kappa - \frac{2}{N}\mu = \frac{E\nu}{(1+\nu)(1-2\nu)}.$$

Nous commençons par un premier exemple du type "pont en flexion" (voir la Figure 7.13 pour les conditions aux limites). Le domaine de calcul est de taille 2×1.2, discrétisé par 8650 mailles triangulaires. Le volume du pont est fixé à 30% du volume total du domaine de calcul. La forme optimale "composite" du pont est visible à la Figure 7.14. On ne trace que la densité de matière θ mais il ne faut pas oublier que la méthode d'homogénéisation calcule aussi une microstructure A^* (non représentée en général).

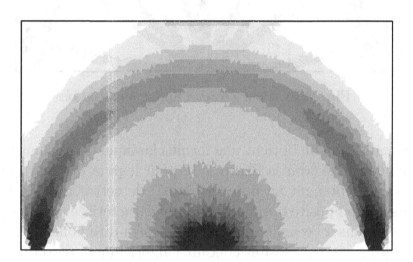

Fig. 7.14. Densité de matière du pont composite optimal (le noir indique du matériau plein, le blanc du vide, et le gris du matériau composite).

Pénalisation des zones composites.

Évidemment, cet algorithme calcule des **formes composites** alors que dans la pratique on préfère obtenir de vraies **formes classiques**. Il parait donc utile de faire disparaître les zones composites (en gris sur les figures) pour retrouver une forme nette (image blanc et noir). Pour cela on introduit une technique de **pénalisation** des densités intermédiaires qui force la densité à ne prendre que les valeurs 0 ou 1. La stratégie est la suivante : après convergence de l'algorithme vers une forme composite optimale, on effectue encore quelques itérations de l'algorithme en pénalisant les densités intermédiaires. Plus précisément, au lieu de mettre à jour les variables de formes avec la "vraie" densité optimale θ_{opt}, on utilise une valeur pénalisée θ_{pen} définie par

$$\theta_{pen} = \frac{1 - \cos(\pi\theta_{opt})}{2}.$$

Par conséquent, si $0 < \theta_{opt} < 1/2$, alors $\theta_{pen} < \theta_{opt}$, tandis que, si $1/2 < \theta_{opt} < 1$, alors $\theta_{pen} > \theta_{opt}$. Autrement dit, θ_{pen} est toujours plus proche de 0 ou de 1 que θ_{opt}. Le choix de la fonction cosinus pour pénaliser est purement arbitraire (d'autres choix sont possibles).

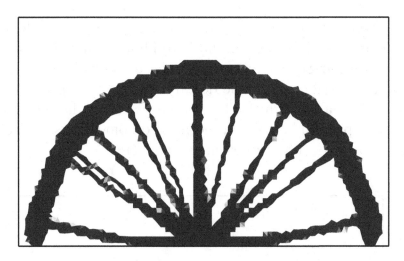

Fig. 7.15. Pont optimal après pénalisation.

Après pénalisation on obtient une forme classique (sans composite) capturée sur le maillage fixe (voir la Figure 7.15 pour le pont optimal). La raison du succès (un peu surprenant au premier abord) de cette étape de pénalisation est que la forme composite optimale est aussi caractérisée par une microstructure de perforations à l'échelle sous-maille (c'est-à-dire homogénéisée). Le fait de pénaliser les zones composites conduit l'algorithme à reproduire, au moins partiellement, cette microstructure à l'échelle du maillage. La pénalisation apparaît donc comme une projection des formes composites sur des formes classiques. Un autre argument pour expliquer le succès de la pénalisation est le Théorème 7.30 qui affirme que toute suite minimisante de formes classiques converge vers une forme composite optimale. D'un point de vue numérique la suite minimisante est la suite de solutions obtenues pour des maillage de plus en plus raffinés. La pénalisation n'est donc qu'une manière de reconstruire cette suite minimisante classique à partir de la forme composite préalablement obtenue.

Bien sûr, la forme classique quasi-optimale ainsi obtenue par projection est très dépendante du maillage. Plus ce dernier sera fin et plus elle inclura de détails liés à l'échelle du maillage. Mais du moins, cette forme classique reste proche du minimum global atteint par la forme composite optimale. Une des propriétés les plus intéressantes de cette méthode est qu'elle permet d'obtenir des **topologies très complexes** de formes optimales sans aucune connaissance a priori de la solution.

Nous renvoyons à [2] pour tous les (nombreux) détails techniques numériques (par exemple, il faut tronquer la densité près de 0 pour éviter la dégénérescence de la loi de Hooke homogénéisée). On peut aussi réintroduire les contraintes technologiques de faisabilité dans l'étape de pénalisation (voir par exemple [18], [23], [83]). Il existe de nombreuses généralisations du problème modèle présenté ici. Citons entre autres l'optimisation multi-chargements (avec plusieurs équations d'état), l'optimisation de fréquences propres de vibration, l'optimisation de modèles de plaques.

Fig. 7.16. Conditions aux limites pour le problème de la plaque-console.

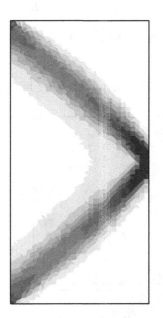 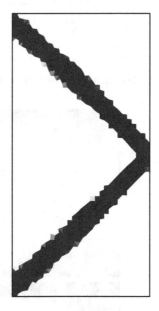

Fig. 7.17. Forme optimale d'une console courte : composite (gauche) et pénalisée (droite).

Nous étudions maintenant un problème, dit de la **plaque-console** (ou "cantilever", voir la Figure 7.16). Pour la console courte, la taille du domaine est 1×2, discrétisé par 3965 triangles. Le volume est fixé à 20% du volume total. Après 50 itérations la forme optimale homogénéisée est visible sur la gauche de la Figure 7.17. Une forme classique est alors obtenue après 20 autres itérations pénalisées sur la droite de la Figure 7.17. La convergence est régulière et rapide comme on peut le vérifier sur la Figure 7.18. On remarque que la bosse dans l'historique de convergence correspond au démarrage de la pénalisation à la cinquantième itération. Dans cet exemple, il n'est en fait pas nécessaire de pénaliser car la forme optimale composite est presqu'une forme classique. Cette forme optimale correspond d'ailleurs à la solution bien connue en théorie des treillis de Michell (voir, par exemple, [153]) qui est faite de deux barres se joignant à angle droit.

Pour la console longue, la taille du domaine est 2×1, discrétisé par 6238 triangles. Le volume est fixé à 40% du volume total. Après 60 itérations la forme optimale homogénéisée est visible sur la gauche de la Figure 7.19. Une forme classique est alors obtenue après 40 autres itérations pénalisées sur la

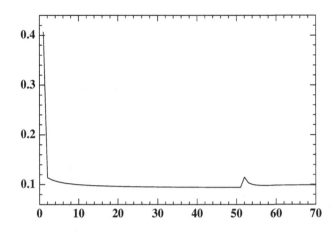

Fig. 7.18. Historique de convergence de la fonction objectif pour la console courte.

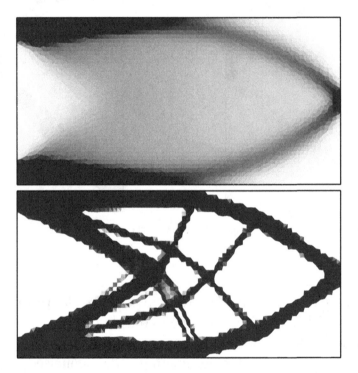

Fig. 7.19. Forme optimale d'une console longue : composite (haut) et pénalisée (bas).

droite de la Figure 7.19. La convergence est encore régulière et rapide (voir la Figure 7.20). La forme pénalisée est très différente de la forme composite alors que la fonction objectif n'a pas augmenté de plus de 5 à 10%.

La méthode fonctionne aussi en dimension 3 d'espace, comme on peut le constater sur la Figure 7.21 (produite à l'aide du code sol de F. Jouve).

Remarque 7.32. Tous les calculs 2-d présentés ici ont été effectués avec le logiciel d'éléments finis FreeFem++ (voir [98]). Les programmes correspondants sont disponibles sur le web, comme précisé dans l'introduction, et décrits dans la publication [10]. En particulier le logiciel FreeFem++ utilise des

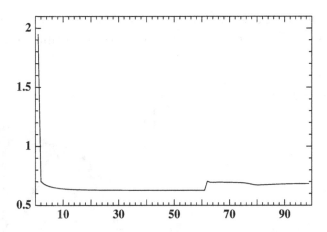

Fig. 7.20. Historique de convergence de la fonction objectif pour la console longue.

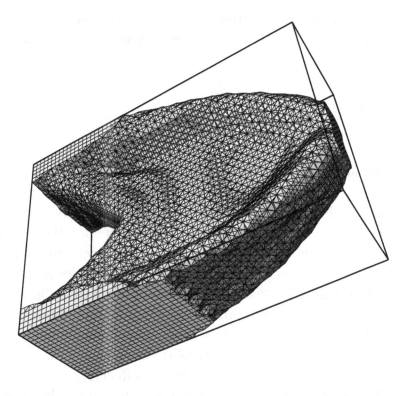

Fig. 7.21. Console optimale en 3-D (déplacements nuls sur la face de gauche, force ponctuelle dirigée vers la bas au milieu de la face de droite).

maillages triangulaires non structurés qui ne vérifient donc aucune propriété de symétrie. Pour cette raison les formes obtenues ne sont pas symétriques même si le problème l'est. Bien sûr, on obtiendrait des formes symétriques si le maillage l'était (voir la Figure 7.22). Par ailleurs, l'habitude en mécanique numérique est d'utiliser des maillages quadrangulaires plutôt que triangulaires. Il se trouve que, pour l'optimisation de forme topologique, cette habitude est amplement justifiée car les formes optimales obtenues sur maillage quadrangulaire sont de "meilleure qualité" que celles provenant de maillages triangulaires (voir, par exemple, [2]). En dehors de la différence du nombre de degrés de liberté (ou sommets) par rapport au nombre d'éléments, il ne semble pas y avoir d'explication convaincante à ce phénomène...   •

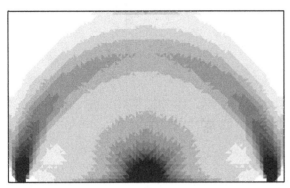

Fig. 7.22. Pont optimal pour la méthode d'homogénéisation avec un maillage structuré et symétrique de 7680 triangles : forme homogénéisée (gauche) et pénalisée (droite).

7.5.6 Convexification et "matériaux fictifs".

La méthode numérique que nous venons de décrire pour le calcul de formes optimales par homogénéisation semble un peu bizarre à y bien réfléchir : après avoir introduit la théorie de l'homogénéisation, la notion de formes généralisées ou composites, des formules explicites (mais compliquées) pour les laminés séquentiels optimaux, on se débarrasse de tout cet arsenal en pénalisant les densités intermédiaires et en évitant de faire appel à des matériaux composites dans la forme finale. Ce "gâchis" apparent suggère d'utiliser une méthode plus simple. Puisqu'à la fin on élimine ces états intermédiaires, pourquoi ne pas les représenter de manière plus simple, par exemple, on n'introduisant qu'un seule paramètre de forme, la densité de matière $\theta \in [0, 1]$, en oubliant la microstructure des trous A^* ? Cette approche a effectivement été étudiée, sous le nom de méthode de convexification ou bien des **matériaux fictifs**, mais nous allons voir qu'elle est **moins efficace** que la méthode d'homogénéisation.

Cette méthode de convexification ou des "matériaux fictifs" consiste à étudier le problème

$$\begin{cases} \sigma = \theta(x) A e(u) & \text{avec } e(u) = \frac{1}{2} \left(\nabla u + (\nabla u)^t \right) \\ \operatorname{div}\sigma = 0 & \text{dans } D \\ u = 0 & \text{sur } \Gamma_D \\ \sigma n = g & \text{sur } \Gamma_N \\ \sigma n = 0 & \text{sur } \Gamma. \end{cases} \tag{7.101}$$

où $\theta(x)$ est une fonction de densité de matière prenant ses valeurs entre 0 et 1. Par rapport à la méthode d'homogénéisation, on a remplacé dans l'équation homogénéisé (7.81) le tenseur composite A^* par θA qui est, en vertu de l'inégalité (7.42), une borne supérieure (dite de la moyenne arithmétique). On remplace donc un vrai matériau composite A^* par une estimation plus rigide θA (cette méthode pêche donc par excès d'optimisme). Le but est comme toujours de minimiser une somme pondérée de la compliance et du poids

$$\min_{0 \leq \theta(x) \leq 1} \left\{ J(\theta) = c(\theta) + \ell \int_D \theta(x) \right\}. \tag{7.102}$$

où la compliance est définie par

$$c(\theta) = \int_{\Gamma_N} g \cdot u \, ds = \min_{\substack{\operatorname{div}\sigma = 0 \text{ dans } D \\ \sigma n = g \text{ sur } \Gamma_N \\ \sigma n = 0 \text{ sur } \partial D \setminus \Gamma_N \cup \Gamma_D}} \int_D (\theta(x)A)^{-1}\sigma \cdot \sigma \, dx. \tag{7.103}$$

Le problème de minimisation (7.102) est appelé **convexification** du problème original (7.79) de minimisation sur les fonctions caractéristiques $\chi(x) = 0, 1$, car l'ensemble des fonctions de densité $0 \leq \theta(x) \leq 1$ est l'enveloppe convexe de l'ensemble des fonctions caractéristiques $\chi(x) = 0$, ou 1.

En inversant l'ordre des deux minimisations en θ et σ, le problème (7.102) est équivalent à

$$\min_{\substack{\operatorname{div}\sigma = 0 \text{ dans } D \\ \sigma n = g \text{ sur } \Gamma_N \\ \sigma n = 0 \text{ sur } \partial D \setminus \Gamma_N \cup \Gamma_D}} \int_D \min_{0 \leq \theta \leq 1} \int_D \left((\theta A)^{-1}\sigma \cdot \sigma + \ell\theta \right) dx. \tag{7.104}$$

On en déduit alors un résultat d'existence tout à fait similaire au Théorème 5.23 (sa démonstration est identique et nous ne la reproduisons pas).

Théorème 7.33. *Il existe au moins une solution (θ, σ) au problème de minimisation (7.104) dans l'espace $L^\infty(\Omega; [0,1]) \times L^2(\Omega; \mathbb{R}^{N^2})$. Autrement dit, il existe une forme "convexifiée" optimale.*

La démonstration du Théorème 7.33 repose sur la convexité de la fonction à minimiser comme établi dans le lemme ci-dessous (très semblable au Lemme 5.8).

Lemme 7.34. *La fonction $\phi(a, \sigma)$, définie de $\mathbb{R}^+ \times \mathbb{R}^{N^2}$ dans $\mathbb{R}$ par*

$$\phi(a, \sigma) = a^{-1}A^{-1}\sigma \cdot \sigma,$$

est convexe et vérifie

$$\phi(a, \sigma) = \phi(a_0, \sigma_0) + D\phi(a_0, \sigma_0) \cdot (a - a_0, \sigma - \sigma_0) + \phi(a, \sigma - aa_0^{-1}\sigma_0), \tag{7.105}$$

où la dérivée $D\phi$ est donnée par

$$D\phi(a_0, \sigma_0) \cdot (b, \tau) = -\frac{b}{a_0^2}A^{-1}\sigma_0 \cdot \sigma_0 + 2a_0^{-1}A^{-1}\sigma_0 \cdot \tau.$$

On obtient aisément des conditions nécessaires d'optimalité pour le problème convexifié (7.104). Si on minimise en σ à θ fixé, on trouve les équations de l'élasticité (7.101). Par ailleurs, à σ fixé, il est facile de minimiser par rapport à la densité θ et on trouve la valeur optimale (unique) de cette densité en fonction de $\sigma(x)$

$$\theta(x) = \begin{cases} 1 & \text{si } A^{-1}\sigma \cdot \sigma \geq \ell, \\ \sqrt{\ell^{-1}A^{-1}\sigma \cdot \sigma} & \text{si } A^{-1}\sigma \cdot \sigma \leq \ell. \end{cases} \qquad (7.106)$$

En particulier, (7.104) est équivalent à

$$\min_{\substack{\text{div}\sigma = 0 \text{ dans } D \\ \sigma n = g \text{ sur } \Gamma_N \\ \sigma n = 0 \text{ sur } \partial D \setminus \Gamma_N \cup \Gamma_D}} \int_D E(\sigma)\,dx$$

$$\text{avec } E(\sigma) = \begin{cases} A^{-1}\sigma \cdot \sigma + \ell & \text{si } A^{-1}\sigma \cdot \sigma \geq \ell, \\ 2\sqrt{\ell A^{-1}\sigma \cdot \sigma} & \text{si } A^{-1}\sigma \cdot \sigma \leq \ell. \end{cases}$$

À l'aide de ces conditions d'optimalité on peut construire un algorithme numérique de "directions alternées" très semblable à celui de la Sous-section 7.5.5.

- Initialisation de la forme θ_0.
- Itérations $k \geq 1$ jusqu'à convergence :
  - étant donnée une forme θ_{k-1}, on calcule les contraintes σ_k par résolution du problème d'élasticité linéaire (7.101),
  - étant donné ce tenseur des contraintes σ_k, on calcule la nouvelle densité de forme θ_k avec les formules explicites d'optimalité (7.106).

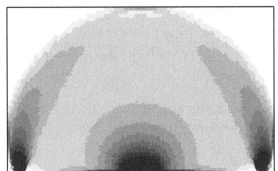

Fig. 7.23. Pont optimal : forme convexifiée (gauche) et pénalisée (droite).

Comme précédemment, on supplémente cet algorithme d'une phase de pénalisation, c'est-à-dire qu'après convergence, on refait quelques itérations de l'algorithme ci-dessus en utilisant une densité pénalisée qui favorise les valeurs 0 et 1 de θ

$$\theta_{pen} = \frac{1 - \cos(\pi\theta_{opt})}{2}.$$

Cet algorithme pour le problème convexifié converge rapidement et de façon monotone. Néanmoins, les formes pénalisées obtenues sont systématiquement

moins bonnes que les formes obtenues par la méthode d'homogénéisation. En général, les formes convexifiées n'ont pas la richesse de détails que l'on obtient avec la méthode d'homogénéisation (voir la Figure 7.23). La valeur de la fonction objectif est toujours plus forte pour les formes convexifiées pénalisées que pour les formes homogénéisées pénalisées (voir la Figure 7.24).

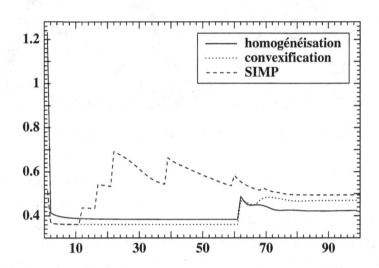

Fig. 7.24. Comparaison des historiques de convergence pour les méthodes d'homogénéisation, de convexification et SIMP appliquées au problème du pont.

Le mauvais comportement de la méthode de convexification s'explique de plusieurs manières concourantes. D'un point de vue mathématique, il n'y a pas de théorème de relaxation comme le Théorème 7.30. C'est-à-dire qu'il n'y a pas de suite minimisante du problème d'origine (7.79) qui soit proche d'une solution optimale du problème convexifié (7.102). D'un point de vue mécanique, il n'existe pas de vraie microstructure de trous à l'échelle sous-maille (comme c'est le cas pour l'homogénéisation). Autrement dit, le tenseur d'élasticité θA ne correspond à aucun type de matériau composite (sauf si $\theta = 0$ ou 1), et c'est pourquoi on parle de matériaux fictifs. De plus, le tenseur θA est toujours isotrope au contraire du matériau laminé optimal A^* de la méthode d'homogénéisation. Par conséquent, lorsque l'on pénalise les densités intermédiaires, aucune microstructure (anisotrope) sous-jacente ne peut être ainsi révélée et en quelque sorte projetée sur le maillage. En conclusion, nous ne recommandons pas l'utilisation de cette méthode de convexification.

Remarque 7.35. Une variante de cette méthode de convexification est néanmoins très utilisée en pratique. Il s'agit de la méthode SIMP (Solid Isotropic Material with Penalization), introduite dans [17], [156]. Dans cette variante on remplace le tenseur $\theta(x)A$ par $\theta(x)^p A$ où $p \geq 1$ est une puissance à choisir convenablement. Lorsque p est grand, cela revient à pénaliser les valeurs intermédiaires de la densité. Mais si l'on démarre un algorithme itératif avec p grand, il risque de converger prématurément dans un minimum local. Toute

Fig. 7.25. Pont optimal obtenu par la méthode SIMP.

l'astuce consiste donc à augmenter progressivement la valeur de p en partant du cas $p = 1$ qui correspond à la convexification. Comme pour la méthode de convexification (et contrairement à la méthode d'homogénéisation), la méthode SIMP n'introduit pas d'anisotropie dans le tenseur d'élasticité $\theta^p A$. Il est néanmoins possible d'obtenir des résultats assez comparables à ceux de la méthode d'homogénéisation (voir la Figure 7.25), mais le pilotage de la croissance de l'exposant est délicat et dépend du type de problème traité. Cette méthode SIMP est souvent utilisé dans les codes industriels car elle est simple à implémenter. Finalement, il n'y a pas de justification de cette méthode SIMP, autre que la comparaison avec l'homogénéisation (cf. [22], [23]).

●

7.6 Bibliographie

La méthode d'homogénéisation pour l'optimisation topologique de formes a été imaginée par F. Murat et L. Tartar [135], [176]. Des contributions importantes sont aussi dues à A. Cherkaev, L. Gibianski et K. Lurie [45], [75], [76], [122], ainsi qu'à R. Kohn et G. Strang [112]. L'article de M. Bendsoe et N. Kikuchi [21] a popularisé cette méthode et a eu un énorme impact auprès des ingénieurs utilisant l'optimisation de formes (on consultera aussi avec intérêt [4], [9], [104], [83], [172]). Nous renvoyons aux ouvrages [2], [18], [23], [45], [154], [176] pour plus de références.

Pour plus de détails sur l'homogénéisation nous renvoyons à [2], [24], [48], [103], [134], [158], [176] et pour les matériaux composites à [128] et aux références citées. Il y a de nombreuses variantes de la méthode d'homogénéisation : nous avons déjà mentionné la méthode des matériaux fictifs (ou convexification) et la méthode SIMP [22], [23], mais on peut aussi citer la méthode de la "paramétrisation libre" [19], [20] où tous les matériaux sont autorisés (pas seulement ceux qui sont proportionnels au matériau d'origine A) et leur masse est estimée par la norme de leur tenseur d'élasticité.

En pratique la méthode d'homogénéisation n'est pas limitée à la minimisation de la compliance. Elle permet aussi de minimiser des fréquences propres de vibration [3], [70], [116], [124], [136], d'optimiser des mécanismes [6], [137], [165], de minimiser des niveaux de contrainte maximale [7], [60], [119], de résoudre des problèmes inverses de microstructure optimale [164].

Du point de vue des algorithmes d'optimisation nous nous sommes limités à de simples algorithmes de gradient ou de critère d'optimalité. On peut évidemment faire mieux si nécessaire. En particulier, dans le cas où de nombreuses contraintes supplémentaires sont présentes, signalons un algorithme très populaire en optimisation topologique de structures, appelé "méthodes des asymptotes mobiles" ou MMA [173].

Il existe d'autres méthodes d'optimisation topologique que la méthode d'homogénéisation (même si celle-ci est à la fois la plus ancienne et la plus efficace). Dans le prochain chapitre nous verrons que des algorithmes de nature stochastique permettent d'attaquer directement le problème d'origine où l'on doit choisir entre matière ou vide : nous avons dit que, pour ce problème **d'optimisation discrète** de type 0/1, il n'y a pas de de notion de gradient, et justement les **algorithmes évolutionnaires** ne nécessitent pas de gradient! Bien sûr, il y a un prix à payer pour cette simplification qui sera le grand nombre d'évaluations de la fonction objectif (et donc le coût de calcul beaucoup plus important). Nous renvoyons au Chapitre 8 pour plus de détails et des références. Nous avons aussi mentionné à la fin du Chapitre 6 la **méthode des lignes de niveaux** qui, bien que de nature géométrique, permet aussi certains changements de topologie [8], [139], [162], [179]. Signalons enfin une dernière méthode d'optimisation topologique, dite du **gradient topologique** ou de l'asymptotique topologique : elle consiste à tester s'il est avantageux, ou non, de créer un petit trou microscopique en un point du domaine [36], [66], [73], [168], [169]. Si le test est positif, on peut donc changer la topologie de la forme courante en y incluant ce trou. La méthode du gradient topologique peut se combiner avantageusement avec la méthode des lignes de niveaux [5], [31], [180].

8

Optimisation évolutionnaire
(rédigé par Marc Schoenauer)

Ce chapitre présente une méthode de résolution de problèmes d'optimisation topologique de formes radicalement différente de toutes les précédentes. Cette méthode est basée sur l'utilisation des algorithmes dits "évolutionnaires", algorithmes stochastiques d'optimisation globale. Une première partie introduit ces algorithmes, hors de tout contexte d'optimisation de formes, cependant que la deuxième partie présente leur application à l'optimisation topologique des structures.

8.1 Les algorithmes évolutionnaires

Les phénomènes physiques ou biologiques ont été à la source de nombreux algorithmes s'en inspirant plus ou moins librement. Ainsi les réseaux de neurones artificiels s'inspirent du fonctionnement du cerveau humain, l'algorithme de recuit simulé de la thermodynamique, et les *algorithmes évolutionnaires* (AEs) (dont les plus connus sont les *algorithmes génétiques*) de l'évolution darwinienne des populations biologiques.

Mais les algorithmes évolutionnaires sont avant tout des méthodes stochastiques d'optimisation globale. Et la souplesse d'utilisation de ces algorithmes pour des fonctions objectifs non régulières, à valeurs vectorielles, et définies sur des espaces de recherche non-standard (e.g. espaces de listes, de graphes...) permet leur utilisation pour des problèmes d'optimisation de formes dans des cas qui sont pour le moment hors d'atteinte des méthodes déterministes plus classiques décrites par ailleurs dans le reste de cet ouvrage.

Cette section présente succinctement les algorithmes évolutionnaires. On n'hésitera pas à consulter le récent ouvrage de référence tout à fait général [62], ou, pour plus de détails, les ouvrages plus anciens [126, 13, 15].

Nous commencerons par donner les grandes lignes de ce qu'est un algorithme évolutionnaire, remontant très brièvement aux racines, la théorie de Darwin. Nous passerons ensuite en revue les implantations de la sélection "naturelle", indépendantes de toute application, et en donnerons les origines historiques.

Enfin, nous détaillerons les implantations des opérateurs de variation dépendant de l'application dans les trois cas d'espaces de recherche les plus courants que sont les chaînes de bits, les vecteur de variables réelles et les arbres de la Programmation Génétique.

8.1.1 Le paradigme darwinien

La théorie de Darwin en 200 mots

Résumer la théorie de Darwin en quelques mots est bien sûr impossible. Disons que la (petite) partie qui est (grossièrement) imitée et caricaturée lors de la conception des AEs est basée sur l'idée que l'apparition d'espèces adaptées au milieu est la conséquence de la conjonction de deux phénomènes : d'une part la *sélection naturelle* imposée par le milieu – *les individus les plus adaptés survivent et se reproduisent* – et d'autre part des *variations non dirigées* du matériel génétique des espèces. Ce sont ces deux principes qui sous-tendent les algorithmes évolutionnaires.

Précisons tout de suite que le paradigme darwinien qui a inspiré ces algorithmes ne saurait en aucun cas être une justification pour leur emploi – pas plus que le vol des oiseaux ne peut justifier l'invention de l'avion[1] ! Il y a maintenant suffisamment d'exemples de succès pratiques (a posteriori) de ces algorithmes pour ne pas avoir à recourir à ce type d'argument.

Terminologie et notations

Soit à optimiser une fonction J à valeurs réelles définie sur un espace métrique Ω. Le parallèle avec l'évolution naturelle a entraîné l'apparition d'un vocabulaire spécifique (et qui peut paraître légèrement ésotérique) :
- La fonction objectif J est appelée fonction *performance*, ou fonction *d'adaptation* (*fitness* en anglais) ;
- Les points de l'espace de recherche Ω sont appelés des *individus* ;
- Les tuples d'individus sont appelés des *populations* ;
- On parlera d'une *génération* pour la boucle principale de l'algorithme.

Le temps de l'évolution est supposé discrétisé, et on notera Π_i la population, de taille fixe P, à la génération i.

Le squelette

La pression de l'"environnement", qui est simulée à l'aide de la fonction d'adaptation J, et les principes darwiniens de *sélection naturelle* et de *variations aveugles* sont implantés dans l'algorithme de la manière suivante :

---

[1] on peut même utiliser ce type d'algorithme en n'étant pas un convaincu du darwinisme, d'où d'ailleurs l'emploi du néologisme "évolutionnaire", inspiré de l'anglais *evolutionary*.

- **Initialisation** de la *population Π_0* en choisissant P individus dans Ω, généralement par tirage aléatoire avec une probabilité uniforme sur Ω;
- **Évaluation** des individus de Π_0 (i.e. calcul des valeurs de J pour tous les individus);
- La génération i construit la population Π_i à partir de la population Π_{i-1} :
  - **Sélection** des individus les plus performants de Π_{i-1} au sens de J (*les plus adaptés se reproduisent*);
  - Application (avec une probabilité donnée) des **opérateurs de variation** aux *parents* sélectionnés, ce qui génère de nouveaux individus, les *enfants*; on parlera de *mutation* pour les opérateurs unaires, et de *croisement* pour les opérateurs binaires (ou n-aires); à noter que cette étape est toujours **stochastique** :
  - **Évaluation** des enfants;
  - **Remplacement** de la population Π_{i-1} par une nouvelle population créée à partir des enfants et/ou des "vieux" parents de la population Π_{i-1} au moyen d'une sélection darwinienne (*les plus adaptés survivent*).
- L'évolution stoppe quand le niveau de performance souhaité est atteint, ou qu'un nombre fixé de générations s'est écoulé sans améliorer l'individu le plus performant.

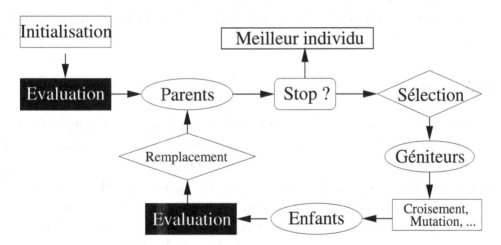

Fig. 8.1. *Squelette d'un algorithme évolutionnaire.*

Il est important de noter que, dans les applications à la plupart des problèmes numériques réels en tout cas (comme par exemple ...les problèmes d'optimisation topologique de structures), l'essentiel du coût-calcul de ces algorithmes provient de l'étape d'évaluation (calcul des performances) : les tailles de populations sont de l'ordre de quelques dizaines, le nombre de générations de quelques centaines, ce qui donne lieu le plus souvent à plusieurs dizaines de milliers de calculs de J.

La suite de cette section va détailler les principaux composants d'un algorithme évolutionnaire, en en donnant des exemples concrets. Mais nous allons au préalable définir quelques notions-clés pour la compréhension du fonctionnement de ces algorithmes en pratique.

Deux points de vue

La composante principale de l'algorithme, qui est même en fait préalable à toutes les autres, est la *représentation*, ou choix de l'espace de recherche. Dans de nombreux cas, l'espace de recherche est totalement déterminé par le problème (i.e. c'est l'espace Ω sur lequel est définie la fonction objectif J). Mais il est toujours possible de transporter son problème dans un espace habilement choisi ("changement de variables") dans lequel il sera plus aisé de définir des opérateurs de variation efficaces. Cet espace est alors appelé *espace génotypique*, et l'espace de recherche initial Ω, dans lequel est calculée la performance des individus, est alors aussi appelé *espace phénotypique*.

On peut alors répartir les diverses étapes de l'algorithme en deux groupes : les étapes relatives au **darwinisme artificiel** (sélection et remplacement), qui ne dépendent que des valeurs prises par J, et pas de la représentation choisie, c'est-à-dire pas de l'espace génotypique ; et les étapes qui sont intimement liées à la nature de cet espace de recherche : ainsi, l'**initialisation** et les **opérateurs de variation** sont spécifiques aux types de génotypes, mais par contre ne dépendent pas de la fonction objectif J (c'est le principe Darwinien des variations *aveugles*, ou *non dirigées*).

Les points-clés

Le terme de *diversité génétique* désigne la variété des génotypes présents dans la population. Elle devient nulle lorsque tous les individus sont identiques – on parle alors (a posteriori !) de *convergence* de l'algorithme. Mais il est important de savoir que lorsque la diversité génétique devient très faible, il y a très peu de chances pour qu'elle augmente à nouveau. Et si cela se produit trop tôt, la convergence a lieu vers un optimum local – on parle alors de *convergence prématurée*. Il faut donc préserver la diversité génétique, sans pour autant empêcher la convergence. Un autre point de vue sur ce problème est celui du *dilemme exploration-exploitation*.

A chaque étape de l'algorithme, il faut effectuer le compromis entre **explorer** l'espace de recherche, afin d'éviter de stagner dans un optimum local, et **exploiter** les meilleurs individus obtenus, afin d'atteindre de meilleurs valeurs aux alentours. Trop d'exploitation entraîne une convergence vers un optimum local, alors que trop d'exploration entraîne la non-convergence de l'algorithme.

Typiquement, les opérations de sélection et de croisement sont des étapes d'exploitation, alors que l'initialisation et la mutation sont des étapes d'exploration (mais attention, de multiples variantes d'algorithmes évolutionnaires s'écartent de ce schéma général). On peut ainsi régler les parts respectives d'exploration et d'exploitation en jouant sur les divers paramètres de l'algorithme (probabilités d'application des opérateurs, pression de sélection, ...). Malheureusement, il n'existe pas de règles universelles de réglages et seuls des résultats expérimentaux donnent une idée du comportement des divers composantes des algorithmes.

Nous allons maintenant passer en revue les différentes méthodes de sélection possible, en gardant à l'esprit qu'elles sont génériques et quasiment interchangeable quel que soit le problème traité.

8.1.2 Sélections naturelles ...artificielles

La partie darwinienne de l'algorithme comprend les deux étapes de **sélection** et de **remplacement**. Répétons que ces étapes sont totalement indépendantes de l'espace de recherche.

D'un point de vue technique, la différence essentielle entre l'étape de sélection et l'étape de remplacement est qu'un même individu peut être sélectionné plusieurs fois durant l'étape de sélection (ce qui correspond au fait d'avoir plusieurs enfants) alors que durant l'étape de remplacement, chaque individu est sélectionné une fois (et il survit) ou pas du tout (et il disparaît à jamais). Enfin, comme il a déjà été dit, la procédure de remplacement peut impliquer soit les enfants seulement, soit également la population précédente dans son ensemble. Ceci mis à part, les étapes de sélection et de remplacement utilisent des procédures similaires de choix des individus, dont les plus utilisées vont maintenant être passées en revue.

On distingue deux catégories de procédures de sélection ou de remplacement (par abus de langage, nous appellerons sélection les deux types de procédures) : les procédures déterministes et les procédures stochastiques.

Sélection déterministe

On sélectionne les meilleurs individus (au sens de la fonction performance). Si plus de quelques individus doivent être sélectionnés, cela suppose un tri de l'ensemble de la population – mais cela ne pose un problème de temps calcul que pour des très grosses tailles de population.

Les individus les moins performants sont totalement éliminés de la population, et le meilleur individu est toujours sélectionné – on dit que cette sélection est *élitiste*.

Sélection stochastique

Il s'agit toujours de favoriser les meilleurs individus, mais ici de manière stochastique, ce qui laisse une chance aux individus moins performants. Par contre, il peut arriver que le meilleur individu ne soit pas sélectionné, et qu'aucun des enfants n'atteigne une performance aussi bonne que celle du meilleur parent ...

Le **tirage de roulette** est la plus célèbre des sélections stochastiques. Supposant un problème de maximisation avec uniquement des performances positives, elle consiste à donner à chaque individu une probabilité d'être sélectionné proportionnelle à sa performance. Une illustration de la roulette est donnée Figure 8.2 : on lance la boule dans la roulette, et on choisit l'individu dans le secteur duquel la boule a fini sa course.

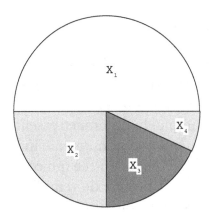

Fig. 8.2. Sélection par tirage de roulette : cas de 4 individus de performances respectives 50, 25, 15 et 10. Une boule est "lancée" dans cette roulette, et l'individu dans le secteur duquel elle s'arrête est sélectionné.

Le tirage de roulette présente toutefois de nombreux inconvénients, en particulier reliés à l'échelle de la fonction performance : alors qu'il est théoriquement équivalent d'optimiser J et $\alpha J + \beta$ et J pour tout $\alpha > 0$, il est clair que le comportement de la sélection par roulette va fortement dépendre de α dans ce cas. C'est pourquoi, bien qu'il existe des procédure ajustant les paramètres α et β à chaque génération (mécanismes de *mise à l'échelle*), cette sélection est presque totalement abandonnée aujourd'hui.

La **sélection par le rang** consiste à faire une sélection en utilisant une roulette dont les secteurs sont proportionnels aux **rangs** des individus (P pour le meilleur, 1 pour le moins bon, pour une population de taille P). La variante linéaire utilise directement le rang, les variantes polynomiales remplaçant ces valeurs par $\frac{i}{P}^{\alpha}$, $\alpha > 0$. Le point essentiel de cette procédure de sélection est que les valeurs de J n'interviennent plus, seuls comptent les positions relatives des individus entre eux. Optimiser J et $\alpha J + \beta$ sont alors bien totalement équivalents.

La **sélection par tournoi** n'utilise aussi que des comparaisons entre individus – et ne nécessite même pas de tri de la population. Elle possède un paramètre T, taille du tournoi. Pour sélectionner un individu, on en tire T uniformément dans la population, et on sélectionne le meilleur de ces T individus. Le choix de T permet de faire varier la *pression sélective*, c'est-à-dire les chances de sélection des plus performants par rapport aux plus faibles. A noter que le cas $T = 2$ correspond, en espérance et au premier ordre en fonction de P, à la sélection par le rang linéaire.

8.1.3 Sélections multi-critères

Toutes les techniques de sélection présentées ci-dessus concernent le cas d'une fonction objectif à valeurs réelles. Cependant, la plupart des problèmes réels (et l'optimisation topologique de formes n'échappe pas à la règle, voir Section 8.2.2) sont en fait des problèmes multi-critères, c'est-à-dire que l'on cherche à optimiser simultanément plusieurs critères contradictoires (typiquement, maximiser la qualité d'un produit en minimisant son prix de revient).

Or les algorithmes évolutionnaires sont une des rares méthodes d'optimisation permettant la prise en compte de telles situations : il "suffit" de modifier les étapes Darwiniennes d'un algorithme évolutionnaire pour en faire un algorithme d'optimisation multi-critère. Cette section présente quelques procédures de sélection multi-critères.

Front de Pareto

Dans un problème multi-critère dans lequel on cherche à optimiser plusieurs objectifs contradictoires, on appellera *front de Pareto* du problème l'ensemble des points de l'espace de recherche tels qu'il n'existe aucun point qui est strictement meilleur qu'eux sur tous les critères simultanément. Il s'agit de l'ensemble des meilleurs compromis réalisables entre les objectifs contradictoires, et l'objectif de l'optimisation va être d'identifier cet ensemble de compromis optimaux entre les critères.

Plus formellement, soient $J_1, \ldots, J_n$ les objectifs dont on suppose qu'on cherche à les minimiser sur l'espace de recherche Ω.

Définition 8.1. *Soient x et y deux points de Ω. On dira que x domine y au sens de Pareto, noté $x \succ y$ si*

$$\forall i \in [1, n], J_i(x) \leq J_i(y)$$
$$\exists j \in [1, n], J_j(x) < J_j(y)$$

La Figure 8.1.3-(a) donne un exemple de front de Pareto : l'ensemble de l'espace de recherche est représenté dans l'espace des objectifs, et les points extrémaux pour la relation de dominance au sens de Pareto forment le front de Pareto du problème (notez que l'on n'est pas toujours dans une situation aussi régulière que celle présentée Figure 8.1.3, et que le front de Pareto peut être concave, discontinu, ...)

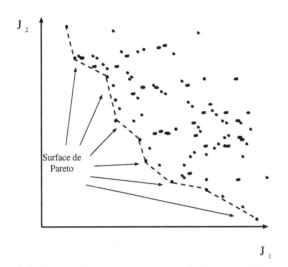

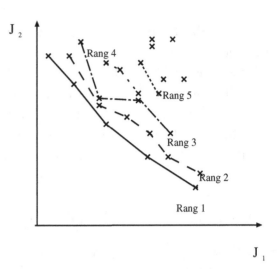

(a) Les points extrémaux de l'ensemble de l'espace de recherche forment le front de Pareto du problème.

(b) Une population donnée est partiellement ordonnée par la relation de dominance au sens de Pareto.

Fig. 8.3. *Front de Pareto et rangs de Pareto pour un problème de minimisation de deux objectifs.*

Sélections de Pareto

Lorsque l'on s'intéresse à l'optimisation multi-critère au sens de Pareto, il est possible de remplacer l'étape de sélection telle qu'elle a été décrite dans la Section 8.1.2 par des sélections basées sur la notion de dominance au sens de Pareto. Cependant, la relation d'ordre définie par la dominance étant une relation d'ordre partiel, il faudra rajouter une procédure de choix secondaires entre individus non comparables au sens de Pareto.

Critères de Pareto.

Le plus utilisé des critères de sélection au sens de Pareto est le *rang de Pareto*, défini itérativement de la manière suivante : les individus non-dominés de la population courante sont dits de rang 1. Ils sont retirés de la population, et la procédure est itérée pour obtenir les rang 2, 3, …Les individus de rang 1 (i.e. non dominés) vont approcher le front de Pareto du problème.

La *force de domination* est le nombre d'individus de la population courante qu'un individu donné domine : plus un individu domine d'autres individus, plus il est intéressant à conserver comme géniteur. De même, la *profondeur au sens de Pareto* d'un individu est le nombre d'autres individus de la population qui dominent un individu donné – un individu est d'autant plus intéressant à conserver qu'il est dominé par un petit nombre d'autres collègues.

Critères de diversité.

Les critères précédent ne permettent pas d'ordonner toute la population – en fait, assez rapidement, les individus de la population courante qui vont

approcher le front de Pareto du problème seront non comparables entre eux. Il faut donc ajouter un autre critère pour choisir entre eux. Les différents critères proposés favorisent la diversité. Le plus populaire aujourd'hui est la *distance de peuplement*, définie comme suit :
- pour chaque objectif i, on ordonne la population par valeurs croissantes de l'objectif
- pour chaque individu p, on définit d_i, *distance de peuplement partielle selon l'objectif i* comme la somme des distances de p à ses deux plus proches voisins dans la liste ordonnée
- la distance de peuplement totale D_p est donnée par la somme, sur l'ensemble des objectifs, des distances partielles.

Tournois au sens de Pareto.

Pour sélectionner un géniteur a l'aide des outils définis ci-dessus, on utilise un *tournoi* (voir Section 8.1.2) en comparant tout d'abord les individus selon le critère de Pareto choisi, puis, en cas d'égalité, suivant le critère de diversité retenu.

8.1.4 Les moteurs d'évolution

On regroupe sous ce nom les ensembles sélection/remplacement, qui ne peuvent être dissociés lors des analyses théoriques du darwinisme au sein des algorithmes évolutionnaires. Un moteur d'évolution est donc la réunion d'une procédure de sélection et d'une procédure de remplacement. Toute combinaison des procédures présentées plus haut (et de bien d'autres encore) est licite. Toutefois, certaines combinaisons sont plus souvent utilisées, que ce soit pour des raisons historiques, théoriques ou expérimentales. Pour cette raison, les noms donnés sont souvent les noms des écoles historiques qui les ont popularisées – mais gardons à l'esprit que ces schémas sont totalement indépendants de l'espace de recherche, alors que nous verrons que les écoles historiques travaillaient sur des espaces de recherche bien précis.

ALGORITHME GÉNÉTIQUE GÉNÉRATIONNEL (*GGA*)
Ce moteur utilise une sélection stochastique pour sélectionner exactement P parents (certains parents peuvent donc être sélectionnés plusieurs fois, d'autres pas du tout). Ces P parents donnent ensuite P enfants par application des opérateurs de variation (avec probabilité donnée, voir section 8.1.6). Enfin, ces P enfants remplacent purement et simplement les P parents pour la génération suivante. La variante élitiste consiste à garder le meilleur des parents s'il est plus performant que le meilleur des enfants.

ALGORITHME GÉNÉTIQUE STATIONNAIRE (*Steady-state GA – SSGA*)
Dans ce moteur, un individu est sélectionné, généralement par tournoi, un second si le croisement doit être appliqué, et l'enfant résultant (après croisement et mutation éventuels) est réinséré dans la population en remplacement

d'un "vieil" individu sélectionné par un tournoi inversé, dans lequel le moins performant (ou le plus vieux) "gagne" ... et disparaît).

STRATÉGIES D'ÉVOLUTION $((\mu \overset{+}{,} \lambda)\text{-}ES)$

Deux moteurs sont regroupés sous ces appellations. Dans les deux cas, l'étape de sélection est un tirage uniforme (on peut dire qu'il n'y a pas de sélection au sens darwinien). À partir d'une population de taille μ (notations historiques!), λ enfants sont générés par application des opérateurs de variation. L'étape de remplacement est alors totalement déterministe. Dans le schéma $(\mu, \lambda)\text{-}ES$ (avec $\lambda > \mu$), les μ meilleurs enfants deviennent les parents de la génération suivante, alors que dans le schéma $(\mu + \lambda)\text{-}ES$, ce sont les μ meilleurs des $\mu + \lambda$ parents plus enfants qui survivent.

ALGORITHME MULTI-OBJECTIF NSGA-II

Cet algorithme utilise l'ordre total basés sur le rang de Pareto d'une part (ordre partiel) et la distance de peuplement en cas d'égalité du critère de Pareto (voir Section 8.1.3). Un tournoi basé sur cette relation d'ordre est utilisé pour la sélection des géniteurs, et le remplacement se fait de manière déterministe (suivant ce même ordre) parmi les parents plus enfants.

Il existe de nombreuses autres variantes de moteurs d'évolution multi-objectif, qu'il serait hors de notre propos de discuter ici. On se référera aux ouvrages [56, 50] pour plus de détails.

Jusqu'à présent, nous n'avons évoqué dans cette section que des techniques génériques, applicables à tout problème et surtout à tout espace de recherche. Nous allons maintenant faire un rapide survol des différentes écoles historiques d'algorithmes évolutionnaires, chacune étant de fait plus ou moins dédiée à un espace de recherche particulier. Les trois principaux contextes ainsi définis seront ensuite détaillés dans la dernière sous-section de cette introduction aux algorithmes évolutionnaires.

8.1.5 Les algorithmes historiques

On distingue quatre grandes familles historiques d'algorithme – et les différences entre elles ont laissé des traces dans le paysage évolutionnaire actuel, en dépit d'une unification de nombreux concepts.

ALGORITHMES GÉNÉTIQUES (GA), proposés par J. Holland [101], dés les années 60, et popularisés son élève D.E. Goldberg [79], dans le Michigan, USA. Les GA ont été imaginés initialement comme outils de modélisation de l'adaptation, et non comme outils d'optimisation, d'où un certain nombre de malentendus [57]. Ils travaillent dans l'espace des chaînes de bits $\{0, 1\}^n$ avec les moteurs GGA et SSGA. Ce sont les plus connus des algorithmes évolutionnaires, et (malheureusement?) souvent les seuls variantes connues des chercheurs des autres disciplines.

STRATÉGIES D'ÉVOLUTION (ES), inventées par I. Rechenberg [149] et H.P. Schwefel [160], 1965, Berlin.

Les ES ont été mises au points par ces deux jeunes élèves ingénieurs travaillant sur des problèmes d'optimisation de tuyères (avec évaluation en soufflerie !), et les moteurs d'évolution sont . . .les $(\mu \dagger \lambda)$-ES. Un énorme progrès a été apporté par les techniques **auto-adaptatives** d'ajustement des paramètres de mutation, et aujourd'hui le meilleur algorithme pour les problèmes purement numériques est un descendant de ces méthodes historiques, l'algorithme CMA-ES [94, 92], basé sur une adaptation déterministe de la matrice de covariance de la mutation gaussienne (toutes ces mutations sont décrites en détail Section 8.1.8).

PROGRAMMATION ÉVOLUTIONNAIRE (*EP*), imaginée par L.J. Fogel et ses co-auteurs [69] dans les années 60 également, et reprise par son fils D.B. Fogel [67] dans les années 90, en Californie, USA.
Mise au point initialement pour la découverte d'automates à états finis pour l'approximation de séries temporelles, EP a rapidement été généralisée à des espaces de recherche très variés. Le moteur utilisé ressemble à s'y méprendre à un $(P+P)$-ES – quoique développé complètement indépendamment – avec toutefois l'utilisation fréquente d'un remplacement plus stochastique que déterministe dans lequel les plus mauvais ont tout de même une (petite) chance de survie.

PROGRAMMATION GÉNÉTIQUE (*GP, Genetic Programming*), amenée à maturité par J. Koza [113, 114], en Californie, USA.
Apparue initialement comme sous-domaine des GAs [51], GP est devenu une branche à part entière (conférence, journal, . . .). La spécificité de GP est l'espace de recherche, un espace de programmes le plus souvent représentés sous forme d'arbres. GP cherche (et réussit parfois !) à atteindre un des vieux rêves des programmeurs, "écrire le programme qui écrit le programme". Les moteurs d'évolution utilisés sont souvent de type SSGA, mais avec des tailles de population énormes. Et les tendance récentes sont pour GP . . .la parallélisation systématique et sur de grosses grappes de stations. Ainsi, les résultats récents les plus spectaculaires obtenus par Koza l'ont été avec des populations de plusieurs centaines de milliers d'individus, utilisant le modèle en îlots (une population par processeur, avec *migration* régulière des meilleurs individus entre processeurs voisins) sur des grappes *Beowulf.*

La dernière sous-section de cette introduction aux algorithmes évolutionnaires va maintenant détailler les parties spécifiques en terme de représentations et opérateurs de variation de trois des familles ci-dessus, AG, ES et GP.

8.1.6 Représentations et opérateurs de variation

Les composantes de l'algorithme qui dépendent intimement de la représentation choisie sont d'une part l'**initialisation**, i.e. le choix de la population initiale, dont le principe général est d'échantillonner le plus uniformément possible l'espace de recherche Ω, dans l'optique d'optimisation globale, et d'autre part les **opérateurs de variation**, qui créent de nouveaux individus à partir des parents sélectionnés. On distingue les opérateurs de croisement (binaires, ou plus généralement n-aires) et les opérateurs de mutation, unaires.

- L'idée générale du **croisement** est *l'échange de matériel génétique* entre les parents : si deux parents sont plus performants que la moyenne, on peut espérer que cela est dû à certaines parties de leur génotype, et que certains des enfants, recevant les "bonnes" parties de leurs deux parents, n'en seront que plus performants. Ce raisonnement, trivialement valable pour des fonctions performance linéaires sur des espaces de recherches réels par exemple, est extrapolé (et expérimentalement vérifié) à une classe plus étendue de fonctions, sans que les résultats théoriques aujourd'hui disponibles ne permettent de délimiter précisément la classe de fonctions pour lesquelles le croisement est utile. On adoptera donc une approche pragmatique : on tentera de définir un croisement en accord avec le problème traité (le lecteur intéressé pourra consulter les travaux de Radcliffe [147, 171]), et on le validera expérimentalement.

- L'idée directrice de la **mutation** est de permettre de visiter tout l'espace. Les quelques résultats théoriques de convergence des algorithmes évolutionnaires ont d'ailleurs tous comme condition l'**ergodicité** de la mutation, c'est-à-dire le fait que tout point de l'espace de recherche peut être atteint en un nombre fini de mutations. Mais la mutation doit également pouvoir être utile à l'ajustement fin de la solution – d'où l'idée d'une mutation de "force" réglable, éventuellement au cours de l'algorithme lui-même (voir section 8.1.8).

Application des opérateurs de variation

Tous les opérateurs de variation ne sont pas appliqués systématiquement à tous les individus à chaque génération. Le schéma le plus courant est d'appliquer *séquentiellement* un opérateur de croisement, puis un opérateur de mutation, chacun avec une probabilité donnée (un paramètre de l'algorithme, laissé au choix de l'utilisateur). On notera p_c et p_m les probabilités respectives d'application du croisement et de la mutation.

Il est par contre relativement fréquent de disposer de plusieurs opérateurs de chaque type (croisement ou mutation) et de vouloir les utiliser au sein du même algorithme (e.g. le croisement par échange de coordonnées et le croisement barycentrique dans le cas de l'optimisation réelle). Il faut alors introduire de nouveaux paramètres, à savoir l'importance relative de chaque opérateur par rapport aux autres (e.g. on veut faire 40% de croisements par échange de coordonnées, et 60% de croisement barycentriques, voir section 8.1.8).

Il est bien sûr possible d'imaginer bien d'autres schémas d'application des opérateurs de variation, ainsi d'ailleurs que d'autres types d'opérateurs ni unaires ni binaires (alors appelés opérateurs d'*orgie*).

Nous allons maintenant donner trois exemples d'espaces de recherche parmi les plus utilisés – et détaillerons pour chacun les composantes de l'algorithme qui dépendent de la représentation. Il ne faut toutefois pas perdre de vue que la puissance des algorithmes évolutionnaires vient de leur capacité à optimiser des fonctions définies sur des espaces de recherche bien plus variés que ces trois espaces – ce sera l'objet de la suite du chapitre (voir Sections 8.2.4 et 8.2.5).

8.1.7 Les chaînes de bits

L'espace de recherche est ici $\Omega = \{0, 1\}^N$ (espace des *bitstring* en anglais). Historiquement (voir Section 8.1.5) il s'agit de la représentation utilisée par l'école des algorithmes génétiques, et la justification de l'utilisation intensive de cet espace de recherche particulier était fondé à la fois sur un parallèle encore plus précis avec la biologie (une chaîne de bits étant assimilée à un chromosome) et sur des considérations théoriques qui ne seront pas détaillées ici (voir [62], ainsi que les références de la Section 8.1.5 à ce sujet). Ce contexte reste toutefois utilisé dans certains domaines – mais il permet surtout une présentation aisée des diverses composantes de l'algorithme.

Initialisation

Dans le cadre des chaînes de bits, il est possible tirer les individus de la population initiale uniformément sur l'espace Ω : chaque bit de chaque individu est tiré égal à 0 ou à 1 avec une probabilité de $\frac{1}{2}$.

Croisement

Plusieurs opérateurs de croisement ont été proposés, qui tous échangent des bits (à position fixée) entre les parents. La Figure 8.4 donne l'exemple du croisement à 1 point, et nous laissons au lecteur le soin d'écrire les croisement à 2, 3, ... N points. Un autre type de croisement, appelé croisement *uniforme*, consiste à tirer indépendamment pour chaque position (avec probabilité 0.5) de quel parent proviendra le bit correspondant chez chaque enfant.

$$\left.\begin{array}{l}(b_1, \ldots, b_N) \\ (c_1, \ldots, c_N)\end{array}\right\} \xrightarrow{P_c} \left\{\begin{array}{l}(b_1, \ldots, b_l, c_{l+1}, \ldots, c_N) \\ (c_1, \ldots, c_l, b_{l+1}, \ldots, b_N)\end{array}\right.$$

Fig. 8.4. Croisement à un point : l'entier l est tiré uniformément dans $[1, N-1]$, et les deux moitiés des chromosomes sont échangées.

Mutation

Les opérateurs de mutation de chaînes de bits modifient tous aléatoirement certains bits. Le plus usité, appelé *bit-flip*, consiste à inverser chaque bit de l'individu muté indépendamment avec une (petite) probabilité $p_.$.

$$(b_1, b_2, \ldots, b_N) \xrightarrow{p_m} (b_1, b_2, \ldots, 1 - b_l, b_{l+1}, \ldots, b_N)$$

Une autre possibilité est de prédéfinir un nombre k de bits à modifier (généralement 1), et de choisir ensuite au hasard k positions dans l'individu et d'inverser les bits correspondants.

8.1.8 Les vecteurs de réels.

C'est bien sûr le cas le plus fréquent en calcul numérique : Ω est un sous-ensemble de $\mathbb{R}^n$, borné ou non. On parle alors aussi d'*optimisation paramétrique*. Attention, cette notion d'optimisation paramétrique est bien sûr différente de celle du Chapitre 5.

Initialisation

Si $\Omega = \prod [a_i, b_i]$ (cas borné), on tire en général uniformément chaque coordonnée dans l'intervalle correspondant. Par contre, si Ω n'est pas borné, il faut faire des choix. On pourra soit utiliser un sous-ensemble borné de Ω et effectuer un choix uniforme dans cet ensemble, soit par exemple tirer mantisses et exposants uniformément dans des intervalles bien choisis. Bien entendu, on pourrait dire que les nombres réels représentés en machine sont de toute façon bornés – mais il est néanmoins généralement préférable de distinguer les deux cas.

Le croisement

On peut bien entendu appliquer des opérateurs d'échange de coordonnées comme dans le cas des chaînes de bits. Mais on peut également – et c'est en général bien plus efficace – "mélanger" les deux parents par combinaison linéaire. On parle alors de *croisement arithmétique* :

$$(\mathbf{X}, \mathbf{Y}) \xrightarrow{p_c} \alpha \mathbf{X} + (1 - \alpha)\mathbf{Y}, \alpha = U[0, 1]$$

ou

$$(\mathbf{X}, \mathbf{Y}) \xrightarrow{p_c} (\alpha_i X_i + (1 - \alpha_i)Y_i)_{i=1 \ldots n}, \alpha_i = U[0, 1], \text{ indépendants}$$

La première version revient à choisir l'enfant uniformément sur le segment $[\mathbf{XY}]$ alors que la deuxième revient à tirer l'enfant uniformément sur l'hyper-cube dont $[\mathbf{XY}]$ est une diagonale. Remarquons que l'échange de coordonnées revient à choisir comme enfant un des sommets de cet hypercube. Et signalons qu'on peut également choisir les coefficients des combinaisons linéaires dans un intervalle plus grand (e.g. $[-0.5, 1.5]$) afin d'éviter la contraction de l'opérateur de croisement, source de perte de diversité génétique (voir Section 8.1.1).

La mutation

Dans le cadre de l'optimisation paramétrique, la mutation la plus employée est la mutation *gaussienne*, qui consiste à rajouter un bruit gaussien au vecteur des variables. La forme la plus générale est alors

$$\mathbf{X} := \mathbf{X} + \sigma N(0, C) \tag{8.1}$$

où σ est un paramètre positif, appelé le *pas* de la mutation (*step-size* en anglais), et $N(0, C)$ représente un tirage de loi normale centrée de matrice de covariance C (symétrique définie positive).

Tout l'art est alors bien sûr dans le choix des paramètres σ et C. L'influence de σ est intuitive : des grandes valeurs résulteront en une exploration important

On peut évidemment demander à l'utilisateur de fixer cette valeur. Mais il est clair – et des études théoriques sur des fonctions simples l'ont démontré – que cette valeur devrait décroître au fil des générations en fonction de l'avancement de la recherche, et il est impossible de fixer a priori un schéma de décroissance qui soit synchrone avec l'éventuelle convergence de l'algorithme, pour une fonctions quelconques.

L'état de l'art a longtemps été la mutation *auto-adaptative*. Due aux pères des stratégies d'évolution (I. Rechenberg et H.-P. Schwefel, voir Section 8.1.5), ce type de mutation considère en fait les paramètres de la mutation eux-mêmes comme des variables supplémentaires, et les fait également évoluer via croisement et mutation !

L'idée sous-jacente est que, bien que la sélection soit faite sur les valeurs de la fonction objectif J et non pas directement sur les paramètres de la mutation, un individu ne peut pas survivre longtemps s'il n'a pas les paramètres de mutation adaptés à la "topographie" de la portion de la surface définie par J où il se trouve : schématiquement par exemple, les valeurs de σ doivent être petites lorsque le gradient de J est important, afin d'avoir plus de chance de faires des "petits pas".

On distingue trois cas suivant la complexité du modèle de matrice de covariance :

- Le cas **Isotrope** : il y a un σ par individu (soit $C = Id$). La mutation consiste alors à muter tout d'abord σ selon une loi log-normale (afin de respecter la positivité de σ, et d'avoir des variations symétriques par rapport à 1), puis à muter les variables à l'aide de la nouvelle valeur de σ :

$$\begin{cases} \sigma := \sigma \, e^{\tau N_0(0,1)} \\ X_i := X_i + \sigma N_i(0,1) \quad i = 1, \ldots, d \end{cases}$$

Les $N_i(0,1)$ sont des réalisations indépendantes de variables aléatoires scalaires gaussiennes centrées de variance 1.

- Le cas **Non-isotrope** : il y a un σ par individu (soit $C = \mathrm{diag}(\sigma_1, \ldots, \sigma_d)$. A noter que la mutation des σ_i comporte deux termes de forme lognormale, un terme commun à tous les σ_i et un terme par direction :

$$\begin{cases} \kappa = \tau N_0(0,1) \\ \sigma_i := \sigma_i \, e^{\kappa + \tau' N_i(0,1)} \quad i = 1, \ldots, d \\ X_i := X_i + \sigma_i N_i'(0,1) \quad i = 1, \ldots, d \end{cases}$$

Les $N_i(0,1)$ et $N_i'(0,1)$ sont des réalisations indépendantes de variables aléatoires scalaires gaussiennes centrées de variance 1.

- Le cas général, dit **corrélé**, dans lequel C est une matrice symétrique définie positive quelconque. On utilise alors pour pouvoir transformer C par mutation tout en gardant sa positivité une représentation canonique en produit de $d(d-1)/2$ rotations par une matrice diagonale. La mutation s'effectue alors en mutant d'une part la matrice diagonale, comme dans le cas non-isotrope ci-dessus, puis en mutant les angles des rotations :

$$\mathbf{N}(0, C(\boldsymbol{\sigma}, \boldsymbol{\alpha})) = \prod_{i=1}^{d-1} \prod_{j=i+1}^{d} R(\alpha_{ij}) \mathbf{N}(0, \boldsymbol{\sigma})$$

$$\begin{cases} \sigma_i = \sigma_i e^{\tau' N_0(0,1) + \tau N_i(0,1)} \quad i = 1, \ldots, d \\ \alpha_j := \alpha_j + \beta N_j(0,1) \quad j = 1, \ldots, d(d-1)/2 \\ \mathbf{X} := \mathbf{X} + \mathbf{N}(0, C(\boldsymbol{\sigma}, \boldsymbol{\alpha})) \end{cases}$$

Ici encore, les divers $N_i(0,1)$ apparaissant dans les formules ci-dessus sont des réalisations indépendantes de variables aléatoires scalaires gaussiennes centrées de variance 1.

Suivant Schwefel [160], les valeurs recommandées (et relativement robustes) pour les paramètres supplémentaires sont $\tau \propto \frac{1}{\sqrt{2\sqrt{d}}}$, $\tau' \propto \frac{1}{\sqrt{2d}}$, $\beta = 0.0873$ (=5°)

État de l'art pour la mutation gaussienne

Mais l'état de l'art aujourd'hui en matière d'optimisation paramétrique évolutionnaire est sans conteste la récente méthode *Covariance Matrix Adaptation* (CMA). Partant du constat que d'une part l'adaptation de la matrice C dans les méthodes auto-adaptatives ci-dessus est très lente, et d'autre part les pas successifs de l'algorithme contiennent de l'information sur la fonction objectif, N. Hansen [93, 94, 92] a mis au point une adaptation **déterministe** de la matrice de covariance C (la mutation est donnée par la formule (8.1).

Tout d'abord, il a été expérimentalement constaté qu'il était préférable de tirer tous les enfants d'un unique parent, la moyenne des μ individus de la population à l'étape n :

$$<X>^n = \frac{1}{n}\sum_{i=1}^{\mu} X_i^n$$

L'algorithme consiste alors à tirer λ enfants à partir de $<X>^n$, et à sélectionner les μ meilleurs pour la génération suivante (voir section 8.1.8).

Une deuxième constatation concerne ensuite le pas de mutation : si deux mutations successives ont eu lieu dans la même direction, alors il faudrait sans doute augmenter le pas. De manière formelle, cela donne :

$$\begin{cases} p_\sigma^{n+1} = (1 - c_\sigma)p_\sigma^n + \sqrt{\mu}\sqrt{c_\sigma(2 - c_\sigma)}(C^n)^{-\frac{1}{2}}\frac{<X>_\mu^{n+1} - <X>_\mu^n}{\sigma^n} \\ \sigma^{n+1} = \sigma^n \exp\left(\frac{1}{d_\sigma}\left(\frac{\|p_\sigma^{n+1}\|}{E(\|\mathcal{N}(0,I_d)\|)} - 1\right)\right). \end{cases}$$

L'idée des facteurs $(1 - c_\sigma)$ et $\sqrt{c_\sigma(2 - c_\sigma)}$ est que si $p_\sigma^n \sim \mathcal{N}(0, I_d)$ et $\sqrt{\mu}(C^n)^{-\frac{1}{2}}\frac{<X>^{n+1} - <X>^n}{\sigma^n} \sim \mathcal{N}(0, I_d)$ et s'ils sont indépendants, alors $p_\sigma^{n+1} \sim \mathcal{N}(0, I_d)$.

De plus, si on suppose qu'il n'y a pas de sélection ($\lambda = \mu$), alors $\sqrt{\mu}\frac{<X>^{n+1} - <X>^n}{\sigma^n} = \sqrt{\lambda}\frac{\frac{1}{\lambda}\sum_{i=1}^{\lambda} X_{i:\lambda}^n - <X>^n}{\sigma^n} \sim \mathcal{N}(0, I_d)$ et dans ce cas on ne veut pas modifier σ^n, d'où le terme en $\frac{\|p_\sigma^{n+1}\|}{E(\|\mathcal{N}(0,I_d)\|)} - 1$.

A noter que la constante $E[\|\mathcal{N}(0, I_d)\|] = \sqrt{2}\Gamma(\frac{n+1}{2})/\Gamma(\frac{n}{2})$ est approchée en pratique par $\sqrt{d}(1 - \frac{1}{4d} + \frac{1}{21d^2})$.

Enfin, en ce qui concerne la matrice de covariance elle-même, on la met à jour en lui ajoutant une matrice de rang 1 de direction propre la dernière direction de descente utilisée :

$$\begin{cases} p_c^{n+1} = (1 - c_c)p_c^n + \sqrt{\mu}\sqrt{c_c(2 - c_c)}\frac{<X>_\mu^{n+1} - <X>_\mu^n}{\sigma^n} \\ C^{n+1} = (1 - c_{\text{cov}})C^n + c_{\text{cov}}p_c^{n+1}p_c^{n+1\,T} \end{cases}$$

À noter qu'il existe une variante dans laquelle la mise à jour se fait à l'aide d'une matrice de rang plus élevé dans les cas de grandes dimensions [92].

8.1.9 La programmation génétique

La programmation génétique (GP, pour *Genetic Programming* en anglais) peut être vue comme l'évolution artificielle de "programmes", ces programmes étant représentés sous forme d'arbres (il existe des variantes de GP qui utilisent une représentation linéaire des programmes, dont il ne sera pas question ici). Elle constitue aujourd'hui une des branches les plus actives des algorithmes évolutionnaires.

On suppose que le langage dans lequel on décrit les programmes parmi lesquels on cherche un programme optimal est constitué d'*opérateurs* et d'*opérandes de base*, tout opérateur pouvant opérer sur un nombre fixe d'opérandes, et rendant lui-même un résultat pouvant à son tour être l'opérande d'un des opérateurs.

L'idée de base consiste à représenter de tels programmes sous forme d'arbres. L'ensemble des *noeuds* de l'arbre $\mathcal{N}$ est l'ensemble des opérateurs, et l'ensemble des *terminaux* de l'arbre $\mathcal{T}$ est l'ensemble des opérandes de bases.

L'intérêt d'une telle représentation, qui permet d'utiliser les principes évolutionnaires sur ce type d'espace de recherche, est la fermeture syntaxique de l'opérateur de croisement : en effet, alors qu'il est difficile d'imaginer croiser deux programmes séquentiels écrits dans un langage de haut niveau (pensez à du C ou du Java) en obtenant un programme valable comme résultat du croisement, le croisement d'arbres ne pose aucun problème, et donne toujours un arbre représentant un programme valide, comme nous allons le voir ci-dessous.

Les premiers travaux en GP optimisaient des programmes écrits dans un sous-ensemble du langage LISP travaillant sur des variables booléennes. Les noeuds étaient constitués d'opérations logiques (e.g., AND, OR, ...) et de tests (e.g. l'opérateur ternaire IF Arg1 THEN Arg2 ELSE Arg3), les opérandes des variables du problème.

De nombreux autres langages ont été utilisés dans le cadre de GP, et la section 8.2.8 en donnera un exemple dans le cadre de l'optimisation de formes. Pour l'instant, l'exemple trivial qui illustrera cette introduction sommaire est le cas de programmes opérant sur des valeurs réelles, avec pour terminaux soit des valeurs constantes soit l'un des symboles X et Y ($\mathcal{T} = \{X, Y, \mathcal{R}\}$) et pour noeuds les opérations d'addition et de multiplication ($\mathcal{N} = \{+, *\}$). L'ensemble des programmes que décrivent de tels arbres est alors l'ensemble des polynômes réels à 2 variables X et Y (voir Figure 8.5).

Signalons enfin qu'en programmation génétique comme en programmation manuelle, il est possible et même souhaitable d'utiliser les concepts de programmation structurée : la notion de *subroutine* par exemple a été introduite rapidement dans les programmes-arbres sous la forme des *ADF – Automatically Defined Functions* [114], de même que des structures de contrôles au sein des opérateurs élémentaires (boucles, récursion, ...).

Examinons maintenant les composantes spécifiques d'un algorithme évolutionnaire manipulant des arbres.

Initialisation

L'idée la plus immédiate pour initialiser un arbre consiste à donner à chacun des noeuds et des terminaux une probabilité d'être choisi, et à tirer au sort à chaque étape un symbole parmi l'ensemble des noeuds et des terminaux. Si c'est un noeud, on renouvelle la procédure pour chacun des arguments dont l'opérateur a besoin.

On voit tout de suite qu'une telle procédure peut ne jamais se terminer, et qu'il faut imposer une profondeur maximale aux arbres, profondeur à partir de laquelle on n'autorise plus que les terminaux.

Le problème devient alors le choix des probabilités des différents symboles : si le poids global des noeuds est plus grand que celui des opérateurs, la plupart des arbres auront pour profondeur la profondeur maximale. Au contraire, si le poids des terminaux l'emporte sur celui des noeuds, les arbres seront très rarement profonds. Dans les deux cas, la **diversité** de la population initiale de l'algorithme sera très réduite.

C'est pourquoi la procédure la plus utilisée aujourd'hui initialise la population en plusieurs étapes, chaque étape utilisant des profondeurs maximales différentes, et appliquant soit la procédure décrite ci-dessus, soit générant systématiquement des arbres de profondeur égale à la profondeur en cours. Cette initialisation s'appelle *ramped half-and-half* et est décrite en détail dans l'ouvrage de référence en GP, [15].

Croisement

Définir une procédure de croisement n'offre a priori aucune difficulté : on choisit aléatoirement un sous-arbre dans chacun des parents, et on échange les deux sous-arbres en question (voir Figure 8.5). Du fait de l'homogénéité des types, le résultat est toujours un programme valide – l'ensemble des programmes est **fermé** pour l'opérateur de croisement.

On remarquera cependant que le croisement de deux parents de même taille (nombre de noeuds) a tendance à générer un parent long et un parent court. De plus, les arbres longs ont en moyenne une plus grande expressivité que les arbres courts. La conjonction de ces deux phénomènes résulte en une croissance continue et incontrôlable de la taille des programmes, dénommée **bloat**. C'est un des problème majeurs de la programmation génétique en pratique, que de nombreux travaux tentent de comprendre (l'explication ci-dessus est loin d'être la seule à avoir été proposée), et de contrôler. Mais une des difficulté est qu'il est a été constaté expérimentalement qu'un minimum de bloat est nécessaire pour espérer obtenir des arbres performants.

Mutation

Les travaux originaux de Koza n'utilisaient comme opérateur de variation que le croisement. Mais il utilisait des populations de très grande taille (plusieurs milliers), et pouvait ainsi espérer que la plupart des "morceaux de programme" intéressants étaient présents dans la population initiale et qu'il suffisait de les assembler ...par croisement.

Aujourd'hui, la plupart des travaux utilisent des opérateurs de mutation, et ce d'autant plus que la taille de la population est petite. De très nombreux opérateurs de mutation ont été imaginés, le plus simple (et le plus destructeur et moins performant) étant de remplacer un sous-arbre aléatoirement choisi

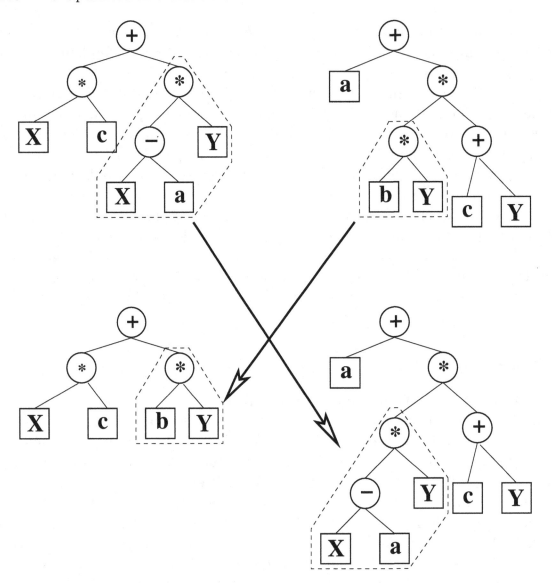

Fig. 8.5. Exemple de croisement en programmation génétique, dans le cadre de la représentation des polynômes à 2 variables réelles : l'échange des sous-arbres délimités par les pointillés entre les polynômes $cX + XY - aY$ et $a + bY^2 + bcY$ donne ici $cX + bY$ et $XY^2 + cXY - aY^2 - acY + a$.

par un sous-arbre aléatoirement construit à l'aide de la procédure d'initialisation. Signalons les mutations par changement de noeud (on remplace un noeud choisi aléatoirement par un noeud de même parité), par insertion de sous-arbre (plutôt que de remplacer totalement un sous-arbre, on insère à un emplacement donné un opérateur dont l'un des opérandes est le sous-arbre qui était présent à cet endroit), et son inverse (qui supprime un noeud et tous ses arguments sauf un, qui prend sa place).

Les terminaux réels

Les valeurs numériques réelles utilisées comme terminaux d'arbres de type réel tiennent une place particulière dans la programmation génétique. D'une part, elles ont été longtemps absente des travaux publiés (Koza n'utilisait que des valeurs entières choisies parmi les 10 premiers entiers par exemple). D'autre part, elle requièrent un traitement particulier, tant en terme d'initialisation (on ne choisit pas une valeur parmi un nombre fini de possibles) qu'en terme de variation.

L'initialisation se fait généralement uniformément sur un intervalle donné. Le croisement se contente d'échanger des sous-arbres, et les valeurs numériques n'y jouent aucun rôle particulier. Par contre, la mutation des constantes est un élément crucial pour le succès d'une optimisation par programmation génétique mettant en jeu des valeurs numériques. On utilise généralement des mutations gaussiennes (voir section 8.1.8, éventuellement augmentées de paramètres auto-adaptatifs (mais limités à une variance par terminal). Il est même fréquent, si le coût CPU le permet, d'optimiser localement les valeurs numériques pour une structure d'arbre donnée, soit par algorithme déterministe si le problème le permet [159] soit même en utilisant un algorithme évolutionnaire imbriqué, comme ce sera le cas dans l'exemple en optimisation de formes présenté section 8.2.8 [61].

La programmation génétique est un formidable outil de créativité – et John Koza ne désespère pas d'obtenir un jour des résultats brevetables [115]. En attendant, et au niveau plus modeste de l'optimisation de formes, elle peut être considérée comme une représentation supplémentaire (voir section 8.2.8), permettant d'explorer différemment de vastes ensembles de solutions structurées.

8.1.10 Conclusion sur les algorithmes évolutionnaires

Cette section a présenté les algorithmes évolutionnaires en toute généralité. Il faut en retenir d'une part leur robustesse vis-à-vis des optima locaux, et d'autre part leur souplesse d'utilisation, particulièrement en terme de champ d'application (choix de l'espace de recherche). Si la programmation génétique a été l'unique illustration de cette souplesse pour le moment, la section suivante, consacrée à l'application des algorithmes évolutionnaires à l'optimisation topologique de formes, va utiliser plusieurs représentations non paramétriques pour résoudre des problèmes d'optimisation de forme sans devoir définir a priori la complexité des solutions, laissant l'algorithme l'ajuster au cours de l'évolution.

8.2 Optimisation de formes évolutionnaire

Cette deuxième partie présente quelques applications des algorithmes évolutionnaires à l'optimisation topologique de formes. L'auteur tient à remercier ici Hatem Hamda, auteur de la plupart des expérimentations numériques, et François Jouve, qui a rendu ces expériences possibles en donnant (et même modifiant au besoin !) son solveur éléments finis `sol`, déjà cité dans cet ouvrage.

8.2.1 Contexte mécanique

Le contexte général de ce chapitre est l'optimisation topologique de structures comme défini au Chapitre 1. Le problème consiste à trouver la forme optimale d'une structure contenue dans un domaine donné et soumise à un chargement donné.

La notion d'optimalité est définie à partir de critères mécaniques d'une part (par exemple, la compliance, une borne sur le déplacement maximal de la structure, des valeurs de fréquences propres maximales, ou une combinaison de critères mettant en jeu la rigidité et le comportement vibratoire) et le poids de la structure d'autre part. A noter que l'on pourrait aussi introduire par exemple des coûts de fabrication prenant en compte le nombre de trous à percer dans la forme, le nombre de "coins", [74], ...

Le modèle mécanique utilisé ici est, sauf mention explicite du contraire, celui de l'élasticité linéarisée bidimensionnelle en contraintes plane, et les matériaux considérés sont linéaires et isotropes (cf. le Chapitre 2). Toutes les données mécaniques sont adimensionnelles (par exemple, le module d'Young vaut toujours 1) et les effets de la gravité sont négligés.

Nous reprenons le test classique de l'optimisation de formes : la console optimale (cantilever). Le domaine de calcul est un rectangle, la plaque est encastrée sur la partie verticale gauche de la frontière (déplacement imposé à 0) et le chargement consiste à appliquer une force ponctuelle verticale au milieu de la frontière verticale de droite. La Figure 8.6 montre le domaine de calcul pour le cantilever 2×1.

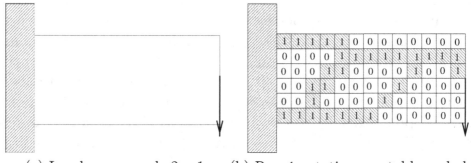

(a) La plaque console 2×1 (b) Représentation par tableau de bits

Fig. 8.6. *Le problème de la plaque-console 2×1 et une représentation "bitarray" (tableau de bits) d'une structure sur un maillage régulier (ici un maillage 13×6).*

8.2.2 La fonction de performance

Nous allons dans la suite considérer le problème test déjà évoqué dans la Section 8.2.1, dans lequel les deux caractéristiques à prendre en considération pour l'optimalité sont d'une part le poids de la structure, d'autre part son déplacement sous l'action d'un chargement unique, en l'occurrence une force ponctuelle appliquée au milieu du côté vertical droit.

Calcul de la performance

Il s'agit donc d'optimiser le poids d'une structure tout en respectant des contraintes sur son comportement mécanique. Étant données des solutions possibles (dans un espace encore à définir, et ce sera l'objet de la fin de ce chapitre), il faut donc calculer leur comportement mécanique sous le ou les chargements pour lesquelles le cahier des charges impose des contraintes. Mais pour une optimisation évolutionnaire, cela suffit aussi (ce sont, rappelons-le une nouvelle fois, des méthodes d'ordre 0). La Figure 8.7 montre schématiquement les différentes étapes du calcul :
- Calcul numérique du comportement mécanique de la structure. Les déplacements maximaux, les valeurs propres, ...sont calculés en fonction du problème à résoudre généralement à l'aide d'un solveur Éléments Finis ;
- Calcul du poids (et d'éventuelles autres quantités liés à la géométrie, tel le nombre de trous ou de coins) ;
- Agrégation des diverses quantités en une fonction d'évaluation pour l'algorithme évolutionnaire

Après quelques considérations mécaniques, nous allons détailler dans la suit de cette section les diverses possibilités d'agrégation des composants de la fitness, qui sont indépendantes de la représentation, avant de passer aux études de cas sur le problème test déjà cité.

Préliminaires mécaniques

Quelle que soit l'approche retenue, quelques précautions mécaniques sont indispensables. En effet, surtout lors des premières générations, de nombreuses structures dans la population ne seront pas mécaniquement admissibles – le point d'application de la force n'étant pas connecté à la frontière de déplacement imposé. Il ne faut donc pas tenter de calculer le comportement mécanique de telles formes, sous peine d'erreur grave au sein du solveur utilisé.

Cependant, une astuce technique (déjà utilisée au chapitre précédent) permet d'éviter d'avoir à pré-trier ces formes (avec les calculs de topologie que cela suppose) : au lieu de considérer que ce qui n'est pas la structure est vide, on le considère comme constitué d'un matériau très mou (de module d'Young de plusieurs ordres de grandeur inférieur à la "matière"). Les structures non connectées deviennent ainsi admissibles, mais donneront un déplacement très

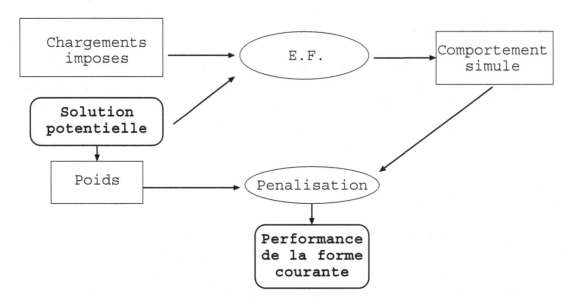

Fig. 8.7. Calcul de la performance d'une forme.

important - ce qui devrait permettre de les éliminer lors de la sélection. De plus, plus la structure sera proche d'une structure connectée, moins ce déplacement calculé sera important, et il y aura donc "gratuitement" une pression sélective vers les structures admissibles. Enfin, cette astuce permet de ne pas régénérer le maillage pour chaque structure, ce qui est un gain de temps-calcul énorme.

Un problème sous contrainte

L'approche la plus classique consiste à considérer que l'on cherche à minimiser le poids de la structure sans que le déplacement maximal sous l'action du chargement imposé dépasse une valeur limite. On est ainsi face à un problème d'optimisation sous contrainte. Nous nous proposons de traiter ce problème par une technique de pénalisation adaptative (voir la Remarque 3.45).

Pour une structure donnée, appelons P son poids et D_{Max} son déplacement maximal (calculé par éléments finis) sous le chargement imposé. Soit D_{Lim} la valeur maximale autorisée pour D_{Max}. L'approche par pénalisation consiste se ramener à un problème sans contrainte en minimisant

$$P + \alpha (D_{Max} - D_{Lim})^+$$

c'est-à-dire en pénalisant le poids dés que le déplacement maximal dépasse la valeur limite autorisée ($x^+ = \max(x, 0)$ désigne la partie positive de x).

L'ajustement du paramètre α (qui peut être vu comme un multiplicateur de Lagrange pour la contrainte associée) n'est pas facile. Une méthode de pénalisation statique, avec α constant, peut donner de très bons résultats mais nécessite un ajustement très fin de la valeur de α. En effet, une valeur trop petite pourra donner des solutions du problème pénalisé qui ne respectent pas la contrainte. Une valeur trop grande, au contraire, interdira à la recherche de sortir de l'espace admissible, et ce manque de "raccourcis" peut se révéler fatal à l'exploration globale de l'espace de recherche.

Une stratégie tentante est alors de partir de petites valeurs, autorisant l'exploration de la zone infaisable, puis de l'augmenter progressivement afin d'assurer la faisabilité des solutions dans les dernière générations. Mais une telle pénalisation dynamique requiert une bonne intuition initiale pour déterminer une stratégie efficace, qui dépend certes du problème, mais également de l'état de la population à un instant donné.

Les algorithmes évolutionnaires permettent justement l'adaptation de certains paramètres aux conditions locales rencontrées lors de l'évolution : on parle alors de techniques adaptatives (voir par exemple Section 8.1.8 pour l'adaptation des paramètres de la mutation).

L'approche adaptative proposée ici a pour but de garder dans la population une proportion minimale d'individus satisfaisant les contraintes ainsi qu'une proportion minimale qui les violent. En effet, comme il est fréquent dans les problèmes sous contraintes intéressants, la solution cherchée se trouve probablement proche de la frontière du domaine admissible : intuitivement, si l'on est loin de cette frontière (i.e. le déplacement maximal est bien plus petit que la limite autorisée), on peut sans doute enlever de la matière sans violer la contrainte (attention, même pour le problème continu, il n'existe pas de certitude que la solution soit exactement sur la frontière du domaine admissible).

Notons $\Theta^k_{feasible}$ la proportion d'individus qui satisfont les contraintes à la génération k, et Θ_{inf} et Θ_{sup} deux paramètres donnés par l'utilisateur. Les faibles valeurs des paramètres de pénalisation favorisent les individus qui violent les contraintes (et inversement). Pour maintenir $\Theta^k_{feasible} \in [\Theta_{inf}, \Theta_{sup}]$, nous proposons la règle de mise à jour suivante :

$$\alpha_{k+1} = \begin{cases} \beta \cdot \alpha_k & \text{si } \Theta^k_{feasible} < \Theta_{inf} \\ (1/\beta) \cdot \alpha_k & \text{si } \Theta^k_{feasible} > \Theta_{sup} \\ \alpha_k & \text{sinon} \end{cases} \tag{8.2}$$

avec $\beta > 1$. Les paramètres choisis par l'utilisateur dans cette méthode sont $\Theta_{inf}, \Theta_{sup}, \beta$ et la valeur initiale α_0. Après quelques tests de robustesse, les valeurs suivantes ont été choisies et seront utilisées dans toutes les simulations présentées dans ce chapitre : $\beta = 1.1, \Theta_{inf} = 0.4$, et $\Theta_{sup} = 0.8$.

Notons que les variations de α ne sont pas monotones, et il n'y a donc pas de garantie a priori que le meilleur individu de la population satisfasse les contraintes. Il peut même arriver que la population ne contienne aucun individu admissible – même si dans ce cas, l'augmentation régulière de la valeur de α doive favoriser les individus violant le moins les contraintes, menant à l'émergence rapide d'individus admissibles.

Un problème multi-objectif

En fait, le problème considéré, même dans le contexte simple de cette section, est un problème multi-objectif : on cherche à minimiser **à la fois** le poids et le déplacement maximal sous l'action du chargement. On peut traiter directement ce problème en utilisant les procédures de sélection spécifiques multi-objectif (voir Section 8.1.3), et des résultats d'une telle approche seront présentés Section 8.2.7.

Attention cependant : du fait de l'astuce employée afin d'éviter les calculs de connectivité (Section 8.2.2), les structures "vides" font partie du front de Pareto (elles sont de poids minimal) et il convient donc de limiter l'exploration du-dit front aux valeurs de poids (ou de déplacement) intéressantes.

8.2.3 Les tableaux de bits

Le point le plus crucial dans la construction d'un algorithme évolutionnaire est le choix de la représentation.

Ainsi qu'il a été précisé Section 8.2.2, le calcul de la performance d'une structure passe par la résolution d'un problème mécanique par éléments finis, et implique donc une discrétisation (un maillage) de la structure. De plus, si tout se passe bien (si l'algorithme évolutionnaire "converge"), nous serons amenés à comparer les comportements mécaniques de structures très proches les unes des autres. Or des considérations numériques montrent qu'il est préférable d'utiliser alors des maillages identiques, afin de ne pas ajouter de bruit de remaillage aux valeurs (proches) des comportements mécaniques.

Génotype et initialisation

Ces considérations ont naturellement débouché sur l'idée de partir d'un maillage donné pour définir une représentation binaire "naturelle", appelée tableau de bits, ou *bitarray* [109] : elle est associée au maillage du domaine de définition de la forme qui est utilisé pour calculer le comportement mécanique de toutes les structures. A chaque élément du maillage on attribue une valeur 0 ou 1, la valeur 1 signifiant que cet élément contient de la matière, et 0 qu'il est vide (voir la Figure 8.6-b).

L'initialisation peut bien sûr se faire de manière standard, en choisissant la valeur 0 ou 1 pour chaque position indépendamment avec probabilité 0.5 – et c'est cette procédure qui a été employée dans la plupart des essais numériques. Toutefois, dans le cas de certaines problèmes pour lesquelles on sait par exemple que les structures très "vides" ne sont pas mécaniquement faisables, on peut biaiser l'initialisation en différenciant la probabilité de 0 et celle de 1.

Opérateurs de variation

Il est bien sûr très tentant de considérer les tableaux de bits comme des chaînes de bits (de longueur le nombre d'éléments du maillage), et de leur appliquer les opérateurs de variation définis Section 8.1.7. Mais c'est là qu'il est important de prendre en compte les spécificités du problème. En effet, regardons les effets des croisements standard à 1 point et à 2 points : la Figure 8.8 illustre clairement le défaut de symétrie par rapport aux deux axes de ces croisements – et il a été constaté expérimentalement que les résultats en pâtissaient [108].

a - *1 point standard*   b - *2 point standard*

Fig. 8.8. Exemples d'enfants obtenus par application des opérateurs de croisement sur les chaînes de bits. Les bits blancs (resp. noirs) proviennent du premier (resp. second) parent, indépendamment de leurs valeurs.

Une fois identifié le problème, il est bien sûr facile d'y remédier : la Figure 8.9 montre deux exemples de croisements respectant la symétrie entre les directions X et Y. Le *croisement diagonal* place une droite aléatoirement choisie sur les deux parents, et échange les parties supérieures entre les parents. Le croisement par blocs découpe les parents de manière identique en 9 blocs aléatoires et en échange quelques-uns. Notons enfin que le croisement uniforme défini sur les chaînes de bits est lui parfaitement neutre géométriquement parlant et peut donc être employé sur les tableaux de bits.

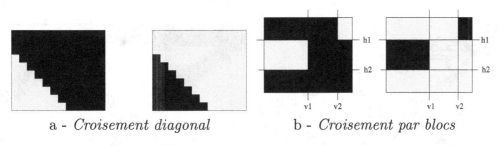

a - *Croisement diagonal*   b - *Croisement par blocs*

Fig. 8.9. Exemples de croisements bidimensionnels (voir texte).

De la même manière, les opérateurs de mutation définis sur les chaînes de bits n'ont pas de biais géométrique et peuvent être employés tels quels sur les représentations des structures. Il est cependant possible de définir un opérateur plus spécifique au problème de l'optimisation de forme afin d'accélérer l'ajustement précis de la solution en fin d'évolution : les "derniers bits" sont toujours très difficiles à optimiser pour les algorithmes génétiques, quel que soit le problème. Mais dans le cadre de l'optimisation de forme, nous connaissons les bits qu'il faut ajuster pour affiner la structure : ce sont pour la plupart les bits proches de la frontière de la structure. En donnant plus de probabilité à ces bits d'être mutés (au prix d'un calcul de frontière de complexité linéaire) il est possible d'accélérer notablement la convergence fine de l'algorithme. Mais en aucun cas l'utilisation de ce type de mutation ne permet d'obtenir des solutions de meilleure qualité ...

Résultats numériques

De nombreux résultats numériques ont été présentés à l'aide de la représentation en tableaux de bits dans [107]. Ils ont cependant tous été améliorés par l'utilisation des représentations non-structurées (voir les Sections 8.2.4 et 8.2.5). Citons parmi ces résultats l'optimisation de formes en élasticité non-linéaire (modèle des grands déplacements et matériau linéaire), premier résultat de ce type, et hors de portée des méthodes classiques. La souplesse des algorithmes évolutionnaires est ici encore mise en évidence, puisqu'il suffit de changer de solveur du problème direct. Citons encore l'optimisation avec conditions aux limites sur la frontière inconnue (et non pas sur la frontière du domaine de définition), comme par exemple le dôme sous-marin soumis à une pression uniforme.

Nous présentons cependant ici un unique résultat, afin d'une part de valider l'approche, et d'autre part d'illustrer un phénomène qui est certes une de ses faiblesses, mais également le signe de sa pertinence mécanique. La Figure 8.10 montre d'une part le résultat obtenu avec une algorithme génétique standard (voir Section 8.1.4) utilisant les opérateurs présentés plus haut, d'autre part le résultat de la méthode d'homogénéisation sur le même cas-test (voir chapitre 7). Signalons que cette dernière est un ordre de grandeur plus rapide sur ce type de cas, et examinons les structures obtenues.

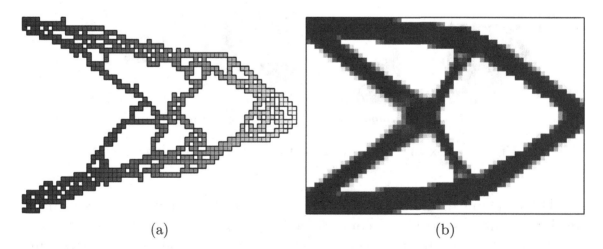

(a)   (b)

Fig. 8.10. Résultats pour la console optimale 2×1 et un maillage 64×44. (a) Solution obtenue par algorithme génétique. (b) Solution de la méthode d'homogénéisation.

La première constatation est que les deux structures présentent des grandes similarités, ce qui valide l'approche évolutionnaire sur ce type de problèmes.

La seconde constatation vient de la multitude de petits trous dans le résultat évolutionnaire. D'un point de vue pratique, cela serait préjudiciable s'il fallait par exemple construire ensuite une telle structure. Mais d'un point de vue théorique, dans la mesure où il est connu que la solution à ce problème est une structure faite de matériau homogénéisé, ce résultat montre que l'algorithme tente de se diriger vers ce type de solution, tout en étant bien sûr contraint par la finesse du maillage sous-jacent – ce qui est plutôt mécaniquement rassurant.

Limitations de la représentation binaire

Malgré son succès dans la résolution de problèmes d'optimisation topologique de formes [109, 110], la représentation "bitarray" souffre d'une profonde limitation liée à la dépendance de la complexité de l'algorithme avec celle du maillage associé. En effet, la taille d'un individu (le nombres de bits nécessaires pour le décrire) est égale à la taille du maillage. Malheureusement, des résultats théoriques [39] comme des constatations expérimentales [80] indiquent que la taille critique de population nécessaire pour atteindre la convergence augmente au moins linéairement avec la taille des individus. De plus, les populations plus nombreuses nécessitent souvent un plus grand nombre de générations pour converger. Il est donc clair que cette approche doit restreindre son domaine d'application à de grossiers maillages bidimensionnels, alors que les ingénieurs ont besoin de fins maillages tridimensionnels!

Ces considérations conduisent à la recherche de représentations plus compactes, dont la complexité ne dépend pas de celle de la discrétisation.

8.2.4 Représentation de Voronoï

Cette section définit la *représentation de Voronoï*, qui dépasse les limitations citées ci-dessus de la représentation par tableaux de bits, et les opérateurs de variation associés.

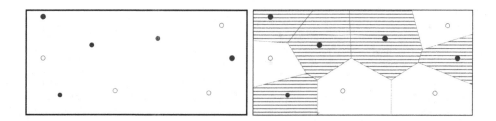

Fig. 8.11. *La représentation de Voronoï sur un domaine rectangulaire 2×1.*

Diagrammes de Voronoï

Considérons un nombre fini de points $V_0, \ldots, V_N$ (les *sites de Voronoï*) dans le domaine de travail (un ouvert borné de $\mathbb{R}^2$ ou de $\mathbb{R}^3$). A chaque site

V_i on associe l'ensemble de tous les points du domaine de travail pour lesquels le site de Voronoï le plus proche est V_i. On nomme cet ensemble *cellule de Voronoï*. Le *diagramme de Voronoï* est la partition du domaine définie par les cellules de Voronoï. Chaque cellule est un sous-ensemble polyédral du domaine de travail [146].

Génotype et initialisation

Considérons maintenant une liste – de longueur variable – de sites de Voronoï, chaque site étant étiqueté 0 ou 1. Le diagramme de Voronoï correspondant, dans lequel chaque cellule est étiquetée comme le site qu'elle contient, représente une partition du domaine de travail en deux sous-ensembles (cf. la Figure (8.13)).

La procédure d'**initialisation** consiste en un tirage aléatoire uniforme du nombre de sites de Voronoï (entre 1 et un nombre maximum donné par l'utilisateur), des sites de Voronoï dans la structure, et du label booléen vide/matériau.

Décodage

D'un point de vue pratique, la performance de toutes les structures est évaluée en utilisant un maillage de taille fixe. Une partition décrite par un diagramme de Voronoï peut facilement se projeter sur un maillage donné : un élément appartient à l'une ou l'autre des catégories (matériau ou vide) en fonction du label de la cellule de Voronoï dans laquelle se trouve son centre de gravité. On peut ainsi projeter le même diagramme de Voronoï sur des maillages différents – il y a bien indépendance entre le nombre de sites et la taille du maillage.

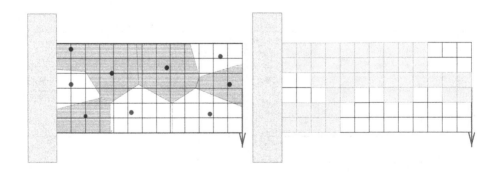

Fig. 8.12. *la représentation de Voronoï sur le problème de la plaque-console* 2×1 *et la structure correspondante (répartition vide/matériau)*

Opérateurs de variation

Les opérateurs de variation pour la représentation de Voronoï sont définis de la manière suivante :

- L'opérateur de **croisement** échange les sites de Voronoï sur une base géométrique. De ce point de vue, il est similaire à l'opérateur de croisement diagonal décrit Figure 8.9-a. La Figure 8.13 est un exemple d'application de cet opérateur.
- L'opérateur de **mutation** est choisi grâce à un choix aléatoire, avec des poids définis par l'utilisateur, parmi les opérateurs suivants :
    - la mutation de *déplacement* effectue une mutation Gaussienne sur les coordonnées des sites. Comme dans les stratégies d'évolution [160], la mutation adaptative est utilisée : une déviation standard est associée à chaque coordonnée de chaque site de Voronoï, et elle subit une mutation log-normale avant d'être utilisée pour la mutation Gaussienne des coordonnées correspondantes.
    - la mutation de *label* change aléatoirement l'attribut booléen d'un site.
    - les mutations *ajout* et *suppression* sont des opérateurs spécifiques aux représentations de longueur variable qui respectivement ajoutent ou suppriment aléatoirement un site dans la liste.

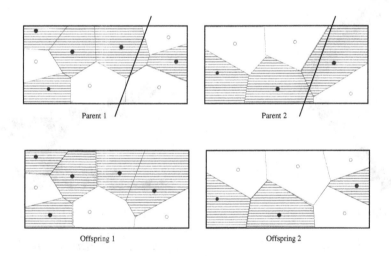

Fig. 8.13. *Un opérateur de croisement pour la représentation de Voronoï : une droite aléatoire est tracée dans chaque diagramme et les sites sont échangés de part et d'autre de cette droite.*

Conditions expérimentales

Sauf indication contraire, les expériences numériques présentées dans la suite utilisent les paramètres suivants : évolution standard de type Algorithme Génétique Générationnel (voir Section 8.1.4 : sélection basée sur le rang et remplacement de tous les parents par leur descendance), avec des population de 80 individus; au plus 40 sites de Voronoï (ou barres cf. Section 8.2.5) par individu; taux de croisement de 0.6 et taux de mutation de 0.3 par individu; les poids relatifs de chaque type de mutation sont de 0.5 pour la mutation de déplacement, les autres types de mutations se partageant en parts égales les 0.5 restant; le nombre maximum de générations est de 2000 et le critère d'arrêt de l'algorithme est de 300 itérations successives sans amélioration du meilleur individu; tous les graphiques sont les résultats (moyennes ou maximum) de 21 calculs indépendants avec les mêmes paramètres; les temps CPU sont donnés pour des processeurs Pentium III à 800MHz sous Linux.

Premiers résultats

L'approche a été validée sur les problèmes-test de cantilevers de dimension 1×2 et 2×1, discrétisés respectivement selon un maillage régulier de 10×20 et 20×10, avec des limites respectives sur le déplacement maximal de 20 et 220. La Figure 8.14 montre les meilleurs structures obtenus pour les deux cas-test. Le coût d'une génération est de moins d'une seconde.

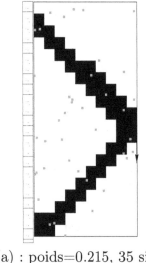
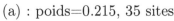
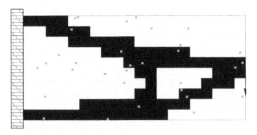

(a) : poids=0.215, 35 sites   (b) : poids=0.35, 32 sites

Fig. 8.14. *Les deux meilleurs individus pour la représentation de Voronoï. Temps CPU = 1s/génération. (a) maillage 10×20, $D_{lim}=20$ (b) maillage 20×10, $D_{lim}=220$.*

Le cantilever 10×1

Le problème du cantilever 10×1 (discrétisé par un maillage régulier de 200×20 éléments) est délicat à traiter avec une représentation de type bitarray à cause d'une difficulté supplémentaire par rapport au cas précédent : la plupart des structures générées aléatoirement au cours du processus d'initialisation ne connectent pas le point d'application de la force avec la frontière encastrée. Une procédure d'initialisation particulière est utilisée, dans laquelle le poids moyen des structures aléatoires peut être contrôlé (cf. [105] pour les détails). De plus, le nombre maximal de sites par individus a été augmenté à 120 et les meilleurs résultats sont obtenus pour des populations de 120 individus. La Figure 8.15 montre un des résultats les plus significatifs pour une contrainte $D_{lim} = 12$.

Fig. 8.15. *Structure optimale sur le maillage* 200×20 *pour le cantilever* 10×1. $D_{lim}=12$, $D_{max}=11.99$, poids=0.445. Temps CPU = 28s/génération.

Un problème 3-d

Nous présentons dans cette section les premiers (à notre connaissance) résultats 3-d en optimisation topologique de formes par algorithmes évolutionnaires.

Le domaine de travail est un parallélépipède rectangle et le problème présente une symétrie permettant de ne discrétiser que la moitié du domaine par un maillage à $16 \times 7 \times 10$ éléments. Le plan en $x = 0$ (au fond sur la Figure 8.16) est encastré, et une force verticale est appliquée au milieu de la face opposée.

Pour ce problème, les mêmes modifications des paramètres que pour le cas 10x1 ont été nécessaires : la taille de la population est de 120 individus et le nombre maximum de site de Voronoï par individu vaut 120.

La Figure 8.16 montre que l'algorithme a été capable de trouver quelques solutions acceptables... en quelques jours de calcul (les analyses par éléments finis de problèmes 3-d sont beaucoup plus coûteuses que pour les cas 2-d à nombre de mailles égal). De plus, elle démontre la capacité connue des AEs de trouver plusieurs solutions quasi-optimales multiples pour un même problème, certaines étant assez originales par rapport à celle obtenue par la méthode d'homogénéisation (voir le Chapitre 7).

8.2.5 Représentation par barres de Voronoï

La représentation de Voronoï, si elle a permis d'atteindre l'indépendance entre la complexité du maillage et complexité de la représentation, souffre du manque de contrôle direct sur les frontières entre matière et vide : lorsque l'on déplace un site de Voronoï, ce sont toutes les frontières de la cellule concernée qui bougent – ce qui rend difficile le contrôle fin de la solution. Pour tenter de pallier ce défaut, une nouvelle représentation a été introduite.

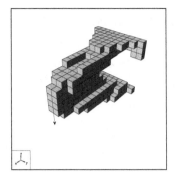 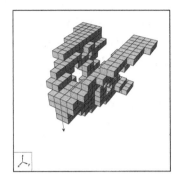 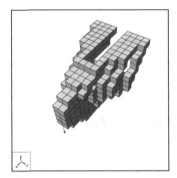

(a) : poids 0.152, 103 sites (b) : poids 0.166, 109 sites (c) : poids 0.157, 112 sites

Fig. 8.16. *Trois résultats pour le cantilever tridimensionnel sur un maillage $16 \times 7 \times 10$ sur la moitié du domaine, avec la même contrainte sur le déplacement maximal. Temps CPU = 4 à 5mn/génération.*

Les barres de Voronoï :

Une barre de Voronoï est définie par quatre variables réelles : ses coordonnées (x, y), l'angle θ de la barre avec l'axe x et sa largeur. La Figure 8.17-(a) montre un exemple d'une barre de Voronoï.

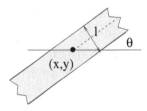 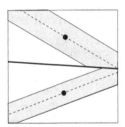

Fig. 8.17. *La représentation par barres de Voronoï. Une seule barre (a) et la structure générée par deux barres (b) : le trait plus épais est la frontière entre les deux cellules de Voronoï. Elle ne fait partie de la structure qu'à la jonction entre les deux barres.*

Génotype et initialisation

Un individu dans la représentation par barres de Voronoï est une liste de taille variable de barres. Quand toutes les barres sont simplement vues comme des sites de Voronoï, le diagramme correspondant donne une partition du domaine en polygones convexes. Chaque polygone est alors séparé en deux sous-domaines : la partie centrale – définie par l'angle et la largeur – contient de la matière, et son complémentaire contient du vide (cf. Figure 8.17). Lorsque la largeur est assez grande, la totalité de la cellule est remplie de matière, tandis qu'une valeur nulle de la largeur donne une cellule "remplie de" vide.

Décodage

Comme pour la représentation Voronoï, la performance des individus est évaluée après projection sur un maillage fixe telle qu'elle est décrite dans la Section 8.2.4 : un élément du maillage est considéré comme plein de matière si et seulement si son centre de gravité est dans la partie pleine d'une barre de Voronoï.

Comme on peut le voir sur la Figure 8.17-(b), le décodage de barres de Voronoï adjacentes permet le contrôle direct de presque toute la frontière de la structure, à l'exception des quelques portions limitées à la jonction de deux barres.

Opérateurs de variation

Ils sont de nouveau dérivés de ceux de la représentation de Voronoï : la procédure d'initialisation choisit un nombre de barres et initialise leurs coordonnées, angles et largeur uniformément. L'opérateur de croisement échange les barres exactement comme les sites dans le cas de la représentation de Voronoï (cf. Figure 8.13). Les opérateurs de mutation sont également similaires avec des possibilités supplémentaires de mutation Gaussienne sur l'angle et la largeur de la barre.

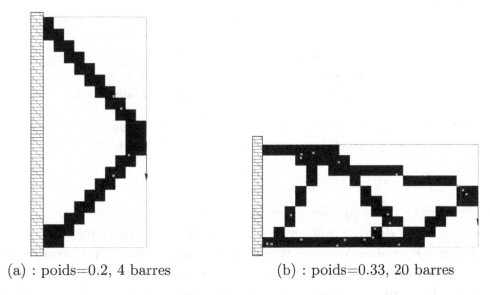

(a) : poids=0.2, 4 barres   (b) : poids=0.33, 20 barres

Fig. 8.18. *Les deux meilleurs individus pour la représentation par barres de Voronoï.*

Résultats numériques

La Figure 8.18 montre les meilleurs résultats obtenus parmi 21 essais effectués avec la représentation par barres de Voronoï sur les mêmes problèmes tests que ceux de la Figure 8.14. La qualité des structures est ici légèrement meilleure, sans que la différence soit significative. Cependant, la complexité des solutions obtenues (le nombre de barres / sites de Voronoï) est lui très nettement en faveur de la représentation par barres (et cette tendance a été systématiquement observée).

8.2.6 Résultats comparatifs

Nous présentons dans cette section les comparaisons des deux représentations basées sur les diagrammes de Voronoï. La première conclusion des expériences numériques faites sur des tests classiques (des cantilevers de dimension 1×2 et 2×1 avec des limites respectives sur le déplacement maximal de 20 et 220) est que les deux représentations permettent toutes de trouver des solutions aussi bonnes sur 21 calculs indépendants pour les deux cas-test. Toutefois, pour ces deux cas-test la représentation par barres de Voronoï est sans conteste meilleure que celle de Voronoï. Cette performance est visible sur les comparaisons de la Figure 8.19.

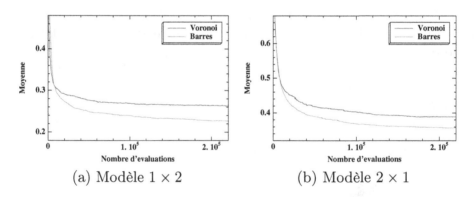

(a) Modèle 1×2 (b) Modèle 2×1

Fig. 8.19. *Comparaison de deux représentations de Voronoï. fitness de la meilleur structure au cours de l'évolution (moyenne sur 21 calculs indépendants).*

D'autre part, les solutions attendues pour ces cas-test sont très simples et la représentation devrait refléter cette simplicité. Sur ce point aussi, la représentation par barres de Voronoï trouve des représentations très compactes (cf. Figure 8.18) comparées à celles obtenues avec la représentation de Voronoï. Un des calculs a même obtenu la structure parfaite formée de deux barres en V pour le cantilever 1×2.

Il ne faut cependant pas perdre de vue que la représentation par barres de Voronoï semble taillée sur mesure pour représenter des structure en treillis de barres et que nous n'avons comparé les deux représentations que sur des problèmes où la solution est précisément un treillis. Il convient donc de ne pas généraliser hâtivement ce résultat !

8.2.7 Résultats multi-critères

Les résultats présentés jusqu'à présent concernaient la minimisation du poids de la structure avec une contrainte sur le déplacement maximal en présence d'un (ou plusieurs) chargements donnés, alors qu'ils peuvent également être abordés comme la minimisation simultanée du poids **et** du ou des déplacements maximaux sous un ou plusieurs chargements (Section 8.2.2). En utilisant les techniques d'optimisation de Pareto (Section 8.1.3), on peut obtenir **en un seul essai** un échantillonnage du front de Pareto du problème. La Figure 8.21 présente ainsi les structures les plus significatives obtenues en trois essais de algorithme évolutionnaire multi-objectif NSGA-II (voir Section 8.1.4) pour le problème test du cantilever 10×20, classées par poids décroissant, et la Figure 8.20 le front de Pareto correspondant. Les Figures 8.22 et 8.23 représentent de même les résultats pour le problème de la plaque console 20×10, et la Figure 8.24 est un zoom sur le front de Pareto autour de la valeur 220 du déplacement limite, qui permet de comparer le résultat d'un essai mono-objectif (le déplacement maximal étant alors pris comme contrainte) avec le résultat le plus proche de l'approche de Pareto : les deux structures sont très similaires, et ont des comportements mécaniques et un poids très proches. Sachant que l'approche multi-objectif permet d'obtenir pour le même prix l'ensemble du front de Pareto, l'avantage est clairement au multi-objectif !

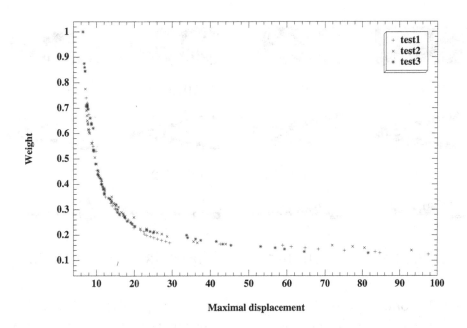

Fig. 8.20. Trois fronts de Pareto pour le problème de la plaque console 10×20 obtenus indépendamment après 400 générations de 300 individus (test1, test2 et test3).

A noter cependant que de nombreuses structures sans intérêt font partie du front de Pareto (la structure pleine par exemple est optimale en terme de

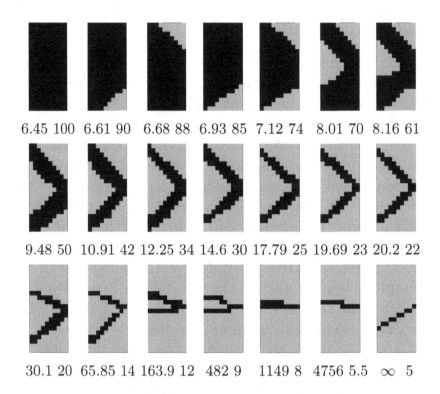

6.45 100   6.61 90   6.68 88   6.93 85   7.12 74   8.01 70   8.16 61

9.48 50   10.91 42   12.25 34   14.6 30   17.79 25   19.69 23   20.2 22

30.1 20   65.85 14   163.9 12   482 9   1149 8   4756 5.5   ∞ 5

Fig. 8.21. 21 compromis optimaux au sens de Pareto pour le problème de la plaque console 10 × 20. Le poids (en %) et le déplacement maximal sont indiqués sous chaque structure. La dernière structure atteint les limites de la modélisation.

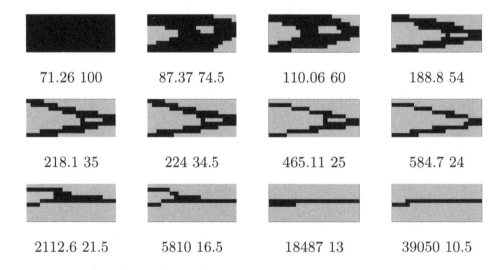

71.26 100   87.37 74.5   110.06 60   188.8 54

218.1 35   224 34.5   465.11 25   584.7 24

2112.6 21.5   5810 16.5   18487 13   39050 10.5

Fig. 8.22. 12 compromis optimaux au sens de Pareto pour le problème de la plaque console 20 × 10. Le poids (en %) et le déplacement maximal sont indiqués sous chaque structure.

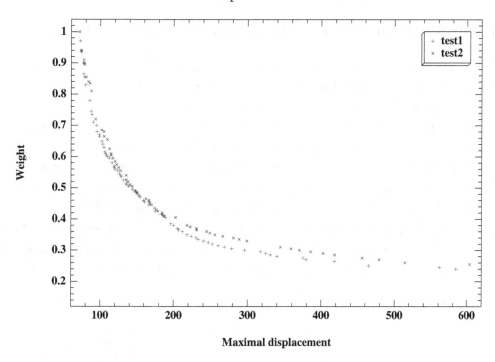

Fig. 8.23. Deux fronts de Pareto pour le problème de la plaque console 20×10 obtenus indépendamment après 400 générations de 300 individus (test1 et test2).

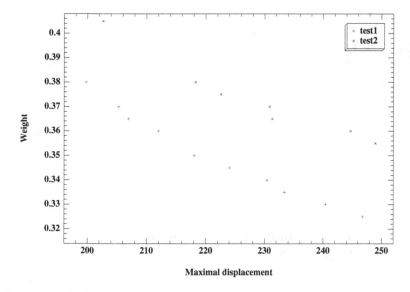

Fig. 8.24. Zoom sur le front de Pareto de la Figure 8.23 au voisinage du déplacement maximal 220. La structure du haut a été obtenue par l'approche multi-objectif, celle du bas par l'approche par contrainte.

rigidité !) et qu'il faut en général en tenir compte dans l'algorithme pour éviter que de telles solutions n'envahissent la population. D'autre part, l'analyse des résultats d'algorithmes multi-objectifs pour des problèmes comportant plus de 3 ou 4 objectifs tient de la gageure, et il est en général très difficile d'en extraire des informations utiles.

8.2.8 Optimisation de forme et programmation génétique

Cette section présente les premiers travaux utilisant la programmation génétique pour l'optimisation de formes [61]. Merci à Marc Ebner pour l'autorisation d'utiliser ses illustrations dans cet ouvrage.

Le langage VRML est utilisé pour décrire des scènes dans le cadre de la réalité virtuelle. Il utilise des formes de bases (parallélépipèdes, sphères, ...) et des transformation géométriques élémentaires (rotations, translations) pour représenter des objets quelconques dans l'espace tridimensionnel (voir une illustration Figure 8.25). Les ensemble de noeuds et de terminaux nécessaires à l'utilisation de la programmation génétique sont donc facilement identifiés, et on peut lancer l'évolution de scènes décrites en langage VRML en appliquant les concepts de base de la programmation génétique (voir section 8.1.9).

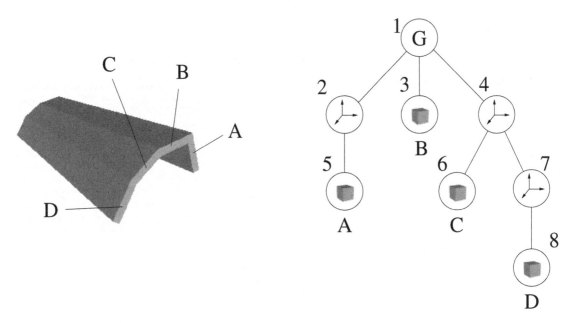

Fig. 8.25. Une structure simple (à gauche) et sa représentation sous forme d'un arbre du langage VRML (droite).

Le problème posé ici est celui de l'optimisation de la forme de la pâle d'un rotor – un problème très différent, donc, des problèmes évoqués jusqu'ici dans ce chapitre. Le calcul de la performance d'une forme donnée a été réalisé à l'aide du code de simulation *Open Dynamic Environement*, outil de simulation de mouvements de corps solides avec prise en compte des chocs. La simulation des pâles de rotor dans un courant de gaz a été effectuée en remplaçant le gaz par un ensemble de particules solides, arrivant sur les pales avec des vitesses données en des points d'impact aléatoires – puis à calculer l'énergie de rotation apportée au rotor par les chocs des particules. Cette simulation très frustre, évitant de lourds calculs de mécaniques des fluides tridimensionnels, a été suffisante pour obtenir des résultats réalistes en terme de formes des pales (voir Figure 8.26). Ces résultats ont été obtenus avec une population de taille 50, un moteur d'évolution GGA classique, une sélection par tournoi de taille 7, 0.5 de probabilités de croisement et de mutation.

Les meilleurs résultats (Figure 8.26-b et -c) ont été obtenus en ajustant les valeurs des constantes réelles (taille des parallélépipèdes, arguments des translations et rotations) par un algorithme imbriqué, ici des stratégies d'évolution auto-adaptatives non-isotropes (voir section 8.1.8). mais bien sûr cela a un coût - un calcul complet avec 20 générations de ES toutes les générations de GP prend jusqu'à 3 jours (Pentium 1.5 GHz).

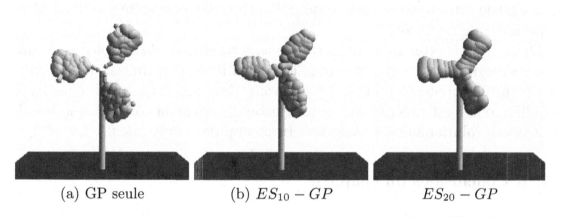

(a) GP seule   (b) $ES_{10} - GP$ $ES_{20} - GP$

Fig. 8.26. Meilleurs résultats obtenus en 100 générations pour l'optimisation d'un rotor (une seule pâle évolue et est répliquée avant la simulation). Pour les essais (b) et (c), un algorithmes ES est appliqué pour optimiser les valeurs réelles des noeuds et terminaux.

Ces travaux sont encore embryonnaires, mais ouvrent d'immenses perspectives, puisqu'ils permettent d'envisager d'introduire la *modularité* dans l'optimisation de formes évolutionnaire, comme il a été signalé section 8.1.9.

8.2.9 Perspectives

Autres problèmes mécaniques

Le seul problème abordé dans ce chapitre a été celui de l'optimisation en rigidité pour un poids minimum. Il est cependant très clair que tout problème mettant en jeu un comportement mécanique peut se traiter de la même manière.

Dans le cadre de l'optimisation modale, on peut bien sûr maximiser la plus petite valeur propre, mais il est également envisageable de vouloir simplement éviter certaines plages de valeurs propres – autorisant les valeurs au dessus mais également en dessous de la plage interdite. Dans le cadre de l'optimisation de mécanismes, ou de propriétés thermo-mécaniques, de nombreuses applications sont également immédiates à mettre en oeuvre. Enfin, l'optimisation multi-critère ouvre d'énormes perspectives couplant plusieurs des problèmes évoqués ci-dessus.

Couplage avec d'autres techniques

Une des souplesses des algorithmes évolutionnaires est la facilité avec laquelle on peut les coupler avec d'autres méthodes d'optimisation – déterministes par exemple. Ainsi, il est fréquent d'utiliser des optimisations locales, soit systématiquement après chaque opération génétique (on travaille alors dans l'espace des optima locaux pour l'optimiseur considéré), soit au titre d'opérateur de mutation.

Dans ce contexte, il serait certainement profitable de coupler les algorithmes décrits dans ce chapitre avec les algorithmes d'optimisation de forme décrits précédemment, tant il est apparaît clairement au vu des analyses détaillées que c'est précisément pour ajuster finement la solution que les algorithmes évolutionnaires demandent beaucoup de temps calcul.

8.2.10 Conclusions du chapitre

L'optimisation évolutionnaire topologique de formes est une méthode qui ne doit pas chercher à lutter avec les méthodes déterministes présentées par ailleurs dans ce cours, mais vient au contraire en complément, pouvant résoudre des problèmes que les méthodes déterministes ne peuvent pas traiter, par exemple dans des contextes différents du contexte de l'élasticité linéaire. L'approche multi-critère ouvre aussi des perspectives par la possibilité de trouver les meilleurs compromis entre plusieurs critères contradictoires, y compris des critères non différentiables tels que le fait de s'éloigner au maximum d'une valeur propre donnée.

Par contre, la résolution d'un problème d'optimisation à l'aide d'un algorithme évolutionnaire ne saurait se passer d'une analyse détaillée de la *représentation* du problème. Ainsi que nous l'avons vu pour l'optimisation de formes, la force de ces algorithmes vient précisément de leur capacité à travailler dans des espaces de recherche non-standards. Et cette force peut devenir une faiblesse si on les fait travailler dans un espace sans rapport sémantique avec le problème posé.

Pour terminer, insistons sur le fait que les méthodes évolutionnaires ne prétendent pas remplacer les autres méthodes déterministes présentées dans ce cours. En particulier, en terme d'optimisation pure, elles souffrent encore du manque de précision inhérent aux méthodes stochastiques. Par contre, elles constituent des techniques exploratoires sans égales pouvant ouvrir des perspectives inédites aux concepteurs, démultipliant leur créativité.

8.3 Bibliographie

Chacune des deux parties de ce chapitre possède une bibliographie spécifique. Nous commencerons par citer ici les principaux ouvrages concernant la section 8.1, ouvrages d'introduction généraux aux algorithmes évolutionnaires. Pour ce faire, le domaine des algorithmes évolutionnaire étant encore en constant mouvement, nous adopterons une démarche par ordre chronologique inverse, commençant par les ouvrages considérés comme l'état de l'art aujourd'hui pour citer ensuite, pour des raisons historiques, les références plus anciennes . Mais signalons tout de même que les références les plus à jour, mais qu'il est impossible de citer ici pour des raisons évidentes, restent les articles publiés récemment dans les journaux du domaine (citons les principaux par ordre chronologique d'apparition, *Evolutionary Computation*, MIT Press, *IEEE Transactions on Evolutionary Computing*, IEEE Press, et *Genetic Programming and Evolvable Machines*, Kluwer), voire dans les multiples conférences dédiées aux algorithmes évolutionnaires.

L'ouvrage le plus complet aujourd'hui, sans doute parce que le plus récent, comme il vient d'être indiqué, est [62]. Toujours parmi les livres d'introduction, mais plus spécialisés, citons [129] sur les algorithmes génétiques, [12] pour les stratégies d'évolution, et [15] pour le programmation génétique.

Deux essais sont à distinguer : certes centré sur les algorithmes génétiques d'un point de vue évolutionnaire, [81] tente de dégager des idées plus générale sur l'aide à l'innovation que peut apporter ces algorithmes dans tous les domaines ; et l'un des premiers à avoir utilisé le terme "Evolutionary Computation" est [67].

Un ouvrage collectif se voulant LA référence a été assemblé en 1997 [13]. Toutefois, les plans initiaux de mise à jour continue n'ont jamais été concrétisés, et cet imposant volume est aujourd'hui légèrement dépassé.

Enfin, il faut citer les ouvrages fondateurs, au premier rang desquels [79], qui a été pour des générations de chercheurs la première rencontre avec les algorithmes génétiques, et a durablement orienté leurs recherches futures. Et, bien sûr, les ouvrages séminaux déjà cités dans la partie historique (Section 8.1.5), [101] pour les algorithmes génétiques, [149] et [160] pour les stratégies d'évolution, [69] pour la programmation évolutionnaire et [113] pour la programmation génétique (quoique ce dernier ouvrage soit beaucoup plus récent que les précédents, il marque le début du domaine de la programmation génétique). Et pour terminer avec l'histoire, il faut rappeler que la plupart des idées de base des algorithmes évolutionnaires ont été proposées ...vers la fin des années 50, et on en trouvera une compilation intéressante dans [68].

La situation est très différente en ce qui concerne la deuxième partie de ce chapitre, consacrée à la résolution de problèmes d'optimisation topologique de formes par algorithmes évolutionnaires : il n'existe à ce jour aucun ouvrage sur la question, et nous n'allons donc ici citer que les articles les plus marquants du domaine, par ordre chronologique.

Les premiers travaux ont été publiés au début des années 90, lorsque la puissance de calcul des machines a rendu possible les milliers de simulations de structures mécaniques – mais uniquement dans le cas de l'élasticité linéaire en 2 dimensions [102, 42]. Citons également vers la même époque, et sur le même type de problème des travaux utilisant la méthode du recuit simulé. En particulier, dans [74], sont pris en compte des contraintes techniques comme le nombre de coins, le nombre de trous, . . .Enfin, les travaux cités dans cette section ont fait l'objet de deux thèses [106, 88], qui contiennent tous les détails non présentés ici par manque de place, et de nombreuses publications, dont nous ne citerons ici que les plus récentes [91, 89, 90].

Littérature

1. ALLAIRE G., *Analyse numérique et optimisation,* Éditions de l'École Polytechnique, Palaiseau (2005).

2. ALLAIRE G., *Shape optimization by the homogenization method,* Springer Verlag, New York (2001).

3. ALLAIRE G., AUBRY S., JOUVE F., Eigenfrequency optimization in optimal design, *Comput. Methods Appl. Mech. Engrg.* **190**, pp.3565-3579 (2001).

4. ALLAIRE G., BONNETIER E., FRANCFORT G., JOUVE F., Shape optimization by the homogenization method, *Numerische Mathematik* **76**, pp.27-68 (1997).

5. ALLAIRE G., DE GOURNAY F., JOUVE F., TOADER A.-M., Structural optimization using topological and shape sensitivity via a level set method, *Control and Cybernetics,* **34**, pp.59-80 (2005).

6. ALLAIRE G., JOUVE F., Optimal design of micro-mechanisms by the homogenization method, *European Journal of Finite Elements,* **11**, pp.405-416 (2002).

7. ALLAIRE G., JOUVE F., MAILLOT H., Topology optimization for minimum stress design with the homogenization method, *Structural and Multidisciplinary Optimization,* **28**, pp.87-98 (2004).

8. ALLAIRE G., JOUVE F., TOADER A.-M., Structural optimization using sensitivity analysis and a level-set method, *J. Comp. Phys.* **194/1**, pp.363-393 (2004).

9. ALLAIRE G., KOHN R.V., Optimal design for minimum weight and compliance in plane stress using extremal microstructures, *Europ. J. Mech. A/Solids,* **12 6**, pp.839-878 (1993).

10. ALLAIRE G., PANTZ O., Structural Optimization with **FreeFem++**, *Structural and Multidisciplinary Optimization,* **32**, pp.173-181 (2006).

11. AMBROSIO L., BUTTAZZO G., An optimal design problem with perimeter penalization, *Calc. Var.* **1**, pp.55-69 (1993).

12. BÄCK Th., *Evolutionary Algorithms in Theory and Practice,* New-York : Oxford University Press, (1995).

13. BÄCK Th., FOGEL D.B., MICHALEWICZ Z., editors, *Handbook of Evolutionary Computation,* Oxford University Press (1997).

14. BANICHUK N., *Introduction to optimization of structures,* Springer Verlag, New York (1990).

15. BANZHAF W., NORDIN P., KELLER R.E., FRANCONE F.D., *Genetic Programming — An Introduction On the Automatic Evolution of Computer Programs and Its Applications,* Morgan Kaufmann (1998).

16. BELLMAN R., *Dynamic programming,* Princeton University Press, Princeton, N. J. (1957).

17. BENDSOE M., Optimal shape design as a material distribution problem, *Struct. Optim.* **1**, pp.193-202 (1989).

18. BENDSOE M., *Methods for optimization of structural topology, shape and material,* Springer Verlag (1995).

19. BENDSOE M., DIAZ A., LIPTON R., TAYLOR J., Optimal design of material properties and material distribution for multiple loading conditions, *Internat. J. Numer. Methods Engrg.* **38**, pp.1149-1170 (1995).

20. BENDSOE M., GUEDES J., HABER R., PEDERSEN P., TAYLOR J., An analytical model to predict optimal material properties in the context of optimal structural design, *Trans. ASME J. Appl. Mech.* **61**, pp.930-937 (1994).

21. BENDSOE M., KIKUCHI N., Generating Optimal Topologies in Structural Design Using a Homogenization Method, *Comp. Meth. Appl. Mech. Eng.*, **71**, pp.197-224 (1988).

22. BENDSOE M., SIGMUND O., Material interpolation schemes in topology optimization, *Arch. Appl. Mech.* **69**, pp.635-654 (1999).

23. BENDSOE M., SIGMUND O., *Topology Optimization. Theory, Methods, and Applications,* Springer Verlag, New York (2003).

24. BENSOUSSAN A., LIONS J.L., PAPANICOLAOU G., *Asymptotic analysis for periodic structures,* North-Holland, Amsterdam (1978).

25. BLUM J., *Numerical simulation and optimal control in plasma physics. With applications to tokamaks,* Wiley/Gauthier-Villars Series in Modern Applied Mathematics., John Wiley & Sons, Ltd., Chichester (1989).

26. BONNANS J.F., SHAPIRO A., *Perturbation analysis of optimization problems,* Springer Series in Operations Research, Springer Verlag, New York (2000).

27. BONNANS J., GILBERT J.-C., LEMARECHAL C., SAGASTIZABAL C., *Optimisation numérique,* Mathématiques et applications 27, Springer, Berlin (1997).

28. BREZIS H., *Analyse fonctionnelle,* Masson, Paris (1983).

29. BUCUR D., BUTTAZZO G., *Variational methods in shape optimization problems,* Progress in nonlinear differential equations and their applications, 65, Birkhauser, Basel (2005).

30. BUCUR D., ZOLESIO J.-P., N-Dimensional shape optimization under capacitary constraint, *J. of Diff. Equations* **123**, pp.504-522 (1995).

31. BURGER M., HACKL B., RING W., Incorporating topological derivatives into level set methods, *J. Comp. Phys.*, **194/1**, pp.344-362 (2004).

32. BUTTAZZO G., DAL MASO G., Shape optimization for Dirichlet problems : relaxed solutions and optimality conditions, *Appl. Math. Optim.* **23**, pp.17-49 (1991).

33. BUTTAZZO G., DAL MASO G., An existence result for a class of shape optimization problems, *Arch. Rational Mech. Anal.* **122**, pp.183-195 (1993).

34. CÉA J., *Optimisation, théorie et algorithmes,* Dunod, Paris (1971).

35. CÉA J., Conception optimale ou identification de formes, calcul rapide de la dérivée directionnelle de la fonction coût, *Math. Model. Num. Anal.* **20**, 3, pp.371-402 (1986).

36. CÉA J., GARREAU S., GUILLAUME P., MASMOUDI M., The shape and topological optimization connection, *Comput. Methods Appl. Mech. Engrg.* **188**, no. 4, pp.713-726 (2000).

37. CÉA J., GIOAN A., MICHEL J., Quelques résultats sur l'identification de domaines, *Calcolo*, fasc. **III-IV**, pp.207-232 (1973).

38. CÉA J., MALANOWSKI K., An example of a max-min problem in partial differential equations, *SIAM J. Control* **8**, pp.305-316 (1970).

39. CERF R., An asymptotic theory of genetic algorithms, In J.-M. Alliot, E. Lutton, E. Ronald, M. Schoenauer, and D. Snyers, editors, *Artificial Evolution*, volume 1063 of *LNCS*, pp.37–53, Springer Verlag (1996).

40. CHAMBOLLE A., A density result in two-dimensional linearized elasticity and applications, *Arch. Ration. Mech. Anal.* **167**, pp.211-233 (2003).

41. CHAPMAN C. D., JAKIELA M. J., Genetic algorithm-based structural topology design with compliance and topology simplification considerations, *ASME Journal of Mechanical Design*, **118**, pp.89-98 (1996).

42. CHAPMAN C. D., SAITOU K., JAKIELA M. J., Genetic algorithms as an approach to configuration and topology design, *Journal of Mechanical Design*, **116**, pp.1005-1012 (1994).

43. CHENAIS D., On the existence of a solution in a domain identification problem, *J. Math. Anal. Appl.* **52**, pp.189-289 (1975).

44. CHENG G., OLHOFF N., An investigation concerning optimal design of solid elastic plates, *Int. J. Solids Struct.* **16**, pp.305-323 (1981).

45. CHERKAEV A., *Variational Methods for Structural Optimization*, Springer Verlag, New York (2000).

46. CHERKAEV A., KOHN R.V., Editors, *Topics in the mathematical modelling of composite materials,* Progress in Nonlinear Differential Equations and their Applications, 31, Birkhäuser, Boston (1997).

47. CIARLET P.G., *The finite element methods for elliptic problems,* North-Holland, Amsterdam (1978).

48. CIORANESCU D., DONATO P., *An introduction to homogenization,* Oxford Lecture Series in Mathematics and its Applications, 17, The Clarendon Press, Oxford University Press, New York (1999).

49. CLARKE F., *Optimization and nonsmooth analysis,* Wiley, New York (1983).

50. COELLO COELLO C. A., VAN VELDHUIZEN D. A., LAMONT G. B., *Evolutionary Algorithms for Solving Multi-Objective Problems*, Kluwer Academic Publishers, (2002).

51. CRAMER N.J., *A representation for the adaptive generation of simple sequential programs,* In J. J. Grefenstette, editor, *Proceedings of the 1st International Conference on Genetic Algorithms*, pp.183–187. Laurence Erlbaum Associates, (1985).

52. *Computational differentiation. Techniques, applications, and tools,* Edited by Martin Berz, Christian Bischof, George Corliss and Andreas Griewank. Society for Industrial and Applied Mathematics (SIAM), Philadelphia, PA (1996).

53. CULIOLI J.-C., *Introduction à l'optimisation,* Ellipses, Paris (1994).

54. DACOROGNA B., *Direct Methods in the Calculus of Variations,* Springer, New York (1989).

55. DAUTRAY R., LIONS J.-L., *Analyse mathématique et calcul numérique pour les sciences et les techniques,* Masson, Paris (1988).

56. DEB K., *Multi-Objective Optimization Using Evolutionary Algorithms,* John Wiley, (2001).

57. DEJONG K. A., *Are genetic algorithms function optimizers?* In R. Manner and B. Manderick, editors, *Proceedings of the 2nd Conference on Parallel Problems Solving from Nature,* pp.3–13. North Holland, (1992).

58. DERVIEUX A., PALMERIO B., Une formule de Hadamard dans des problèmes d'optimal design, In Optimization techniques, J. Céa ed., Lecture Notes in Computer Science, 41, Springer Verlag, Berlin (1976).

59. DIAZ A., SIGMUND O., Checkerboard patterns in layout optimization, *Structural Optimization* **10**, pp.40-45 (1995).

60. DUYSINX P., BENDSOE M., Topology Optimization of Continuum Structures with Local Stress Constraints, *Int. J. Num. Meth. Engng.,* **43**, pp.1453-1478 (1998).

61. EBNER M., *Evolutionary design of objects using scene graphs,* In M. Keijzer E. Tsang R. Poli C. Ryan, T. Soule and E. Costa, editors, *Proc. EuroGP 2003.* Springer-Verlag, (2003).

62. EIBEN A.E., SMITH J.E., *Introduction to Evolutionary Computing,* Springer Verlag, (2003).

63. EKELAND I., TEMAM R., *Convex analysis and variational problems,* Studies in Mathematics and its Applications, Vol. 1, North-Holland, Amsterdam (1976).

64. ENGL H., HANKE M., NEUBAUER A., *Regularization of inverse problems,* Mathematics and its Applications, 375, Kluwer Academic Publishers, Dordrecht (1996).

65. ESCHENAUER H., OLHOFF N., SCHNELL W., *Applied structural mechanics,* Springer Verlag, Berlin (1997).

66. ESCHENAUER H., SCHUMACHER A., Bubble method for topology and shape optimization of structures, *Structural Optimization* **8**, pp.42-51 (1994).

67. FOGEL D. B., *Evolutionary Computation. Toward a New Philosophy of Machine Intelligence,* IEEE Press, Piscataway, NJ (1995).

68. FOGEL D. B., *Evolutionary Computing : The Fossil Record,* IEEE Press, 1998.

69. FOGEL L. J., OWENS A. J., WALSH M. J., *Artificial Intelligence through Simulated Evolution,* New York : John Wiley (1966).

70. FOLGADO J., RODRIGUES H. , Structural optimization with a non-smooth buckling load criterion, *Control and Cybernetics* **27**, pp.235-253 (1998).

71. FRANCFORT G., MURAT F., Homogenization and Optimal Bounds in Linear Elasticity, *Arch. Rat. Mech. Anal.,* **94**, pp.307-334 (1986).

72. GARABEDIAN P.R., *Partial differential equations,* John Wiley and Sons, New York (1964).

73. GARREAU S., GUILLAUME P., MASMOUDI M., The topological asymptotic for PDE systems : the elasticity case. *SIAM J. Control Optim.* **39**, no. 6, pp.1756-1778 (2001).

74. GHADDAR C., MADAY Y., PATERA A. T., Analysis of a part design procedure, *Nümerishe Mathematik,* **71**(4) pp.465-510 (1995).

75. GIBIANSKY L., CHERKAEV A., Design of composite plates of extremal rigidity, Ioffe Physicotechnical Institute preprint, en russe (1984). Traduction anglaise dans [46].

76. GIBIANSKY L., CHERKAEV A., Microstructures of composites of extremal rigidity and exact bounds of the associated energy density, Ioffe Physicotechnical Institute preprint, en russe (1987). Traduction anglaise dans [46].

77. GIRAULT V., RAVIART P.-A., *Finite element methods for Navier-Stokes equations : theory and algorithms,* Springer, Berlin (1986).

78. GLOWINSKI R., Numerical simulation for some applied problems originating from continuum mechanics, in Trends in applications of pure mathematics to mechanics, Symp., Palaiseau/France 1983, Lecture Notes in Physics 195, pp.96-145 (1984).

79. GOLDBERG D. E., *Genetic Algorithms in Search, Optimization and Machine Learning,* Addison Wesley, (1989).

80. GOLDBERG D.E., DEB K., CLARK J.H., Genetic algorithms, noise and the sizing of populations, *Complex Systems,* **6**, pp.333–362 (1992).

81. GOLDBERG D. E., *The Design of Innovation : Lessons from and for Genetic and Evolutionary Algorithms,* Kluwer Academic Publisher, (2002).

82. de GOURNAY F., *Optimisation de formes par la méthode des lignes de niveaux,* Thèse de l'École Polytechnique, Palaiseau (2005).

83. GUEDES J., KIKUCHI N., Pre- and post-processing for materials based on the homogenization method with adaptative finite element methods, *Comp. Meth. Appl. Mech. Engrg.* **83**, pp.143-198 (1990).

84. GUILLAUME Ph., MASMOUDI M., Computation of high order derivatives in optimal shape design, *Numer. Math.* **67**, pp.231-250 (1994).

85. HABER R., JOG C., BENDSOE M., The perimeter method – A new approach to variable topology shape design, pp.153-160 in [138] (1995).

86. HADAMARD J., Mémoire sur le problème d'analyse relatif à l'équilibre des plaques élastiques encastrées, *Bull. Soc. Math. France,* (1907).

87. HAFTKA R., KAMAT M., *Elements of structural optimization,* Martinus Nijhoff, The Hague (1985).

88. HAMDA H., *Optimisation de formes par évolution artificielle.* Thèse de l'École Polytechnique, France, et de l'École Polytechnique de Tunis, Tunisie, (2003).

89. HAMDA H., JOUVE F., LUTTON E., SCHOENAUER M., SEBAG M., Compact unstructured representations in evolutionary topological optimum design, *Applied Intelligence,* **16** pp.139-155 (2002).

90. HAMDA H., SCHOENAUER M., Topological optimum design with evolutionary algorithms, *Journal of Convex Analysis,* **9** pp.503-517 (2002).

91. HAMDA H., SCHOENAUER M., Toward hierarchical representations for evolutionary topological optimum design, In J. Périaux et al., editor, *Eurodays 2000, in memoriam of B. Mantel*, John Wiley, (2002).

92. HANSEN N., MULLER S., KOUMOUTSAKOS, Reducing the Time Complexity of the Derandomized Evolution Strategy with Covariance Matrix Adaptation (CMA-ES), *Evolutionary Computation*, **11**(1), (2003).

93. HANSEN N., OSTERMEIER A., Adapting arbitrary normal mutation distributions in evolution strategies : The covariance matrix adaption, In *Proceedings of the Third IEEE International Conference on Evolutionary Computation*, pp.312–317, IEEE Press, (1996).

94. HANSEN N., OSTERMEIER A., Completely derandomized self-adaptation in evolution strategies, *Evolutionary Computation*, **9**(2), pp.159-195 (2001).

95. HASHIN Z., SHTRIKMAN S., A variational approach to the theory of the elastic behavior of multiphase materials, *J. Mech. Phys. Solids*, **11**, pp.127-140 (1963).

96. HASLINGER J., MÄKINEN R., *Introduction to shape optimization. Theory, approximation, and computation*, SIAM, Philadelphie (2003).

97. HAUG E., ROUSSELET B., Design sensitivity analysis in structural mechanics. I. Static response variations, *J. Structural Mech.*, **8**, pp.17-41 (1980).

98. HECHT F., PIRONNEAU O., OHTSUKA K., *FreeFem++ Manual*, downloadable at http ://www.freefem.org (2005).

99. HEMP W., *Optimum structures*, Clarendon Press, Oxford (1973).

100. HENROT M., MICHEL P., *Variation et optimisation de formes*, Collection Mathématiques & Applications, **48**, Springer, Paris (2005).

101. HOLLAND J. H., *Adaptation in Natural and Artificial Systems*, University of Michigan Press, Ann Arbor (1975).

102. JENSEN E., *Topological Structural Design using Genetic Algorithms*. PhD thesis, Purdue University, (1992).

103. JIKOV V., KOZLOV S., OLEINIK O., *Homogenization of differential operators and integral functionals*, Springer, Berlin, (1995).

104. JOG C., HABER R., BENDSOE M., Topology design with optimized, self-adaptative materials, *Int. Journal for Numerical Methods in Engineering* **37**, pp.1323-1350 (1994).

105. KALLEL L., SCHOENAUER M., Alternative random initialization in genetic algorithms, In Th. Bäck, editor, *Proceedings of the 7th International Conference on Genetic Algorithms*, pp.268–275, Morgan Kaufmann (1997).

106. KANE C., *Algorithmes génétiques et Optimisation topologique*. Thèse de l'Université de Paris VI, (1996).

107. KANE C., JOUVE F., SCHOENAUER M., Structural topology optimization in linear and nonlinear elasticity using genetic algorithms, In *Proceedings of the ASME 21st Design Automation Conference*, ASME, Boston (1995).

108. KANE C., SCHOENAUER M., Genetic operators for two-dimensional shape optimization, In J.-M. Alliot, E. Lutton, E. Ronald, M. Schoenauer, and D. Snyers, editors, *Artificial Evolution*, number 1063 in LNCS, Springer Verlag (1995).

109. KANE C., SCHOENAUER M., Topological optimum design using genetic algorithms, *Control and Cybernetics*, **25(5)**, pp.1059–1088 (1996).

110. KANE C., SCHOENAUER M., Optimisation topologique de formes par algorithmes génétiques, *Revue Française de Mécanique*, **4**, pp.237–246 (1997).

111. KIRSCH U., *Optimum structural design*, McGraw-Hill, New York (1981).

112. KOHN R.V., STRANG G., Optimal Design and Relaxation of Variational Problems I-II-III, *Comm. Pure Appl. Math.*, **39**, pp.113-137, pp.139-182, pp.353-377 (1986).

113. KOZA J. R., *Genetic Programming : On the Programming of Computers by means of Natural Evolution*, MIT Press, Massachusetts (1992).

114. KOZA J. R., *Genetic Programming II : Automatic Discovery of Reusable Programs*, MIT Press, Massachussetts (1994).

115. KOZA J. R., *Human-competitive machine intelligence by means of genetic algorithms,* In L. Booker, S. Forrest, M. Mitchell, and R. Riolo, editors, *Festschrift in honor of John H. Holland*, pp.15–22. Ann Arbor, MI : Center for the Study of Complex Systems, (1999).

116. KROG L., OLHOFF N., Topology optimization of plate and shell structures with multiple eigenfrequencies, pp.675-682 in [138] (1995).

117. LAPORTE E., LE TALLEC P., *Numerical methods in sensitivity analysis and shape optimization,* Birkhäuser, Boston (2003).

118. LIONS J.L., *Optimal control of systems governed by partial differential equations,* Die Grundlehren der mathematischen Wissenschaften, 170, Springer-Verlag, New York (1971).

119. LIPTON R., Design of functionally graded composite structures in the presence of stress constraints, *Int. J. Solids Structures*, **39**, pp.2575-2586 (2002).

120. LODS V., Formulation mixte d'un problème de jonctions de poutres adaptée à la résolution d'un problème d'optimisation, *RAIRO Modél. Math. Anal. Numér.*, **26**, pp.523-553 (1992).

121. LUCQUIN B., PIRONNEAU O., *Introduction au calcul scientifique*, Masson, Paris (1996).

122. LURIE K., CHERKAEV A., *G*-closure of some particular set of admissible material characteristics for the problem of bending of thin plates, *J. Opt. Th. Appl.* **42**, pp.305-316 (1984).

123. LURIE K., CHERKAEV A., Effective characteristics of composite materials and the optimal design of structural elements, *Uspekhi Mekhaniki* **9**, pp.3-81 (1986). Traduction anglaise dans [46].

124. MA Z., KIKUCHI N., CHENG H., Topological design for vibrating structures, *Comput. Methods Appl. Mech. Engrg.* **121**, pp.259-280 (1995).

125. MASMOUDI M., Calcul numérique du gradient dans les problèmes d'optimisation de formes, In Calcul des structures et intelligence artificielle, 3, Eds. J.-M. Fouet, P. Ladevèze, R. Ohayon, Editions Pluralis, Paris (1989).

126. MICHALEWICZ Z., *Genetic Algorithms+Data Structures=Evolution Programs*, Springer Verlag, New-York, 3rd edition (1996).

127. MICHELL A., The limits of economy of material in frame-structures, *Phil. Mag.* **8**, pp.589-597 (1904).

128. MILTON G., *The theory of composites,* Cambridge University Press (2001).

129. MITCHELL M., *An Introduction to Genetic Algorithms,* MIT Press, 1996.

130. MOHAMMADI B., PIRONNEAU O., *Applied shape optimization for fluids,* Numerical Mathematics and scientific computation, Oxford University Press, Oxford (2001).

131. MURAT F., Contre-exemples pour divers problèmes où le contrôle intervient dans les coefficients, *Annali Mat. Pura Appli.* **112**, pp.49-68 (1977).

132. MURAT F., SIMON J., Etudes de problèmes d'optimal design, Lecture Notes in Computer Science 41, pp.54-62, Springer Verlag, Berlin (1976).

133. MURAT F., SIMON J., *Sur le contrôle par un domaine géométrique,* Internal Report No 76 015, Laboratoire d'Analyse Numérique de l'Université Paris 6 (1976).

134. MURAT F., TARTAR L., H-convergence, Séminaire d'Analyse Fonctionnelle et Numérique de l'Université d'Alger, notes ronéotypées (1978). Traduction anglaise dans [46].

135. MURAT F., TARTAR L., Calcul des Variations et Homogénéisation, In Les Méthodes de l'Homogénéisation Théorie et Applications en Physique, *Coll. Dir. Etudes et Recherches EDF*, 57, Eyrolles, Paris, pp.319-369 (1985).

136. NEVES M., RODRIGUES H., GUEDES J., Generalized topology design of structures with a buckling load criterion, *Struct. Optim.* **10**, pp.71-78 (1995).

137. NISHIWAKI S., FRECKER M., MIN S., KIKUCHI N., Topology optimization of compliant mechanisms using the homogenization method, *Internat. J. Numer. Methods Engrg.* **42**, pp.535-559 (1998).

138. OLHOFF N., ROZVANY G.I.N., *WCSMO-1, Proceedings of the First World Congress of Structural and Multidisciplinary Optimization,* Pergamon, Oxford (1995).

139. OSHER S., SANTOSA F., Level-set methods for optimization problems involving geometry and constraints : frequencies of a two-density inhomogeneous drum. *J. Comp. Phys.,* **171**, 272-288 (2001).

140. OSHER S., SETHIAN J.A., Front propagating with curvature dependent speed : algorithms based on Hamilton-Jacobi formulations. *J. Comp. Phys.* **78**, 12-49 (1988).

141. PEDERSEN P., On optimal orientation of orthotropic materials, *Struct. Optim.* **1**, pp.101-106 (1989).

142. PETERSSON J., Some convergence results in perimeter-controlled topology optimization, *Comput. Methods Appl. Mech. Engrg.* **171**, pp.123-140 (1999).

143. PIRONNEAU O., *Optimal shape design for elliptic systems,* Springer-Verlag, New York (1984).

144. PONTRYAGIN L.S., BOLTYANSKII V.G., GAMKRELIDZE R.V., MISHCHENKO E.F., *The mathematical theory of optimal processes,* Pergamon Press, Oxford (1964).

145. PRAGER W., *Introduction to structural optimization,* CISM Lecture Notes, vol. 212, Springer Verlag, Wien (1974).

146. PREPARATA F.P., SHAMOS M.I., *Computational Geometry : an introduction,* Springer Verlag (1985).

147. RADCLIFFE N. J., *Forma analysis and random respectful recombination,* In R. K. Belew and L. B. Booker, editors, *Proceedings of the 4th International Conference on Genetic Algorithms,* pp.222–229. Morgan Kaufmann, (1991).

148. RAVIART P.-A., THOMAS J.-M., *Introduction à l'analyse numérique des équations aux dérivées partielles,* Masson, Paris (1983).

149. RECHENBERG I., *Evolutionstrategie : Optimierung Technisher Systeme nach Prinzipien des Biologischen Evolution,* Fromman-Hozlboog Verlag, Stuttgart (1972).

150. RELLICH F., *Perturbation theory of eigenvalue problems,* Gordon & Breach Science Publishers Inc., New York (1969).

151. ROUSSELET B., Shape design sensivity of a membrane, *J. Opt. Th. Appl.* **40**, pp.595-623 (1983).

152. ROUSSELET B., CHENAIS D., Continuité et différentiabilité d'éléments propres : application à l'optimisation de structures, *Appl. Math. Optim.,* **22**, pp.27-59 (1990).

153. ROZVANY G., *Structural design via optimality criteria,* Kluwer Academic Publishers, Dordrecht (1989).

154. ROZVANY G., Editor, *Topology optimization in structural mechanics,* CISM Courses and Lectures 374, Springer, Wien (1997).

155. ROZVANY G., BENDSOE M., KIRSCH U., *Layout optimization of structures,* *Appl. Mech. Reviews* **48**, pp.41-118 (1995).

156. ROZVANY G., ZHOU M., SIGMUND O., *Topology optimization in structural design,* In Advances in Design Optimization, H. Adeli Ed., chapter 10, pp.340-399, Chapman and Hall, London (1994).

157. SALENCON J., *Mécanique des milieux continus,* Éditions de l'École Polytechnique, Palaiseau (2002).

158. SANCHEZ-PALENCIA E., *Non homogeneous media and vibration theory,* Lecture notes in physics 127, Springer Verlag (1980).

159. SCHOENAUER M., SEBAG M., JOUVE F., LAMY B., MAITOURNAM H., *Evolutionary identification of macro-mechanical models,* In P. J. Angeline and Jr K. E. Kinnear, editors, *Advances in Genetic Programming II,* pp.467–488, Cambridge, MIT Press (1996).

160. SCHWEFEL H.-P., *Numerical Optimization of Computer Models,* 2nd edition, John Wiley & Sons, New-York, (1995).

161. SETHIAN J.A., *Level-Set Methods and fast marching methods : evolving interfaces in computational geometry, fluid mechanics, computer vision and materials science,* Cambridge University Press (1999).

162. SETHIAN J., WEIGMANN A., Structural boundary design via level-set and immersed interface methods. *J. Comp. Phys.,* **163**, 489-528 (2000).

163. SEYRANIAN A., LUND E., OLHOFF N., Multiple eigenvalues in structural optimization problems, *Structural Optimization* **8**, pp.207-227 (1994).

164. SIGMUND O., Materials with prescribed constitutive parameters : an inverse homogenization problem, *Int. J. Solids Struct.* **31**, pp.2313-2329 (1994).

165. SIGMUND O., On the design of compliant mechanisms using topology optimization, *Mech. Struct. Mach.* **25**, pp.493-524 (1997).

166. SIGMUND O., PETERSSON J., Numerical instabilities in topology optimization : a survey on procedures dealing with checkerboards, mesh-dependencies and local minima, *Structural Optimization* **16**, pp.68-75 (1998).

167. SIMON J., Differentiation with respect to the domain in boundary value problems. *Num. Funct. Anal. Optimz.*, **2**, pp.649-687 (1980).

168. SOKOLOWSKI J., ZOCHOWSKI A., On the topological derivative in shape optimization, *SIAM J. Control Optim.* **37**, pp.1251-1272 (1999).

169. SOKOLOWSKI J., ZOCHOWSKI A., Topological derivatives of shape functionals for elasticity systems. *Mech. Structures Mach.* **29**, no. 3, 331-349 (2001).

170. SOKOLOWSKI J., ZOLÉSIO J.-P., *Introduction to shape optimization. Shape sensitivity analysis,* Springer Series in Computational Mathematics, 16, Springer, Berlin (1992).

171. SURRY P.D., RADCLIFFE N.J., *Formal algorithms + formal representations = search strategies,* In H.-M. Voigt, W. Ebeling, I. Rechenberg, and H.-P. Schwefel, editors, *Proceedings of the 4th Conference on Parallel Problems Solving from Nature,* number 1141 in LNCS, pp.366-375. Springer Verlag, (1996).

172. SUZUKI K., KIKUCHI N., A homogenization method for shape and topology optimization, *Comp. Meth. Appl. Mech. Eng.* **93**, pp.291-318 (1991).

173. SVANBERG K., The method of moving asymptotes, a new method for structural optimization, *Int. J. Num. Meth. Engrg.* **24**, pp.359-373 (1987).

174. SVERAK V., On optimal shape design, *J. Math. Pures Appl.* **72**, pp.537-551 (1993).

175. TARTAR L., Remarks on optimal design problems, in Calculus of variations, homogenization and continuum mechanics, G. Bouchitté et al. eds., Series on Adv. in Math. for Appl. Sci, 18, pp.279-296, World Scientific, Singapore (1994).

176. TARTAR L., *An introduction to the homogenization method in optimal design,* in Optimal shape design (Tróia, 1998), A. Cellina and A. Ornelas eds., Lecture Notes in Mathematics 1740, pp.47-156, Springer, Berlin (2000).

177. TIKHONOV A., ARSENINE V., *Méthodes de résolution de problèmes mal posés,* Editions Mir, Moscou (1976).

178. TOADER A.-M., Convergence of an algorithm in optimal design, *Structural Optimization* **13**, pp.195-198 (1997).

179. WANG M.Y., WANG X., GUO D., A level set method for structural topology optimization, *Comput. Methods Appl. Mech. Engrg.*, **192**, 227-246 (2003).

180. WANG X., YULIN M., WANG M.Y., Incorporating topological derivatives into level set methods for structural topology optimization, *in Optimal shape design and modeling,* T. Lewinski et al. eds., pp.145-157, Polish Academy of Sciences, Warsaw (2004).

181. YOUNG L.C., *Lectures on the calculus of variations and optimal control theory,* W.B. Saunders, Philadelphia (1969).

182. ZHOU M., ROZVANY G., The COC algorithm, Part II : Topological, geometrical and generalized shape optimization, *Comp. Meth. App. Mech. Engrg.* **89**, pp.309-336 (1991).

183. ZOLÉSIO J.-P., The material derivative (or speed) method for shape optimization, In Optimization of distributed parameter structures, Vol. II (Iowa City, Iowa, 1980), pp. 1089-1151, *NATO Adv. Study Inst. Ser. E : Appl. Sci.* **50**, The Hague (1981).

Index

Déjà parus dans la même collection